教育部人文社会科学重点研究基地重大项目（16JJD790021）

Basic Theory and Empirical Research on the
Sustainable Development of China's Marine Economy

中国海洋经济可持续发展基础理论与实证研究

孙才志 王泽宇 李 博 盖 美 柯丽娜◎著

科学出版社

北 京

内 容 简 介

加快建设海洋强国是推动新时代中国特色社会主义事业快速发展的战略需要，也是顺应海洋世纪发展潮流的必然选择，而海洋经济可持续发展是海洋强国建设目标的重要内容。

本书分为理论篇、政策篇、实证篇三部分。理论篇以地理学、经济学等学科理论为切入点，梳理海洋经济可持续发展相关理论及人海关系地域系统内涵及形成发展过程，有助于进一步完善海洋经济可持续发展基础理论体系；政策篇探讨分析海洋经济政策的演进过程以及海洋经济政策对海洋经济发展的影响机理和关键路径；实证篇探讨海洋资源开发、资源消耗与海洋经济增长、海洋科技之间的关系，分析海洋经济发展演变规律，测度海洋生态系统服务价值及海洋经济绿色发展情况，研究结果对保障海洋经济可持续发展、实现海洋强国建设目标具有参考价值。

本书可供地理学、区域经济学、资源环境科学、生态学、海洋经济学等相关专业的科研人员和高校师生参考借鉴，也可为相关科研人员或管理人员制定政策提供参考。

图书在版编目（CIP）数据

中国海洋经济可持续发展基础理论与实证研究/孙才志等著. —北京：科学出版社，2022.1
ISBN 978-7-03-070401-6

Ⅰ. ①中… Ⅱ. ①孙… Ⅲ. ①海洋经济-经济可持续发展-研究-中国 Ⅳ. ①P74

中国版本图书馆CIP数据核字（2021）第219469号

责任编辑：石 卉 吴春花 / 责任校对：刘 芳
责任印制：李 彤 / 封面设计：有道文化

科 学 出 版 社 出版
北京东黄城根北街 16 号
邮政编码：100717
http://www.sciencep.com

北京建宏印刷有限公司 印刷
科学出版社发行 各地新华书店经销

*

2022年1月第 一 版 开本：720×1000 1/16
2022年6月第二次印刷 印张：19 3/4
字数：398 000

定价：**188.00 元**
（如有印装质量问题，我社负责调换）

前　言
P r e f a c e

　　21世纪是人类挑战海洋的新世纪。随着陆地资源紧缺、人口膨胀、环境恶化等问题的日益严峻，全球各沿海国家纷纷把目光转向了海洋，一场以发展海洋经济为标志的"蓝色革命"正在世界范围内兴起。中国是世界上重要的海洋大国，大陆海岸线长约1.8万km，11个沿海省份的面积仅占全国陆地面积的13%，却集中了全国50%以上的大城市、40%的中小城市，以及42%的人口和60%以上的国内生产总值。根据《2019中国海洋经济统计公报》，2019年全国海洋生产总值89 415亿元，比上年增长6.2%，海洋生产总值占国内生产总值的比重为9.0%，占沿海地区生产总值的比重为17.1%。其中，海洋第一产业增加值3729亿元，第二产业增加值31 987亿元，第三产业增加值53 700亿元，分别占海洋生产总值比重的4.2%、35.8%和60.0%。

　　改革开放以来，我国海洋经济获得了长足的发展，一直保持着两位数的增长速度。但是，伴随多年来海洋经济的高速发展及新一轮国家沿海区域发展战略和振兴规划的实施，以及海洋资源过度开发和海洋经济快速发展带来的资源枯竭问题日益凸显，海洋资源环境系统处于剧烈演变阶段，功能不断退化，这一系列问题严重制约了海洋经济的可持续发展。当前，我国海洋经济正处于向质量效益型转变的关键阶段，对此实现海洋资源高质化利用、加快海洋产业结构转型升级、改善海洋生态环境、提高海洋生态经济发展水平，将是推动我国海洋经济可持续发展的关键。而现有的研究多是从海洋产业、海洋资源环境承载力、人海关系地域系统脆弱性、海洋生态经济、海洋经济可持续发展理论等某一研究视角对海洋经济可持续发展进行测度，忽略了海洋经济可持续发展的复杂性、系统性、协调性，使得海洋经济可持续发展研究在理论深度和实证检验上有所欠缺。有鉴于此，本书将基于地理学、经济学和可持续发展相关基础理论，对中国海洋经济可持续发展基础理论和海洋经济可持续发展水平开展相关研究。

本书共12章，分为理论篇、政策篇和实证篇。第1章为绪论，主要介绍研究背景与相关研究进展。第2～4章为理论篇，该部分引入了地理学、经济学和可持续发展相关基础理论，对于研究海洋经济可持续发展、丰富海洋经济理论、促进海洋经济学科发展具有一定的理论意义和理论创新价值。第5章和第6章为政策篇，第5章为中国海洋经济政策演进的过程与趋势，系统梳理了改革开放以来中国出台的各类主要海洋经济政策，划分了海洋经济政策演进的阶段，归纳了演进规律。第6章为中国海洋经济政策对海洋经济发展的影响，通过构建评价海洋经济发展的理论模型及综合指标体系，最后引入结构方程模型（SEM），采用偏最小二乘回归法（PLS）估算路径系数，测算海洋经济政策对海洋经济发展的直接效应、间接效应和总效应。第7～12章为实证篇，第7章为中国海洋资源开发与海洋经济增长关系研究，通过构建海洋资源开发综合指数评价指标体系，运用模糊相对隶属度模型、VAR模型探究海洋资源开发与海洋经济增长之间的相互关系及作用程度。第8章为中国海洋经济增长与资源消耗的脱钩分析及回弹研究，运用改进的Tapio脱钩模型、无残差完全分解模型对中国沿海11省份海洋经济增长中海洋资源消耗的回弹效应进行分解分析。第9章为中国区域海洋经济与海洋科技关系研究，构建适于中国沿海地区海洋经济与海洋科技评价体系，对两者的协调发展度进行时空演变分析，并运用相关模型动态分析中国沿海11省份海洋经济与海洋科技之间的响应关系。第10章为中国海洋经济发展演变研究，基于均衡性视角，利用基尼系数对我国海洋经济基尼系数进行区域和结构分解，并对海洋经济区域与结构差异的变动特征及内在机制进行探讨。第11章为基于能值分析方法的中国海洋生态系统服务价值研究，引入生态系统服务功能理论和能值理论，对中国沿海11省份的海洋生态系统服务价值进行估算。第12章为环渤海地区海洋经济绿色发展测度与预警研究，运用集对分析、ARIMA模型对环渤海地区的海洋经济绿色发展情况进行综合测度和预测，研究结果对促进海洋生态环境的蓬勃发展、实现海洋强国目标都具有重要意义。

本书是在课题组成员多年从事海洋经济学、产业经济学、区域经济学研究成果的基础上撰写而成的。全书由孙才志、王泽宇、李博、盖美、柯丽娜统稿，课题组研究生郭可蒙、李欣、卢函、卢雪凤、王甲君、王一尧、王子玥等在部分研究专题中进行了相关模型的计算工作，研究生宋强敏参与了资料整理与编排工作。本书的出版获得教育部人文社会科学重点研究基地重大项目"中国海洋经济可持续发展基础理论与实证研究"（编号：16JJD790021）的资助。

本书在写作过程中参阅并借鉴了相关领域专家学者的宝贵成果，在此对他们的工作和贡献表示诚挚的谢意。同时，感谢科学出版社在本书出版过程中给予的大力支持与配合。

由于作者水平有限，研究仍有不足，书中难免存在疏漏与不足之处，敬请从事这一领域的专家、学者和广大读者及时给予批评指正。

目 录
Contents

▶ 第1章 绪 论

1.1 引言

1.1.1 海洋经济发展国际背景

1. 海洋经济重要性日益凸显

21世纪是海洋开发的世纪。海洋是人类未来生存的延伸空间和资源获取的重要场所。实现海洋资源的合理、可持续开发利用对人类未来的发展至关重要。随着陆域资源短缺和生态环境的破坏，各沿海国家和地区都把未来经济增长的支撑点转移到海洋这一巨大系统，纷纷制定了海洋开发战略，加快了向海洋进军的步伐，海洋经济正在并将继续成为全球经济新的增长点，由此在世界范围内掀起一股"蓝色"经济发展浪潮，使得海洋成为国际竞争的主要领域（Sarker et al.，2018；狄乾斌，2007）。

海洋面积占地球总面积的71%，并且沿海200km以内的陆地面积集聚了全球75%的城市、70%的经济和人口以及60%以上的货物运输量（袁红英，2014）。随着人口逐渐增长，沿海各国陆续调整经济发展战略，优先发展海洋经济产业，将深度开发和利用海洋资源作为经济发展的重中之重，相当一部分国家的海洋产业已成为国家支柱产业，并以明显高于传统陆地经济的比例快速增长。随着陆域资源消耗过度、环境污染日益加剧、生存空间被压缩等制约人类生存发展的因素显现，海洋逐渐成为世界沿海国家攫取自然资源和拓展发展空间的目标瞄准点，这一现象尤其是在沿海国家和地区表现得更为直接和突出（曹忠祥和高国力，2015）。随着世界经济、贸易一体化程度的加深，全球海洋经济的发展已经进入新的时期。当前，海洋经济在世界经济中所占的比重逐渐加大，海洋经济正在成为世界经济发展的新增长点。

2. 国际海洋经济竞争日趋激烈

20世纪80年代以来，随着陆域资源短缺和生态环境的破坏，世界各国逐渐意识到海洋所蕴藏的巨大潜能，合理开发和利用海洋资源已成为解决全球资源短缺、人口膨胀和环境恶化等问题的重要途径。很多国家将发展的战略重点转向海洋并将利用海洋作为本国的基本战略，大批学者纷纷对各国制定和颁布的海洋经济战略与规划进行定性和定量分析。

美国、日本、英国、法国、德国等国家率先制定海洋科学技术发展规划，提交优先发展海洋高科技战略决策，逐渐形成了在经济和军事等各个方向的竞争优势，同时也期望在海洋领域找到国民经济的新增长点，将发展的目光逐渐转向海洋这一巨大系统。其中，美国计划在未来50年内将发展重点从外层空间转向海洋，并提出海洋是地球上"最后的开辟疆域"的言论（Davis，2004），并分别通过积极制定《21世纪海洋蓝图》（*An Ocean Blueprint for the 21st Century*）、《海洋、海岸和大湖区国家管理政策》（*National Policy for the Stewardship of the Ocean，Our Coasts，and the Great Lakes*）、《国家海洋政策执行计划》（*National Ocean Policy Implementation Plan*）等海洋相应的政策和规划为海洋经济开发提供指导，将发展海洋经济作为本国的重大发展战略（比利安娜和罗伯特，2010）；欧洲、美洲的传统沿海发达国家，不仅倡导信息式的海洋经济发展模式，还在海洋经济发展过程中设立专门的管理部门。加拿大提出，发展海洋产业，提高贡献，扩大就业，占领国际市场，本着以可持续发展、综合管理和预防为主原则来指导一切海洋管理决策工作，颁布了《加拿大海洋战略》（*Canada's Ocean Strategy*）等规划。英国和法国等作为传统海洋强国，对于海洋的发展也较为重视，其中，英国制定了相关规划和法律以强调对海洋资源的保护和海洋科技发展，如《海岸保护法》（*Coast Protection Act*）、《海上石油开发法（苏格兰）》[*Offshore Petroleum Development（Scotland）Act*]、《海洋和海岸带准入法案》（*Marine and Coastal Access Act*）、《英国关于海洋政策的声明》（*UK Marine Policy Statement*）和《海岸带综合管理方案》（*Integrated Coastal Zone Management Strategy*）等一系列法律的颁布以及海洋空间规划体系（Marine Spatial Plannings）和海洋保护区（Marine Protected Areas）的建立，使得英国海洋与海岸带管理政策有了长足发展（Fernández-Macho et al.，2016）；法国不仅提出了"向法兰西进军"的口号，而且还借助欧盟作为载体和平台加强与其他国家的联系与合作，为更好地发展自身海洋经济提供了信息和平台支撑（Ehler and Douvere，2009）。日本和韩国也试图借助海洋的开发和利用来实现海洋强国的目标。澳大利亚为加强海洋经济的开发，将在今后10～15年强化海洋基础知识普及，加强海洋资源可持续利用与开发。1973年，联合国海洋法会议上通过了《联合国海洋法公约》（*United Nations Convention on the Law of the Sea*），该公约生效后，直接造成了全球范围内的"蓝色圈地运动"。1982年12月10日，第三次联合国海洋法会议上通过的《联合国海洋法公约》，提出一国可对距其海岸线200海里（约370km）的海域拥有经济专属权。根据该条款，各国依据公约合法扩大的海域，占去了原属公海的1.3亿 km^2 的面积，使地球上约36%的海面变成了沿海国的管辖海域，从而加速了各国海洋经济开发战略的实施步伐。目前，重视海洋经济发展的发达国家已建立了完善的海洋产业体系，已远远领先于起步较晚的发展中国家。

海洋经济发展能力已成为世界各国区域经济发展的重要组成部分和衡量综合国力的重要标志。经济合作与发展组织（Organization for Economic Co-operation and Development，OECD）的报告指出，基于经济合作与发展组织的海洋经济数据库提供的数据计算全球海洋经济的价值（根据海洋基础工业对经济总产出量和就业的贡献计算），2010年全球海洋经济总产值已达到1.5万亿美元，接近全球经济总增长的2.5%。由于具有更加可持续发展的前景，2030年全球海洋经济总产值将在2010年的基础上翻番，达到3.2万亿美元（李积轩，2016）。

3. 海洋产业结构调整进程加快

随着沿海各国政府对海洋认识的不断提高，海洋产业在经济发展中所占的比重越来越大，与此同时海洋产业结构调整也如火如荼。主要表现在以下四个方面：①海洋产业结构高级化。原始海洋产业的比重大大降低，以高新技术为支撑的海洋油气业、临港工业和以现代科学管理为基础的滨海旅游业、现代物流业和相关海洋服务业快速增长，逐渐成为现代海洋经济快速发展的主体产业，海洋产业结构高级化趋势越来越明显。②海洋产业结构合理化。美国、日本、英国、法国等传统海洋经济发达国家的海洋产业部门充分考虑经济系统、生态系统和社会系统的内在联系，建立起资源节约和综合利用型的产业结构，形成产业之间相互促进、共同发展的局面。③海洋产业发展科技化。海洋资源开发的深度和广度因为海洋高新科学技术的运用而大大拓展，海洋开发利用的效率也得到提升。这不仅使传统产业得到改造，更使海水淡化产业、海洋生物医药产业等得到更好的发展。④海洋能源利用绿色化。目前，世界各国正经受世界能源危机和生态环境恶化的双重压力，充分认识到海洋能源利用绿色化的必要性，相继利用温差能、潮汐能、波浪能、盐差能和海流能等新能源扩充本国能源储备。

4. 海洋资源环境承载力对海洋经济发展的制约

随着陆域资源不断减少与需求不断增加这一矛盾的加剧，需要开发海洋资源以弥补陆地资源的不足，致使海洋成为人类生存发展的新的重要开发领域，海洋生产力也得到进一步解放。目前，受人力、技术的限制，在开发利用各类海洋资源时，资源利用结构层次不高，海洋产业的粗放式发展模式导致海洋资源过度消耗，而围海造地规模、滨海休闲旅游开发、港口及海上交通航运污染、海洋和海岸基础设施工程建设等经济活动也会不可避免地引起海洋水体污染、赤潮频率增多、海洋生物多样性减少等一系列海洋生态环境污染问题，甚至某些海域趋于"荒漠化"，海洋生态系统功能退化，这一系列海洋资源环境经济问题成为海洋经济可持续发展的瓶颈制约和发展短板。从国际方面看，世界各沿海国家更加关注海洋经济发展过程中的绿色、低碳、环保问题，开始摒弃过去过度消耗资源的粗放型海洋经济发展方式，更加注重海洋资源的高效利用，不断进行科技创新以提高对海洋资源的利用效率。

1.1.2 海洋经济发展国内背景

我国海域辽阔，海洋资源种类繁多，海洋矿产、海洋生物资源、石油天然气资源、滨海旅游资源等具有巨大的开发潜力，为我国经济社会的可持续发展提供珍贵的物质和能源支撑。

1. 海洋各类资源丰富

中国是世界海洋大国，其中领海面积38万km^2，主张管辖海域面积约300万km^2，大陆海岸线长约1.8万km，面积大于500m^2的岛屿6900多个，岛屿总面积3.87万km^2，其中可供旅游的海岛接近300个，岛屿岸线长约1.4万km，全国海岛共有可养殖水面1200多万亩[①]（全国人民代表大会常务委员会法制工作委员会，2010）。我国沿海入海河流每年挟带大量泥沙在沿岸沉积形成滩涂，每年淤涨的

---

① 1亩≈666.7m^2。

滩涂总面积约40万亩。根据自然资源部的初步估计，中国近海大陆架石油资源量约为2.4×10^{10}t，天然气资源量约为1.3×10^{13}m^3。中国近海各海区的油气资源量为：渤海，石油资源量约为4.0×10^9t，天然气资源量约为1.0×10^{12}m^3；东海，石油资源量约为5.0×10^9t，天然气资源量约为2.0×10^{12}m^3；南黄海，石油资源量约为5×10^8t，天然气资源量约为6.0×10^{10}m^3；南海石油资源量约为1.5×10^{10}t，天然气资源量约为1.0×10^{13}m。我国滨海砂矿的种类达60种以上，世界滨海砂矿的种类几乎在我国均有蕴藏，滨海砂矿的储藏量达到31亿t。海域海洋生物物种高达20 278种，占世界海洋生物物种的1/4以上；滩涂浅海生物达2950种，适合养殖开发的经济生物多达238种。海域渔场面积为280万km^2，适宜人工养殖的浅海和滩涂面积共133万hm^2。我国海洋可再生能源理论蕴藏量6.3亿kW，包括潮汐能、波浪能、海流能、温差能等。海水资源主要利用方向是制盐，提取钾、溴、镁等化学元素，海水淡化和海水直接利用等。此外，我国滨海旅游资源亦很丰富，具有开发价值的旅游景点共有1500多处，其中规模较大的海边沙滩100多处（中国海洋可持续发展的生态环境问题与政策研究课题组，2013）。

2. 海洋经济发展成效显著

20世纪90年代以来，在世界海洋经济发展的浪潮中，我国沿海地区也积极加入发展海洋经济的队伍中，并积极发挥环渤海、长江三角洲和珠江三角洲的带动作用，北部、东部和南部三个海洋经济圈基本形成，一些内陆省份海洋经济逐步发展，浙江舟山群岛、广州南沙、大连金普、青岛西海岸等国家级新区以及福建平潭、珠海横琴、深圳前海等重要涉海功能平台相继获批设立。山东、浙江、广东、福建、天津、河北、辽宁等全国海洋经济发展试点地区工作成效显著，重点领域先行先试取得良好效果，海洋经济辐射带动能力进一步增强。一批跨海桥梁和海底隧道等重大基础设施相继建设和投入使用，促进了沿海区域间的融合发展，海洋经济布局进一步优化。

由海洋经济发展统计数据可知，2018年海洋经济继续保持平稳增长，总量再上新台阶，产业结构不断优化，新兴产业和新业态快速成长，海洋经济的"引擎"作用持续发挥，推动国民经济高质量发展。海洋生产总值在2001~2018年平均每6年翻一番。海洋经济在国民经济中的份额保持稳定，海洋生产总值占国内生产总值的比重连续10多年保持在9%以上。《2018年中国海洋经济统计公报》显示，2018年中国主要海洋产业保持稳步增长，全年实现增加值33 609亿元，比2017年增长4.0%。滨海旅游业、海洋交通运输业和海洋渔业作为海洋经济发展的支柱产业，其增加值占主要海洋产业增加值的比重分别为47.8%、19.4%和14.3%。海洋生物医药业、海洋电力业等新兴产业增速领先，分别为9.6%、12.8%。

3. 海洋经济快速发展带来的资源环境问题

陆域资源短缺、人口增长较快及趋海性移动加速了产业经济布局的沿海化，海洋经济在国民经济和社会发展中的地位日益突出。但在海洋经济快速发展的同时，出现了一系列海洋资源环境生态问题。由于海洋是个复杂开放的巨大系统，海洋环境污染中的90%来自陆源污染，近岸海域越来越成为环境污染输出的盛纳容器（李京梅和苏红岩，2016），海洋产业的粗放式发展对近岸海洋环境、海洋生态系统造成了严重的损害，主要表现在：①海洋污染加重，生态环境恶化，人类活动对海洋生态环境的影响加大了海洋生态环境承载的压力，自然灾害和人为灾害发生的频率增加，海洋生态系统遭到破坏；②海洋资源掠夺式的开发以及粗放式的发展模式导致部分近海资源被过度开发利用，海洋资源承载力的压力加大，海洋发展潜能遭到破坏；③在海洋资源开发、利用过程中，海洋资源环境经济的矛盾较为尖锐，缺乏统一、系统的协调机理；④阶段性海洋产业结构不均衡，结构层次或较低或不合理，产业增长中的科技比重不高，资源利用不合理及浪费现象普遍、严重；⑤区域性的海洋规划欠缺，区域间海洋产业重复或缺失，产业间竞争激烈，矛盾加剧，无序的开发利用造成了海洋资源的浪费，海洋资源利用效率不高。

这些问题严重制约了我国沿海地区经济和海洋经济的可持续发展。如果不采取有力的措施，势必会造成沿海区域经济发展系统和海洋资源、环境系统之间矛盾的进一步激化，最终超出海洋资源与生态环境的承载能力范围，使海洋生态系统遭到严重破坏，资源环境经济发展陷入恶性循环，这一系列海洋资源环境经济问题成为建设海洋经济强国的瓶颈制约和发展短板。

4. 国家层面方针政策的出台

我国海洋开发历史悠久，自20世纪80年代起国家开始出台政策支持海洋经济发展。这一阶段，随着对外开放水平的不断提高，沿海的区位优势逐步显现，吸引大量的资金、技术、劳动力向沿海一带集聚。沿海地区经济总实力不断提升，海洋经济也进入了高速发展阶段。但是，由于当时海洋资源开发还处于比较初级的阶段，海洋经济的可持续发展能力受到了一定的影响。为了在海洋领域更好地贯彻《中国21世纪议程》精神，促进海洋的可持续开发利用，国家海洋局特制定《中国海洋21世纪议程》（国家海洋局，1996）。进入21世纪以来，伴随中国经济发展和资源需求增长，海洋经济在国民经济发展中的地位日渐提高，党中央和国务院高度重视海洋事业发展。2002年，党的十六大提出"实施海洋开发，搞好国土资源综合整治"战略规划；2003年，国务院颁布《全国海洋经济发展规划纲要》；2006年，国务院颁布《国家中长期科学和技术发展规划纲要（2006—2020年）》，提出要加快发展海洋技术等；2012年，国务院印发的《全国海洋经济发展"十二五"规划》中首次将海洋经济发展提到了国家战略的高度，随后在《全国海洋经济发展"十三五"规划》中指出要坚持海陆统筹，紧紧抓住"一带一路"建设的重大机遇，推进海洋经济可持续发展。2016年发布的《中华人民共和国国民经济和社会发展第十三个五年规划纲要》指出，要坚持陆海统筹，发展海洋经济，科学开发海洋资源，保护海洋生态环境，维护海洋权益，建设海洋强国。

1.1.3 海洋经济可持续发展

海洋经济可持续发展以科学合理开发利用海洋资源为目标，不断提高海洋资源的开发利用水平及能力，维护海洋资源生态系统，通过海洋环境保护等举措，实现海洋资源与经济、环境的协调发展。海洋经济可持续发展是人与自然、环境交互作用的集中体现，海洋资源、环境、经济、社会要素之间相互作用、相互联系构成了一个涉及众多因素的复杂动态系统，海洋资源子系统是海洋经济可持续发展系统的物质基础，海洋环境子系统是海洋经济可持续发展系统的空间支撑，海洋经济子系统是海洋经济可持续发展系统的核心，海洋社会子系统是海洋经济可持续发展系统的重要保障。

海洋经济可持续发展系统作为一个复合系统，海洋经济的发展有赖于海洋资源子系统和海洋环境子系统提供的空间和资源，海洋社会子系统向其提供的人力、技术、公共设施等。海洋经济子系统的发展也会不断回馈其他两个系统，更多资金将被用于维护海洋生态环境、开展海洋教育、提高沿海地区人民就业率和生活水平，不断促进社会前进。海洋经济发展的根本目的是促进社会发展和稳定，以及人民生活水平不断提高。经济的发展离不开资源环境的约束，受限于当前经济制度、科技发展水平和海洋管理等因素，在开发利用海洋资源的过程中，海洋环境的污染和生态的破坏常常无法避免。如何在发展海洋经济的同时使海洋资源得到最合理的开发利用，海洋环境得到最大程度的保护，是当前海洋经济发展过程中面临的重要问题。

实现海洋经济可持续发展，即保证海洋资源、环境系统与经济、社会系统相协调，从传统的偏重数量增长的发展模式转向强调改善发展质量的协调发展模式。在海洋经济发展过程中，首先要合理开发利用海洋自然资源，最大限度地提高海洋不可再生资源的利用效益，对可再生资源的利用应以不破坏其再生机制为前提，从而维持海洋经济发展的自然资源基础不被削弱和破坏。其次保护海洋生态环境是实现海洋经济可持续发展的重要方面，海洋生态环境保护必须考虑海洋资源的持续供给能力，而海洋资源的开发利用活动对海洋环境的负面影响也应控制在环境的承载能力范围之内，保证整个海洋生态系统中的能量流和物质循环在没有受到外力的剧烈干扰下平稳进行，与此同时海洋生态系统的结构也保持相对稳定的状态。而海洋经济的发展要与资源开发的投入相适应，资源开发利用要与经济发展的需求相适应，进而真正实现以资源的持续利用支撑海洋经济的可持续发展；同时，海洋经济发展要注重与环境的协调，以海洋经济发展促进环境保护，以环境的改善保障和服务于海洋经济的发展，实行开发与保护并举。社会系统要提供海洋经济生产所需要的劳动力，提供海洋资源利用、环境保护的技术水平支持，通过建立起完备的海洋资源开发利用和海洋生态环境保护的法规与政策，为海洋资源的开发利用和海洋环境保护提供保障，最终实现海洋生态、经济、社会系统的良性循环。

1.2　相关研究进展

1.2.1　国外研究进展

目前，国内外学者关于海洋经济可持续发展的研究较为丰富。其中，国外学者主要基于海洋生态经济可持续发展、海洋资源可持续利用、海洋产业绩效、海洋产业组织与布局、海洋经济系统脆弱性、人海关系、海洋综合管理等不同视角依据不同的理论，在不同深度上对海洋经济可持续发展问题进行研究。

（1）海洋生态经济可持续发展研究。Crowder 和 Norse（2008）通过对评估报告的分析探讨海洋生态系统服务价值的效应，为海洋生态系统给人类提供可持续的生态服务提供有力保障；Verdesca 等（2006）从经济系统和环境系统之间能量交流的视角出发，构建了描述生态系统状态和其经济附加值之间关系的指标体系，并应用该指标体系对戈罗萨卡潟湖（Sacca di Goro Lagoon）海岸带生态经济系统进行了可持续性评价；Day 等（2008）应用地理信息系统（geographic information system，GIS）空间分析技术对澳大利亚海域斯潘塞湾的生态分级进行了空间分布研究，为澳大利亚的海域治理提供了辅助支撑；Armstrong（2007）深入研究了海洋保护区的生物经济模型，但认为当前学者对海洋保护区的生态经济关系分析结果较为悲观。

（2）海洋资源可持续利用研究。Samonte-Tan 等（2007）通过海洋产业的相关收入来衡量海洋资源的使用价值，以此为依据来探讨海洋资源管理的有效方式；Field（2003）以鱼类资源评估、经济学等学科为基础，探究海洋生态环境和海洋资源可持续利用之间的关系；Managi 等（2005）通过实证模型来评估技术变革对海洋资源开发的影响，以此推断资源利用率随经济增长的变化趋势；Barange 等（2010）通过建立耦合的建模框架来量化气候变化和人类活动对海洋资源可持续利用的影响，从时间、空间两个维度探究系统耦合的相似性和相异性。

（3）海洋产业绩效、海洋产业组织与布局研究。Kwak 等（2005）通过投入–产出分析法研究了海运业与其他部门产业之间的联动效应，以及海洋货物运输量、就业人员、供应量、价格变化等因素对国民经济的影响；Mcconnell（2002）从产业组织的成本效率和市场获得角度研究了德国造船产业如何保持在欧洲海洋产业中的定位问题；Baird（1997）通过对欧洲集装箱港口的研究，探讨了集装箱运输体系的空间布局与形成机制；Bess 和 Harte（2000）研究了渔业所有权对新西兰海产品产业发展布局的影响。

（4）海洋经济系统脆弱性研究。Chen 等（2014）通过脆弱性指数的变化情况来衡量气候和环境变化给捕鱼区带来的收入损失对渔民的影响以及渔民的应对能力，通过探求建立海洋自然保护区的手段来降低海洋渔业系统的脆弱性；Cheung 等（2005）通过模糊专家系统理论来估计人类活动对海洋渔业系统脆弱性的影响，并以模糊专家系统作为一种决策支持工具为海洋渔业管理和海洋保护规划提供理论依据；Kantamaneni 等（2018）通过将物理沿海脆弱性指数（physical coastal vulnerability index，PCVI）和经济沿海脆弱性指数（economic coastal vulnerability index，ECVI）结合起来，开发出了综合的沿海脆弱性指数（comprehensive coastal vulnerability index，CCVI），为沿海地区管理人员提供有关当前和预测的气候变化情景的沿海脆弱性评估信息。

（5）人海关系研究。国外早在 20 世纪 60～70 年代就已经开始关注和研究海岛人地关系（Schweinfurth，1965），这一时期主要关注海岛开发，如 Pryor

（1967）分析了海岛农村土地开发的问题，Robertson（1973）总结了坎布雷（Cumbrae）岛20年的人口发展趋势，并分析了影响人口数量的因素。Newton等（2007）利用生态足迹方法评估了49个海岛国家珊瑚礁渔业的生态平衡状况，指出人类的过度捕捞活动是影响海岛渔业可持续发展的重要因素。Halpern等（2012）从海洋经济系统自身可持续发展与调节全球气候、为人类提供福利的视角对沿海国家人海关系进行量化分析，通过建立包含不同指标的耦合系统对不同沿海国家的发展指数进行评价，研究结果对于沿海国家实现人海关系的协调发展具有一定的借鉴意义。

（6）海洋综合管理研究。1982年的《联合国海洋法公约》中提出海洋地域问题要从整体层面统一思量，Miles（1989）认为海洋综合政策是实现其综合管理的必要途径。Turner和Bower（1999）认为海岸带综合管理（ICZM）是一个综合性的缓解资源冲突问题和切实调整可持续经济发展政策目标需要的对策，其核心应该使决策者能够在利益相关者在不同的经济、社会政治（和体制）、文化和环境背景下表现出来的相互冲突的资源需求之间达成社会可接受的平衡。Ngoile和Linden（1998）通过对非洲东部沿海地区海洋经济发展状况的分析，提出要通过相关海洋部门的协调建立有效的海洋综合管理机制。Schaefer和Barale（2011）通过分析欧盟海洋综合管理政策的关键原则、实施过程及路线图，进一步讨论了海洋空间规划在实施海洋综合管理中的实际应用。Verdesca等（2006）从经济系统和生态系统之间能量流通的视角出发，应用有效能分析与经济模型整合的方法，对Sacca di Goro Lagoon海岸带的生态经济系统进行了可持续能力评价。

1.2.2　国内研究进展

国内学者的研究主要集中在以下几个方面：

（1）海洋经济可持续发展理论研究。王长征和刘毅（2003）从海洋资源可持续发展的角度对海洋经济可持续发展进行了定性分析；张耀光（2006）对我国海洋经济可持续发展的基础与潜力、发展思路等进行了探讨；张德贤和陈中惠（2000）认为海洋经济可持续发展包括三层含义：海洋经济的持续性、海洋生态的持续性和社会的持续性；王诗成（2001）认为海洋的可持续发展以保证海洋经济发展和资源永续利用为目的，实现海洋经济发展与环境相协调，经济、社会、生态效益相统一；张永战和王颖（2006）总结了海岸海洋科学研究新进展；蒋铁民和王志远（2000）指出海洋可持续发展包括保证海洋经济增长的持续性，保持良好的海洋生态持续性和社会持续性。

（2）海洋产业结构与布局可持续发展问题研究。韩增林和刘桂春（2003）分析了 20 世纪 90 年代海洋经济发展的地区差距以及海洋产业空间集聚的变动趋势；王泽宇等（2015a）界定了现代海洋产业的范畴，通过可变模糊识别模型得出了现代海洋产业发展水平；于谨凯等（2009）基于"点-轴"理论对我国海洋产业的布局进行研究，提出了我国海洋产业"三点群两轴线"的空间布局体系；楼东等（2005）应用灰色系统方法对我国主要海洋产业进行了关联度分析，并应用 GM（1，1）模型对我国海洋产业产值进行预测；陈国亮（2015）对中国海洋产业协同集聚的空间演化特征进行分析，并对影响因素进行了探索；马仁锋等（2013）总结了国内对海洋产业结构与布局研究文献的增长规律，并立足于海洋产业结构与布局研究趋势，指出未来应加强海洋产业结构与布局的前沿领域及理论体系探索，并为我国海洋经济示范区建设提供科学指导。

（3）海洋资源环境承载力与可持续发展问题研究。张耀光等（2010）利用海洋经济资源丰裕度指数探讨了海洋经济增长与资源产出的关系；狄乾斌等（2013b）基于海洋生物免疫学理论对海域承载力进行了测度；孙才志和李欣（2013）利用海洋资源承载力和海洋环境承载力评价模型与罗默（Romer）模型，测度了环渤海海洋资源与环境的阻尼效应，并对其进行空间分异分析；韩增林等（2006）借鉴了水资源、森林资源、土地资源等对人口和经济的承载力方面的有关理论与方法，从理论上创造性地提出了海域生态承载力的定义、评价指标体系、评价方法与研究趋势；苗丽娟等（2006）在借鉴国内外区域承载力研究思路与方法的基础上，结合我国沿海各地海洋生态环境的实际状况，通过综合分析各地的社会、经济、资源与生态环境因素，构建了以压力评价指标和承压评价指标为基本框架的海洋生态环境承载力的评价指标体系。

（4）人海关系地域系统脆弱性研究。张耀光（2008）对人海关系对海洋经济地理学的贡献进行了总结；韩增林和刘桂春（2007）对人海关系地域系统的内涵与特性、空间结构和地域类型进行了探讨；孙才志等（2016）结合"压力-状态-响应"模型和"暴露度-敏感性-应对能力"模型，采用考虑了松弛变量权重的数据包络分析方法（WSBM）对环渤海地区 17 个沿海城市海洋经济脆弱性进行了测算；李博等（2015）基于集对分析对人海经济系统脆弱性进行了研究；孙才志等（2015）在分析人海关系地域系统协同演化机制的基础上，构建了综合指标体系对中国沿海地区人海关系地域系统进行评价及协同演化研究；

彭飞等（2015）运用BP人工神经网络模型、脆弱性评价指数模型、障碍度评价公式等，对中国沿海地区海洋经济系统的脆弱性时空演变特征进行评价分析。

（5）海洋生态经济可持续发展研究。高乐华和高强（2012）综合运用生态足迹法、承载力模型和可持续发展度量法，对海洋生态经济系统交互胁迫关系及其协调度进行了验证测算；盖美和赵丽玲（2012）运用可变模糊方法，以辽宁省为例对海洋经济与海洋环境的协调关系进行了研究；张远等（2005）对海岸带城市环境-经济系统的协调发展进行了评价；王文翰等（2001）对辽宁省的海洋环境保护与海洋经济可持续发展进行了研究；刘曙光和纪瑞雪（2014）基于Romer"尾效"假说，构建了海洋捕捞业柯布-道格拉斯生产函数模型，探讨了海域环境恶化对海洋捕捞业阻滞效应的形成机理并进行了定量测算。

（6）海洋经济可持续发展的综合评价。柯丽娜等（2013）运用可变模糊方法对海岛可持续发展进行评价；韩增林和刘桂春（2003）运用主成分分析法和层次分析法对海洋经济可持续发展进行了定量分析；狄乾斌等（2009）运用复合生态系统场力分析框架，论证了海洋经济系统、社会系统和生态系统之间的协调发展是实现海洋经济可持续发展的保证；郑德凤等（2014）使用生态足迹法评价了海洋经济可持续发展，指出了生态安全对实现海洋经济可持续发展的重要性；覃雄合等（2014）基于代谢循环视角构建了包含发展度、协调度、代谢循环度的量化模型，对环渤海地区17个沿海城市的海洋经济可持续发展状况进行了测算，并利用核密度估计模型分析了海洋经济可持续发展的动态演变规律。

综上所述，现有的研究多是从海洋产业、海洋资源环境承载力、人海关系地域系统脆弱性、海洋生态经济、海洋经济可持续发展理论等某一研究视角对海洋经济可持续发展进行测度，忽略了海洋经济可持续发展的复杂性、系统性、协调性，海洋经济可持续发展的理论基础薄弱，缺乏海洋经济可持续发展的相关理论总结和对海洋经济可持续发展运行机理的探讨，使得海洋经济可持续发展研究在理论深度和实证检验上有所欠缺。

理 论 篇

▶ 第2章 地理学基础理论

2.1 点-轴系统理论

1984年10月，我国著名经济地理学家陆大道教授在乌鲁木齐召开的全国经济地理和国土规划学术讨论会上，首次提出了点-轴系统理论模型以及中国国土开发和经济布局的"T"字形战略。而点-轴系统理论是陆大道教授在克里斯塔勒中心地理论和佩鲁增长极理论基本原理的基础上所提出的具有中国特色的空间理论，该理论模型主要是通过运用网络分析方法，把点-轴系统要素结合在同一区域开发模型中，把国民经济看作点轴组成的空间组织形态（陈翔云，2005）。通过对国家宏观层面整体区域经济发展和产业经济活动布局的长期研究以及实践探索，陆大道教授又进一步深入阐述了点-轴空间结构的形成过程、发展轴的结构与类型、点-轴渐进式扩散、点-轴-聚集区等多方面内容并发表了一系列相关学术研究成果对该理论进行进一步论证，至20世纪末最终形成一个成熟完整的点-轴系统理论体系（孙东琪等，2016）。随后，该理论体系便被广泛应用于国土开发规划和各类产业经济布局等方面，同时该理论的提出对我国国民经济产业结构的合理布局和改善具有重要的科学指导作用。

通过对海洋经济产业布局的实践研究发现，点-轴系统理论不仅能够运用于指导海洋经济产业活动的合理化布局，还可以进一步对海洋经济的可持续发展产生相应影响。由于各产业之间在生产、消费等方面的相互关联，所以能够有效促进海洋各类资源、产品的循环高效使用，使海洋产业结构的高度化同沿海地区的空间结构布局的合理化有机结合起来，与近岸海岸带构成特色鲜明的综合海洋经济核心区（周江和曹瑛，2001）。近年来，随着海洋经济在国民经济发展中的贡献率越来越高，为进一步推动海洋经济高质量的发展，我国提出了多个上升为国家战略层面的沿海经济开发带和海洋经济区，包括天津滨海新区、辽宁沿海经济带、山东半岛蓝色经济区、江苏沿海地区、浙江海洋经济发展示范区、福建海峡西岸经济区、河北渤海新区、广东海洋经济综合试验区、广西北部湾经济区等。

2.1.1 概念内涵

维尔纳·桑巴特（Werner Sombart）提出的生长轴理论成为点-轴开发理论关于"轴"的内涵功能的理论前提。点-轴理论中的"点"是指各级居民点和中心城市，不同层级的中心城市对周围城镇和区域有不同的吸引力和凝聚力。"轴"是指由连接这些区域的交通干线、输水输电线等的基础设施连接而形成的一个经济发展轴带。区域内的中心城市是有不同等级的，轴带同样也是分等级的，轴带的实质就是产业发展带，不同等级的中心城市和产业发展带具有不同程度的吸引和凝力。在区域发展规划中需要用到点-轴系统理论，点-轴系统理论同样也适用于海洋经济可持续发展规划中，以海洋区域规划中的中心海域为"点"，以海洋工程性线路经过的地带为"轴"形成海洋区域开发带。

2.1.2 点-轴系统理论的特性

1. 方向性和时序性

点-轴渐进扩散过程在空间和时间的发展过程中具有连续性。点-轴系统是点-轴开发模式在地域空间上的组织形式，强调的是社会经济要素在空间上的组织形态，包括集中与分散程度、合理集聚与分散和最满意或适度规模，由"点"到"点-轴"再到"点-轴-集聚区"的空间扩散过程和扩散模式（郝雪等，2011）。将点-轴系统理论用于经济带的形成和演进是一种对空间结构的解释，经济带的组成要素首先是轴，其次是连接在轴线上的点，再次是经济带的辐射范围，是极化力量弱化向整个空间发展的第一步。其空间形态的形成过程是先出现经济发展水平不同的点，然后出现不同层次的轴，最后才是域面。

2. 过渡性

点-轴开发在发展过程中逐渐由点发展转变为重点发展轴线，多个点-轴系统交错发展就会形成网络发展的格局，在发展的过程中空间极化作用不断减弱，扩散作用随之增强，使得区域趋于平衡发展。

从海洋区域经济的成长过程看，海洋产业总是首先集中在少数条件好的城市或者企业，呈点状分布。这种海洋产业点被称作海洋区域经济增长极，也就是海洋经济点-轴开发模式中的点。随着海洋经济的发展，海洋产业点逐渐增多，点和点之间由于生产要素交换的需求，需要用交通线路、通信线路等基础设施把这些点之间相互连接起来，就形成了轴线，这种轴线首先主要是为海洋产业点服务的，单轴线一经形成，对人口、产业也具有吸引力，吸引人口、产业向轴线两侧集聚，并产生新的点，点轴贯通，最终形成海岸带发展轴的点-轴系统模式。

2.2　人地关系协调理论

在人类对人地关系的漫长探索历程中，人地关系思想在不断演变的同时，也使人类明确清楚地认识到地球的容量不是无限的，并不能够一直满足人类对土地资源、环境资源和生物资源等日益增长的需求。近年来愈演愈烈的各类社会危机，如土地空间资源、生物资源急剧减少，资源开发强度超过本身的承载力，环境风险压力有增无减，新的生态环境问题不断出现，致使人类社会与生态环境系统处于不协调发展的状态。人地关系协调发展研究旨在进一步改善人地相互作用的循环系统，有效进行区域开发与区域管理，更好地促进人与环境的和谐，实现可持续发展的全球战略（焦宝玉，2011）。

2.2.1　人地关系发展历史

人地关系演变的历史与人的整体系统功能的拓展及其表现出来的改造自然能力的提高密切相关。根据人类劳动生产使用工具的更换、新材料和新技术手段的应用演进过程，人类认识自然的过程大致可划分为以下四个发展历程。

（1）人与自然的原始共生采猎阶段。在原始社会的早期发展阶段，受人类认识自然水平和使用工具等的限制，只能依靠原始工具（如石器、木器）直接从自然界渔猎的现成果实来维持基本的生存发展，在这一时期生产力发展缓慢，人类改造自然环境的水平很低，自然环境对人类的制约作用较强，人类与自然之间的关系是一种敬畏、恐惧、崇拜和依赖的关系。

（2）农业时代改造自然的阶段。随着农业耕作生产工具的改进，人类逐渐掌握了利用自然的能力，对环境的依附作用减弱，不再仅局限于渔猎活动，开始家圈饲养动物、种植灌溉农业等生产活动。在农业时代，随着农业社会生产工具的发展，人类开始逐渐掌握利用自然的能力，基本上是以家庭为单位进行自给自足的农业生产活动，如开始驯化动物及栽种植物等。然而由于生产技术水平低下和认识水平的不足，加之人口规模小，资源需求量少，人类与自然处于一种和谐发展的阶段，这一期间两者的关系并没有出现相对立的一面。

（3）改造自然的工业革命阶段。随着两次工业革命的开展，科学技术生产力的发展和生产工具的革新，人类利用自然资源的能力和途径较之前有实质性的改进，人类对自然环境的依附作用减弱，两者之间的关系由顺应向征服转变，自然生态环境开始出现恶化。工业革命期间，开发利用各种资源时，受人力、技术水平的限制，资源利用结构层次并不高，三次产业的粗放式发展导致自然资源毫无节制的掠夺性开发，新的生态环境问题不断出现，生态系统服务功能总体下降，引发了全球沙漠化、全球变暖、水土流失、生物多样性减少等一系列问题，甚至某些局部地区的环境污染演变为公害，二者处于矛盾激化的相对立面。

（4）谋求人地协调发展阶段。从工业时代后期（20世纪60年代）开始，生产力达到较高发展水平，然而资源短缺、人口激增、环境污染、生态破坏等一系列问题日益严峻，为此人类开始寻找人与自然环境发展之间的矛盾所在。通过反思，人类认识到自身具有认识自然和改造自然的能力，同样地理环境对人类也具有反作用，人类与自然环境应当建立平等友好、互惠共生的关系。经过近年来人类的研究和实践探索，可持续发展理论在20世纪70年代应运而生，可持续发展思想已逐渐成熟并被公众广泛接受。在遵循和利用客观自然规律的基础上，适度、有效地改造自然环境客体，谋求人地关系的和谐统一，推动人类社会与地理环境相互协调和可持续发展（焦宝玉，2011）。

2.2.2 人地关系系统特性

（1）整体性。人地关系系统由多个子系统组合而成，系统之间的联系并不是各子系统要素之间的简单相加，而是需要借助物质流和能量流等介质的推动才能达到合理有效的结合，系统作为一个整体具有完善的功能，各子系统之间是相互协调、相互转化的关系，这样才能达到系统最优，即系统整体功能大于部分子系统功能之和。

（2）结构性。人地关系系统的结构性包括各组成部分（要素）间的组织形式（空间和时间方面），也包括各要素间的物质流、能量流、信息流的形式，系统要素中的各子系统作为独立的个体存在，具有自身独立的结构要素组合，可以执行独立的功能。

（3）层次性。人地关系系统的层次性主要表现为：①要素子系统层级，如资源系统、环境系统、经济系统、社会系统、生态系统等，其中生态系统又可分为自然生态系统、人工生态系统，自然生态系统中的陆域生态系统包括森林生态系统、草原生态系统、荒漠生态系统、湿地生态系统四类，水域生态系统包括海洋生态系统、淡水生态系统；人工生态系统包括城市生态系统和农田生态系统。②区域子系统层级，如全球整体系统可分为陆地子系统和海洋子系统，陆地子系统又可分为北美洲子系统和南美洲子系统。对于北美洲子系统，以美国为例，又可划分出美国区域人地关系系统，甚至是州际人地关系系统。

（4）功能性。功能性是指在一定条件下人地关系系统所起的作用和具有的能力，人地关系系统的功能既表现在其对外环境的作用上（称为外功能），也表现在系统内部对人类社会子系统为中心的作用（称为内功能）。

（5）动态性。动态性是指人地关系系统本身并不是一成不变的，而是与各子系统之间不断进行着能量、物质、信息的交流，系统作为一个整体也在不断变化和发展之中（焦宝玉，2011）。

2.2.3　人地关系的基本原理

（1）人地耦合原理。环境与人类活动的影响是相互的，如环境对人口和城市的分布、交通运输路线、产业经济布局等活动都具有深刻的影响，但随着不同领域经济生产活动的开展，人类活动对环境的影响也越来越广泛，如围填海造地，产业经济活动的沿海化布局、海上船舶交通运输等。正是由于人类与环境的相互协同作用，所以在历史的演化过程中，人类与环境的相互耦合协同才得以不断提升。人类社会与其息息相关的整体大环境在人地整体系统的构建中，虽然从客观上来说是一个相互联系、不可分割的整体，但是可以作为两个独立的子系统来认识。人类活动既是以土地为客体的改造活动，也是以土地为主体的生产活动。正所谓"牵一发而动全身"，在人地关系的对立统一中，"土地"这一系统的变化必然会牵带"人的系统"的结构有所变动和调整，人类生产经济活动如土地规划利用、交通、观光、工程建设、生活消费等必然会引发一系列的"土地"连锁变化。人与地在相互作用的演化过程中共同进步成长，人地关系系统是人地互动、区域互动、要素互动和整体互动、因果互动的统一。

（2）人地矛盾原理。人与地由相对独立的不同要素部分所构成，虽作为一个整体系统，但是必然存在着客观的差异和矛盾（胡兆量，1996）。人与地之间的矛盾主要表现为：人与地发展秩序与节奏的对立；人的需求无限性与土地资源的供给有限性之间的矛盾；生态系统中人类与其他生物在生存空间和生存资源上的竞争。人地关系系统发展的过程表明，人类与土地用地和用地结构之间的矛盾是客观存在且无法回避的。人地关系的演化历史进程本质上就是矛盾不断出现发展和矛盾双方相互克服转化的辩证统一的发展过程。人与土地两者的矛盾关系解决是通过提升土地资源承载力、社会生产力和科学技术水平，在"改造—适应"和"超越—制约"的过程中寻求人口、资源、环境的协调发展。

（3）人地作用加速原理。以人类生产活动为主体的人地关系系统演化大致经历了以土地为中心、以人为中心、以社区为中心的发展过程，人类活动在人地关系中起到了加速升级的作用。人类对"地"的经济活动作用速度、强度及其积累效应呈指数递增趋势，而同样的环境对人类经济生产活动的作用和人类对环境的依赖日益增强，人地关系系统朝着速度更快、程度加深、作用方式日益复杂的方向发展。

人地关系以追求人类与资源、环境的和谐可持续发展为最终目标，目前实现人与环境可持续发展的主要途径如下：

（1）清洁生产。清洁生产是区别于传统的以消耗资源而不考虑生产资源和废弃污染物排放量的生产方式，它是一种新的环保战略方式，清洁生产的浪潮正在世界各地备受推崇，是21世纪实现工业可持续发展最有效、最快捷的实现路径。在清洁生产的概念中，既包含生产技术上的可行性，又体现经济效益、环境效益和社会效益的统一。清洁生产的目标，一方面是通过加强资源的综合循环利用、稀缺资源的有效替换等，合理、有效地利用自然环境资源；另一方面是通过减少废弃物和污染物在生产过程中的排放量降低对生态环境的影响。

（2）循环经济。循环经济的新发展理念以物质、能量梯次及闭路循环使用为特征，不仅打破了传统的环保理念，而且为工业生产发展模式指引一个新的工作思路。循环经济实现企业内部间生产材料、能源和废物的循环利用，从而提高生产资料的利用效率或者是变废弃物为宝，能够有效缓解工业经济生产活动对生态环境系统造成的压力，最终实现促进人与环境协调可持续发展的目标。

（3）生态建设。生态建设是在人类理性行为参与下积极进行的生态恢复与重建过程，是指需要人类积极参与和调控生态恢复重建过程，而这一过程如果仅凭外部自然界的一己之力尚不能够实现生态修复或加速修复。生态建设的直接目标是修复受损生态环境系统和景观植被的结构、种类和过程，使修复后的生态环境系统能够处于健康的水平状态。综上，生态建设就是要处理、修复、解决好由于人类盲目过度的生产活动所带来的一系列生态环境问题，从而提升生态系统服务功能。人地关系这个既古老又新颖的话题从原始渔猎文明时期到现今一直被人们所重视，随着人类社会生产力和科学技术的不断发展进步，人地关系思想也在不断更新。

2.3 海洋区划理论

2.3.1 概念内涵

海洋区划理论是根据地理位置、资源环境、社会经济等自然和社会综合因素将一个海域划分成不同类型的区域，对不同的区域因地制宜地采取不同的管理模式、发展方式，实现海洋经济社会生态的最大效益和海洋资源的优化配置，最终达到海洋经济可持续快速发展的目标（王琪，2004），主要包括海洋功能区划、海洋经济区划、海洋行政区划、海洋特殊区划等。根据控制、引导海洋区域的发展方向，可将海洋功能区划划分为海洋保护区、海水资源利用区、矿产资源利用区等十大类。根据海洋的经济发展现状和未来发展趋势，可将海洋经济区划划分为海洋重点开发经济区、海岸带经济区、沿海开放经济区等。根据海洋的行政管理需要，可以将海洋行政区划划分为区、县、乡三级。根据海洋开发利用的特殊要求，可将海洋特殊区划划分为海洋军事区、海洋自然保护区、休渔区等（巩固，2006；龚远星，2005）。

2.3.2 理论基础

1. 海域可持续利用

海域可持续利用是指海域在开发利用的过程中要以海洋经济的可持续发展为原则，既能满足当前海域经济发展的需求，又可以保证海洋资源的完整性和多样性，不会破坏海洋环境，不会损害到后代人发展的利益，进而实现海域的可持续利用与发展。海域可持续利用的主体是海洋经济的发展和海域的开发，海域可持续利用需要处理好开发利用和环境保护的关系，遵循可持续发展的原则，协调好海域开发的各方面利益，制定科学合理的海域管理制度。

2. 系统论

系统论是从系统的角度出发，从不同的侧面分析物质世界的本质和运动规律，是一种以定量分析解决复杂系统的新方法（魏宏森，2007）。系统论主要是由系统的整体性、层次性、开放性、目的性、突变性、稳定性原理和结构功能相互组合而成的，而海洋功能区划作为海洋系统的一部分，同时也具有系统的特性，由此看来系统论适用于海洋功能区划。海洋功能区划作为海洋系统的一部分，彼此相互联系、相辅相成，海洋系统本身具有一定的自我稳定和修复功能，海洋区域在规划发展的过程中，只要不超过海洋系统稳定和修复能力的最大承载力，适度开发海洋经济，就可以保持海洋功能的完整性和恢复海洋资源的多样性。一旦发展超过了海域承载力限度，将会丧失海洋部分功能、破坏海洋资源，影响海洋经济的可持续发展。海洋区划系统中各个不同功能和层次的区划与整体区划是密不可分的，不仅相互联系，而且互相影响。从系统论和联系的视角对海洋区划进行研究分析，可以发现各类区划系统都具有不同的功能，彼此相互联系、作用、影响，共同构成了海洋区划整体。

3. 基于生态系统的海洋管理

基于生态系统的海洋管理是以海洋经济可持续发展为前提，以充分了解海洋生态系统的构成、机构、功能等常识为基础，通过政策的制定、管理的落实，从而实现海洋开发利用的合理化和科学化（张宏声，2004）。在开发利用海洋的同时，要明确海洋生态系统之间的相互联系和影响以及海洋生态系统的结构和功能，以利于海洋生态系统的保护。

4. "反规划"

"反规划"是一种景观规划途径，是一种强调通过优先进行不建设区域的控制，来进行城市空间规划的方法论，是对快速城市扩张的一种应对。具体应用到可持续发展的海洋区域规划中，首先需确定一个海洋保护的区域，对其进行优先控制和管理，然后对其他海洋区域划分不同的功能区，发展海洋经济。

2.4 自组织理论

自组织理论是20世纪60年代末期建立和发展起来的一种系统理论，主要是对贝塔朗菲（Bertalanfy）所研究的一段系统理论的进一步深入研究和拓展。自组织理论主要是研究复杂自组织系统如生命系统、社会系统等的形成和发展机制问题，即在一定条件下，系统如何自动地由混乱无序走向稳定有序，由低级有序向高级有序提升的。

自组织理论由耗散结构理论（theory of dissipative structure）、协同学（synergetics）、突变论（catastrophe theory）、超循环理论（hypercycle theory）四个部分组成，但基本思想和理论内核可以完全由耗散结构理论和协同学给出。自组织理论以新的基本概念和理论方法研究自然界和人类社会中的复杂现象，并探索复杂现象形成和演化的基本规律。研究的内容涵盖从自然界中非生命的物理、化学过程怎样过渡到有生命的生物现象，到人类社会从低级走向高级的不断进化等方面（刘丽艳，2012）。

传统的经济地理学概念认为，经济活动的主体在时间上是静态的，忽略了空间各要素主体的相互联系和相互制约关系，仅是在均衡状态下对经济地理学的研究对象如交通、土地、原材料、劳动力、技术、资本、区域环境等进行描述，在指导规划实践过程中往往会存在一些难以忽视的问题。而自组织理论中耗散结构理论、协同学等观念的提出，使得系统科学从最初的确定性研究和线性研究发展到不确定性研究和非线性、复杂性研究阶段，从而也为系统科学向空间问题的渗透提供了更好的理论工具（谭遂等，2002）。

耗散结构理论的建立标志着以演化系统为研究对象的非平衡、非线性的热力学进入科学领域。此后，一系列关于系统演化的理论得到了扩展，这些科学方法论通过对系统内部子系统无序到有序进化的条件和规律的研究，得出非平衡的自组织理论，即在开放的远离平衡态的非线性区间内，系统从外部获取的能量、信息、条件达到一定值时，内部子系统的自发调节会由竞争形成协同，实现自组织运动。随后耗散结构理论进入可持续发展研究，而海洋经济可持续发展也应该从耗散结构的角度进行分析。

海洋经济可持续发展系统是一个复杂的系统，我们将这一复杂系统的各个要素分为五类：经济子系统、资源子系统、环境子系统、人口子系统和社会子系统，这五大子系统之间的相互作用对海洋经济的可持续发展起着至关重要的作用，对系统的演化具有决定性的作用。这五大子系统是由多个丰富多样的客体要素组成的，每个个体要素都具有自己独特的组织和结构从而起着特定的作用，每个单独要素都是相互独立的，但在系统统一约束条件下，这些单独的个体要素又同时受到某种规律作用的约束，实现彼此系统要素间的关联和运动，最终形成一个不可分割的整体。需要强调的是，各要素并不是通过简单的加总形成一个系统，而是彼此之间通过相互联系、相互补充、相互促进的内在有机联系，在有限的资源环境条件下尽可能发挥其最大效用，表现出系统的整体效用大于各要素效用之和的特征（高扬，2013）。

2.4.1　耗散结构

耗散结构理论的创始人是伊利亚·普利高津（Ilya Prigogine），普利高津潜心研究非平衡热力学，以他为首的学术团队由于在建立耗散结构理论这一方面取得了卓越非凡的成绩，于1977年荣获诺贝尔化学奖。普利高津早些年间的研究领域主要集中在化学热力学方面，经过不懈努力于1945年研究得出最小熵产生原理的重大理论成果，该原理和昂萨格（Onsager）倒易关系为近平衡态线性区热力学奠定了理论基础。普利高津尝试将最小熵产生原理推广到远离平衡的非线性区域，经过多次努力最终均以失败告终。在总结多次实验的基础上终于找出了关键问题所在，他意识到系统在远离平衡态时，其热力学性质可能与平衡态、近平衡态有重大原则差别。以普利高津为首的布鲁塞尔学派经过多年的努力终于建立了一种新的非平衡系统自组织理论——耗散结构理论。普利高津在1969年的一次"理论物理学和生物学"的国际会议上正式提出这一理论。1971年，普利高津等的著作《结构、稳定和涨落的热力学原理》（*Thermo dynamic Principles of Structure，Stability and Fluctuation*），比较详细地阐述了耗散结构的热力学原理，并将耗散结构理论应用到力学、化学和生物学等方面。

耗散结构理论表明，系统自组织现象的发生必须要同时具备以下四个条件：①必须是开放的系统；②系统必须远离平衡态；③系统内必须存在非线性相互作用；④系统要有涨落的触发。只有同时满足这些条件，系统才能走上自组织演化的有序道路（屈晗，2012）。

海洋经济可持续发展系统是由海洋经济、海洋资源、海洋社会、海洋人口、海洋环境各子系统要素组合形成的复杂大系统，具有开放性和非线性的特点，同时系统内部各要素之间、系统与外部环境要素之间存在能量、物质和信息的交换，子系统之间物质和能量的交换主要体现在各个子系统之间的相互作用，包括正效应和负效应（高扬，2013；屈晗，2012）。例如，正效应表现为，海洋资源子系统为海洋经济子系统提供发展必要的物质基础，海洋经济子系统的发展为海洋社会子系统的平稳运行提供经济保证，且为海洋资源子系统的开发提供物质基础条件，而海洋环境子系统的改善会促进海洋资源子系统的再生和可持续利用，海洋人口子系统为海洋经济子系统提供人力资本和必要的劳动力，海洋社会子系统的稳定发展和科学教育的发展等有利于海洋经济子系统的不断发展。负效应表现为，当传统且粗放的发展方式未能进行转变，此时海洋经济子系统的高速增长可能是由大量的资源能源消耗所致，其发展可能会导致海洋资源子系统的破坏和不可持续，影响到海洋资源子系统的可再生能力；此外，经济发展产生的污染物排放必然会造成环境的恶化，我国多数地区为达到环保排放标准强制性关闭工厂，污染的防治治理及环境的保护和恢复工作严重制约了经济发展的速度；在海洋人口子系统中，人口增长率过高会增加海洋社会子系统的抚养比重，加重社会的赡养负担。此外，人口过多也会制约经济的发展，经济发展水平越高，对人口的吸引力就越大，由此产生的人口迁移将影响人口结构和人口素质等。

正是由于这些交流和运动，海洋经济可持续发展体系的结构和功能不断得到发展和完善，具备成为耗散性结构体系的必要条件。因此，海洋经济可持续发展系统是一个耗散结构系统，在其内部子系统和要素的影响作用下，促进自身系统向自组织方向发展。

2.4.2　协同学

协同学亦称协同理论或协和学，该理论由德国斯图加特大学著名物理学家赫尔曼·哈肯（Hermann Haken）创立，是在对多学科综合研究的基础上逐渐形成和发展起来的一门新兴学科。赫尔曼·哈肯对"协同"这一词语给出了明确具体的概念界定并发表了诸如《协同学导论》（*Synergetics—An Introduction*）等相关文章对协同理论进行系统论述（张杰，2007）。

协同学认为，任何系统中要素的竞争、协同都会产生序参量，序参量是在支配原理和役使原理的共同作用机制下产生的，同时序参量之间的竞争、协同会产生自组织动力，并使系统通过涨落完成从无序向有序进化的过程。这种进化论具有一般意义，是广义的，对无机界或者有机界同样适用，具有普遍性。海洋经济可持续发展系统的内部演化是以系统内部各个要素和子系统的竞争与协同作用为基本动力，各个子系统之间的不平衡、非线性造成了系统内的竞争，而系统内的竞争又会导致趋于协同，协同会引发更高一级的竞争，竞争与协同相互依存、相互转化（吴大进等，1990）。在资源环境要素方面，海洋经济的发展离不开近岸土地、人力、资本、能源等资源环境要素的支持，某一要素的稀缺会导致各要素在发展过程中对自然资源的竞争。尤其是面对集聚在沿海地区的众多大小企业相互之间对资源和能源的竞争时,如果对这些竞争采取放任不管的态度,这样就会带来政府宏观调控手段的弱化和市场管理的失调,给近岸涉海企业的利益带来损害。反之,如果秉持着共同利益最大化的原则,那么涉及自身相关利益的涉海企业都会达成口头或者书面约定的妥协和协同,让自然资源可以以一种"均等"的形式满足各自经济生产活动的要求。

随着科学技术手段的不断进步,大规模的填海造陆、滨海休闲旅游开发、海洋能源开发、海洋和海岸基础设施工程建设等经济活动,使得人类与资源环境的关系越来越紧密。同时,随着陆域资源不断减少与需求不断增加之间矛盾的加剧,需要开发海洋资源以弥补陆地资源的不足,但是海洋资源并不是取之不尽用之不竭的,海洋资源环境与人类之间存在着竞争,但更存在着协同。

在海洋社会子系统方面,竞争无处不在,如人与人之间的竞争、生物与群落之间的竞争、社区与社区之间的竞争、道德与法规之间的竞争,甚至在思想、宗教、意识形态等方面,竞争始终贯穿于人类社会经济活动的全过程和整个生物圈中。而人作为最重要的生产生活的行为主体,海洋经济的可持续发展及其一切的演化活动都是通过人类活动来完成的。在海洋经济可持续发展的过程中,以人类为主体的海洋社会子系统竞争必然会导致大众协同的发生。

在海洋经济子系统方面,沿海地区的海洋三次产业同样遵循陆域经济的市场供求价值规律,通过市场上的商品价格、银行利率、工资成本、地租等价值"杠杆"的自发变化来影响、引导和调节资本要素的流动,使得海洋经济生产中的人力资本要素、资源要素等从高成本区域向低成本区域流动。同时,这些生产要素相互之间的流动也会在一定程度上使沿海地区的产业布局、经济集聚的区位发生变化,要素之间的竞争就会存在于海洋经济生产活动中,而当竞争超过一定限度时,将加剧沿海地区海洋产业、企业内部之间的发展不均衡性,海洋经济生产效益将会有所损耗。此时,竞争力强、处于优势地位实力雄厚的企业规模在不断扩大,反之那些处于劣势竞争地位的企业将会被淘汰舍弃或者是被别的企业兼并。这种企业之间的兼并和收购的"马太效应"现象引导企业相互之间由竞争逐渐走向协同,具体表现为,不同类型的企业逐步由竞争走向协同、由粗放式逐渐走向集约化和一体化,在对外竞争时以整体的形式展现,否则企业之间的不良竞争会导致两败俱伤。

2.4.3　复杂系统演化发展的自组织途径

自组织理论认为，系统演化过程中一直存在作用于系统内部的持续作用可能会引起结果的突然变化，系统控制变量的连续逐渐变化可能会引起系统状态的不连续变化，因此系统演化是突变与渐变的辩证统一。在系统演化过程中，梯度具有继承性、周期性和循环性的特征，突变反映着创新和超越，渐变与突变是系统内部的稳定性和不稳定性因素，是系统保持传统和超越创新的内部动力。以正反馈（positive feedback）和负反馈（negative feedback）为代表的恢复旧稳定状态和寻求新稳定状态的机制，共同构成了系统演化中"必要的张力"，将继承性和创新性相统一于同一演化过程之中。

在复杂系统演化发展的实现途径上，海洋经济可持续发展系统作为一个复杂的自组织系统，在演化发展过程中也必然遵守超循环的内在运行机制，主要包括：第一，这一系统各个构成层面存在着特殊的催化元素，如人口增长、科技水平发展和政策变动等，在海洋经济可持续发展系统演化过程中，其自身性质未能发生变化，但是却在演化发展的过程中，影响周围其他元素，如改变其反应率或者改变发展路径等。第二，在各种推动力的作用下，各子系统层面存在各种催化行为。当各子系统存在着竞争与协同效应时，各种催化元素发生作用，使得各子系统之间的作用方向、发展速度发生变化，促使新元素的产生，这可以理解为最基本的反应循环；当这一循环达到一定规模时，会形成各个子系统的反应循环。每个循环上都会有新物质的产生，如技术水平提高促进生产力的提高等，而海洋经济的可持续发展在这些新物质的推动作用下，更加可能得以实现。

▶ 第 3 章 经济学基础理论

3.1 资源经济学理论

3.1.1 资源永续利用理论

资源永续利用的提出最早可追溯到《联合国人类环境宣言》，在此之后1983年的《全球变革日程》（*A Global Agenda for Change*）及1987年的《我们共同的未来》（*Our Common Future*）等纲领性文件对永续利用做出了进一步更加明确的内容界定，使之后来成为可持续发展理论的核心思想之一（牛文元，2012）。

资源永续利用是指在满足经济有效发展的同时，对资源开发利用做到科学合理的规划，并提高资源的开发利用水平，力求形成一个科学合理的资源开发利用体系。马传栋（1995）认为，通过加强环境保护、改善社会生态环境质量，从而实现社会资源系统的正向循环，以达到资源-经济-环境的协调发展，力争交给下一代一个良好的社会资源环境。海洋经济可持续发展同样需要海洋资源永续利用理论作为海洋经济发展的基础理论，海洋资源的永续利用和良好的海洋生态环境也是海洋经济可持续发展的标志（王琦妍，2011）。

究其理论本身，海洋资源永续利用理论应从以下几个层面来理解。

（1）对海洋资源的开发利用进行适当管理，使其能持续供人类使用；

（2）海洋资源是所有人类共有的，不应只单单考虑一代人的利益，还应考虑子孙后代的生存发展问题，这是永续利用的本质；

（3）海洋环境保护是海洋资源永续利用的关键一环，如抛开海洋生态环境保护而单独谈海洋资源的永续利用是万万不行的，只有将环境保护与资源合理利用结合起来才能使海洋资源实现永续利用；

（4）海洋资源的永续利用要求海洋资源的耗竭速度要低于资源的再生速度，将人类的发展控制在地球可承受的范围内；

（5）对海洋资源的利用应根据资源是否可再生，通过政府"看不见的手"进行调控利用；

（6）通过建立完善的管理机制和保护制度，使各国在资源利用与生态环境保护两方面充分合作。

3.1.2　资源承载力理论

一般认为，承载力理念可追溯到 18 世纪末的人类统计学领域（Verhulst，1838；Malthus，1798）。随着人类社会对自然界的认识不断深化，人们相继提出了资源承载力（郭倩等，2017；张燕等，2009）、环境承载力（许明军和杨子生，2016）、生态承载力（金悦等，2015；狄乾斌等，2014）、海洋承载力（苏盼盼等，2014）等概念。资源环境承载力是指在一定的发展阶段，一定的国土空间，资源环境能够支撑经济社会协调发展的能力，直接或间接地决定一个区域的人口规模、产业布局、城镇边界等经济社会发展要素。海洋资源承载力是指在一定时期内，以海洋资源的可持续利用、海洋生态环境的不被破坏为原则，在符合现阶段社会文化准则的物质生活水平下，通过自我维持与自我调节，海洋能够支持人口、环境和经济协调发展的能力或限度（李京梅和许玲，2013）。其承载体为海洋资源系统，承载主要对象为涉海的各种社会经济活动。我国丰富的海洋资源、广阔的海洋空间为海洋经济的发展提供了重要保证，要实现我国海洋经济在资源环境领域的可持续发展，海洋经济则必须在海洋资源环境承载范围内进行，同时发展绿色高质量的海洋经济。在海洋经济可持续发展方面，我国目前主要面临的问题为海洋资源问题和海洋生态环境破坏问题。海洋资源是海洋生态系统的组成要素，同时也是海洋经济发展的重要物质基础，但是由于目前的科学技术水平和人们对海洋认识的局限性，开发利用海洋资源的深度和广度均受到限制，所以在开展海洋资源开发利用程度的评价时就会把海洋资源环境承载力作为衡量标准。海洋资源的承载力是有限的，这是现有海洋经济发展与海洋经济可持续发展的刚性约束，为满足人类社会经济发展的需要，海洋可以为人类资源需求提供最大的限度，但这一限度并不是一个不变化的绝对数值，而是随着技术水平的提高而提高。另外，也可以通过寻找新的替代资源如培育海洋可再生资源和能源或者是向集约型的海洋资源可持续利用方式转变，这种具有弹性的承载能力为人类主动调整自身行为提供了现实意义。但只有通过集约、高效的海洋资源利用方式，使海洋经济发展从传统的单纯依靠资源消耗型产业向依靠高新技术产业和海洋第三产业转变，进而将海洋经济生产活动中对海洋各类资源和环境的消耗需求量控制在地区海洋资源环境承载范围内，最终才能有效实现海洋经济的可持续发展（卢函，2018）。

3.1.3 外部性理论

外部性是指行为个体的行动不是通过价格而影响到其他行为个体的情形。外部性理论认为，当某个人的行动所引起的个人成本不等于社会成本，个人收益不等于社会收益时，就存在外部性（周晖，2010）。外部性分为两种，一种是负外部性，即把一些成本转嫁给社会，影响是消极的，称为外部不经济性。另一种是正外部性，即当外部性产生的影响是积极的，如植树造林会给社会带来正效应，但造林者得不到这些社会收益。假如效益的外溢导致造林者收益过少，那么造林的积极性就会受到抑制。为了激励正效应行为，就需要采用赠款、软贷款、价格补贴、税收减免等措施，让造林者间接获得一部分正外部性的收益（Amacher，1986）。

3.2 环境经济学理论

环境经济学是环境学与经济学交叉的边缘学科，以环境经济学的基本原理为基础，为环境保护政策的制定和环境管理措施的实施提供理论体系方面的支持，主要讨论内容紧紧围绕环境资源的可持续利用和环境保护的经济手段展开，研究如何合理地调控环境经济体系，在经济高质量发展与环境保护之间寻求一个相对平衡点（郭宏等，2019）。通过海洋经济发展过程中遇到的一系列生态环境问题，可以发现环境经济学理论同样也适用于海洋经济可持续发展系统，因此尝试运用经济手段解决海洋经济可持续发展中出现的各种海洋环境问题，其基本理论对解决海洋经济的资源环境问题具有良好的针对性和适用性（薛一梅，2011）。

3.2.1 环境经济学原理

随着海洋经济的飞速发展，海洋环境承受着巨大压力。海洋环境系统是近岸陆域系统与海洋系统相互耦合的复合系统，它主要包含海洋环境问题产生子系统、输移子系统、接纳环境子系统，这些子系统在具体地域系统上构成海洋环境系统的空间共轭系统（王茂军等，2001）。

1. 微观海洋环境经济学

海洋环境作为一种有用的稀缺资源，具有经济产品的性质，但与普通经济产品不同。因此，海洋环境产品的需求、供应、消费者平衡、市场结构和资源配置不同于一般经济产品（曹英志，2014）。微观海洋环境经济学以单一的海洋经济活动行为为研究对象，主要研究海洋环境的最优分配，即如何在不同用途和用户之间优化配置海洋环境。

（1）成本效益分析。人类的任何海洋经济活动，包括政策和发展项目，都将对海洋环境和海洋资源的分配产生影响（Kwak et al.，2005）。从合理使用和保护海洋环境与海洋资源的角度来看，有必要分析这些影响的范围。成本效益分析是评估这些影响的主要评估技术，是经济学家用来评估项目合理性的常用方法（全世文和黄波，2016）。海洋环境保护和海洋污染控制不是免费的。环境政策和环境标准的成本效益分析是各国采用的通用方法。

（2）海洋环境评估。海洋环境影响评估系统是海洋环境管理的重要组成部分（陈斯婷，2008）。通过海洋环境影响评价，为合理选择建设项目提供依据，防止不合理布局对海洋环境造成破坏。将项目环境影响的成本-收益与项目的其他成本-收益情况进行对比，需要在共同的货币化的价值基础上进行。但海洋环境物品不同于一般的经济物品，许多海洋环境物品没有完善的市场甚至没有市场，不能形成有效的市场价值，因此需要寻找其他替代方法评估环境物品的价值。

（3）海洋生态创新。随着海洋经济可持续发展理念的不断深化，海洋生态创新、海洋生态产业化和海洋环境经营成为海洋经济生活中的新名词，这标志着未来的研究方向，也是海洋环境经济学的重要内容（纪玉俊，2014）。海洋生态创新是指对海洋生态系统内部各组成部分的变革与新的组合。生态创新、技术创新、制度创新是海洋经济可持续发展的三大支柱。另外，海洋生态创新本身也包括生态技术创新和绿色制度创新的内容。从内容上看，海洋生态创新主要包括生态技术创新、绿色制度创新和生态观念创新。

（4）海洋产业生态化。海洋产业生态化主要表现为海洋产业结构的生态化、海洋生产技术的生态化、海洋产品结构的生态化和海洋就业结构的生态化几个方面（秦曼等，2018）。海洋产业生态化是21世纪产业革命的主导潮流。当今海洋生态产业在自身迅速发展的同时，还体现在生态生产技术和生产工艺如清洁生产技术、生物技术等不断向其他产业渗透，并改变着海洋传统产业高能耗、高污染的生产模式，进而产生海洋产业生态化的发展趋势。

（5）海洋环境经济手段。在遵循市场经济运行规律的前提下，采取一种或者几种合理的海洋经济手段，并不会改变市场结构，也就是通过调整其成本收益对比调整经济主体的行为，利用经济活动主体追求自身利益最大化的特点，是一种更简便、经济的环境管理方法（刘颖宇，2007）。随着海洋经济发展的不断深入，如何采用合理、正确的经济手段调节和改善海洋环境与海洋经济的矛盾显得格外重要，这也是海洋环境经济学的重要内容。

2. 宏观海洋环境经济学

宏观环境经济学从总量出发，将海洋环境纳入整个海洋经济进行考察，其内容包括：海洋环境资源核算、海洋经济发展的海洋环境效应、经济全球化的海洋环境效应、海洋经济可持续发展等。

（1）海洋环境资源核算。海洋环境核算是通过反映海洋资源及其服务的实物量和价值量以及海洋环境资源的变化，来实现海洋环境资源控制和保护的一种手段（李晶和陈伟琪，2006）。建立科学的海洋环境会计制度体系是进行海洋环境核算的基本前提。海洋环境资源不仅是政府宏观调控的对象，也是企业微观配置的要素。目前，在世界范围内，宏观环境会计研究取得了显著成果，微观环境会计仍处于理论研究和实践探索阶段，尚未形成成熟的框架体系。

（2）海洋经济发展的海洋环境效应。海洋经济增长与海洋环境的关系是海洋环境经济学讨论的一个重要议题。海洋经济增长会对海洋环境造成何种影响？海洋环境政策和海洋环境标准的实施会对海洋经济增长造成何种影响？海洋经济增长是否（应该）有极限？20世纪70年代以来，人们对这些问题的争论就没有停止过。对这些问题的不同解答会产生对海洋经济发展前景的不同预测，因此会提出不同的政策对策。

（3）经济全球化的海洋环境效应。全球化、国际化是世界经济发展不可扭转的大趋势，任何国家都不可能离开全球化的大环境而封闭独立地发展。同样，在这种趋势下，海洋环境问题跨越了国境呈现出其特有的特征，因此研究全球化与海洋环境之间的关系成为宏观海洋环境经济学的重要内容。

（4）海洋经济可持续发展。实践证明，"先污染，后治理"的传统经济增长是一种代价沉重的发展模式，海洋经济可持续发展已经成为被接受的海洋经济发展模式。而在向海洋经济可持续发展模式转变的过程中，海洋环境制度的创新已经超过了要素改善、技术进步等一般海洋经济因素而上升为根本性问题。如何通过海洋环境制度创新改变传统体制低效率运转以及海洋环境产业的优化升级，对走向海洋经济可持续发展之路具有重要意义。

3.2.2　环境库兹涅茨曲线理论

库兹涅茨曲线是一种用来刻画收入不平等和人均收入间关系的曲线，由西蒙·库兹涅茨在20世纪50年代提出，该曲线体现出收入不平等程度与人均收入间呈倒"U"形关系，即随着收入的增长，收入不平等程度由扩大转变为缩小（Bell and Albu，1999；金寄石，1979）。随后，1955年美国环境经济学家库茨涅茨在其著作《经济增长与收入不平等》（*Economic Growth and Income Inequality*）中指出，随着经济发展而来的"创造"与"破坏"改变着社会、经济结构，并影响着收入分配。库兹涅茨利用各国的资料进行比较研究，得出在经济未充分发展阶段，收入分配将随同经济发展而趋于不平等。其后，经历收入分配暂时无大变化的时期，到达经济充分发展的阶段，收入分配将趋于平等。

环境库兹涅茨曲线（environmental Kuznets curve，EKC）的形状是倒"U"形的，通过拐点做水平轴的垂线，形似倒"U"形的曲线被分为两部分，左半边是一个两难区间，即经济发展水平较低的时候，环境污染的程度较轻，随着经济的增长，环境污染逐渐严重，环境恶化程度随经济的增长而加剧；右半边则是一个双赢区间，即当经济发展到一定水平（到达拐点）之后，随着经济的发展、治理的深入，环境污染的程度减轻，环境质量在不断改善，该情形则是理想中的社会发展进程。倒"U"形曲线的峰值表示污染最严重，拐点则对应的是时间点和经济发展水平，我们可以对这两者进行有效干预，可以通过制定一个合理的经济和环境保护政策，如提高环保技术处理水平、提高人们的环保意识、实行清洁生产、循环经济等措施降低环境污染的峰值水平，促进环境库兹涅茨曲线向较为光滑的方向转变。同时，也可以采取缩短左半边的两难区间延长右半部分的双赢区间的方法，以此来促进倒"U"形曲线拐点的提前到来。环境库兹涅茨曲线可以用来描述一个国家在工业化的初始阶段，经济总量积累的过程中不可避免地会忽视经济过度发展所引起的一系列生态环境问题。但随着经济的不断增长、科技水平的提高以及人类对自然认识的不断深入和对自身经济行为的反思，环境问题在一定程度上会自动解决。但是，这种发展理念会给各国经济发展政策的制定传达一个干扰信号指示，以开展工业革命的发达国家为例，近几百年的经济发展进程和环境质量演化轨迹几乎都是"先污染，后治理"的发展模式（贺佳贝，2018）。国内外众多专家学者在进行实证研究时发现，环境污染程度超越了生态环境系统的阈值，即污染物质进入环境系统中，超过环境的自我降解能力时，将对生态环境产生较大危害，显然环境库兹涅茨假说对于平衡经济发展与环境保护具有重要的指导意义。

3.2.3 环境资源价值理论

环境资源价值理论是环境经济学的基本理论之一，该理论认为环境是一种有价的、稀缺的资源，其虽然是一种公共物品却属于国家所有（蔡宁和葛朝阳，1997）。如果可以不通过劳动就能够为人所用，那么这个物品仅仅只是拥有使用价值，而不是拥有价值（于希，2012）。在工业革命没有开展之前，由于人类认识水平和生产力水平不高，认识自然和改造自然的能力水平较低，资源的利用效率偏低，生态环境的自净能力完全能够降解人类社会所产生的污染，并不需要人类付出劳动，环境系统能够通过发挥自我调节作用，较快地恢复原状并保持系统整体的平衡，环境资源在工业革命之前的时期仅仅具有使用价值。随着人类进入工业革命时代，人类认识自然和改造自然的能力以及生产力水平的不断提高，对环境资源的利用广度和深度也逐渐加大，但是这一时期的人们始终认为环境资源是大自然赠予人类的礼物，是取之不尽用之不竭的资源，毫无节制地开发利用环境资源，引发生态失衡现象，导致生态平衡遭到破坏，进而出现环境污染问题。例如，乱砍滥伐林木引起水土流失和沙漠化现象出现，草原载畜量负担过重，致使荒漠化进程加快，工业生产过程中产生大量的工业粉尘和二氧化硫，大气环境面临形势较严峻，严重的在某些城市还会形成"酸雨"，给广大市民的生活、出行和健康带来较大影响。

为了寻求经济和资源环境的共同发展，人类开始着手对环境中发生的污染现象进行治理和控制，在治理环境污染的过程中也会注意到防止类似污染的再次发生。这就相当于是把劳动要素投入到环境的再生产中，因此环境资源就具有价值属性。在这个过程中，价值属性就是由环境资源再生产过程中人类投入的社会必要劳动时间所决定的。向环境中排放污染物实质上是利用了宝贵的环境容量资源，由于环境容量资源是具有价值的，既然有价值，就应该在使用时支付量化的货币，即支付相应的排污费作为补偿。

1. 劳动价值论

劳动价值论是关于价值是一种凝结在商品中的无差别的人类劳动，即抽象劳动所创造的理论，根据马克思劳动价值论的观点，自然资源是在大自然的孕育中形成的，人类劳动并没有参与这个形成过程，自然资源不属于人类创造的劳动产品，所以它没有价值。换句话说，只有人类劳动参与到自然资源和自然环境的过程中才具有价值，而劳动所创造的价值量是由社会必要劳动时间来衡量的（冯俊和孙东川，2009）。

2. 效用价值论

效用价值论是指从物品能够满足人的某种欲望的能力或人对物品效用的主观心理评价角度，解释价值及其形成过程的经济理论（冯俊和孙东川，2009）。效用理论在经济研究中有着极其重要的作用：

（1）效用是价值的源泉，但是只有当效用与稀缺性相结合时，才能体现出价值。人们认为，自然资源是取之不尽用之不竭的，所以很难体现出它的价值，当资源环境出现稀缺的情况，即具有一定的效用时，价值就能体现出来。

（2）与需求和心理作用相关，消费者或购买者的主观评价会决定商品的价值。但也有人认为，商品本身的价值是由生产材料的价值所决定的。当然，只要人们的某种欲望或需要得到一定程度的满足时，人们就获得了这件物品的效用，所以在探索效用价值理论初期阶段，许多经济学家就尝试将经济学定义为：研究如何最有效地利用稀缺的资源来使人们的某种欲望和需求得到满足（吴金波，2007）。

3. 均衡价值论

均衡价值论即均衡价格论，是将供求论和边际效用论、生产费用论融为一体的调和价值论（巴红臣，2012）。英国著名经济学家马歇尔认为，价值必须同时由生产费用和边际效用共同构成，二者缺一不可，他认为供给与价格之间是有规律可遵循的，供给的数量随着价格的提高而增加，随着价格的下降而减少，即二者之间是呈正比例关系的。但是当市场上的供求平衡时，此时所生产的商品量称为均衡产量，其售价就是供给和需求价格相一致时的价格，经济学上将其称为均衡价格。

4. 存在价值论

价值分为使用价值和非使用价值两部分，其中非使用价值也可称为存在价值，主要包括能满足人类精神文化和道德需求的层次部分，与人类对大自然的热爱和依恋的感情密切相关（焦扬，2016）。劳动价值论和效用价值论均认为不具有使用价值的物品没有价值可言，但存在价值论认为非使用价值是客观的，它独立于人们对物品的现期利用的价值（方巍，2004）。

综上，从劳动价值论、效用价值论、均衡价值论、存在价值论等角度共同探讨资源环境的价值内容，主要表现为环境价值取决于它对人类的有用性是多少，不同时间和地区环境资源的稀缺性、开发利用条件，环境资源的丰厚度、品种、质量等因素的影响会决定环境价值的大小。

3.2.4 海洋环境价值评估理论

在海洋生态环境问题日益恶化的背景下，海洋价值问题逐渐被关注。自然资源的日益退化，使得海洋价值问题更为凸显。正确理解海洋价值，合理利用海洋价值，是实现海洋经济可持续发展的基本前提（王琪，2004）。对海洋价值及实现路径等方面进行深入分析，可以促进建立科学的海洋价值观，主动调整海洋开发利用的行为尺度，保护海洋环境，从而最大限度地、合理地体现和实现海洋价值。

1. 海洋环境价值

海洋环境是指地球上广大连续的海与洋的总水域，包括海水、溶解和悬浮于海水中的物质、海底沉积物和海洋生物（瞿洋，2019）。海洋环境是生命的摇篮和人类的资源宝库。海洋环境价值主要是指海洋环境能满足人类社会生存与发展需要的属性。

2. 海洋环境价值评估的基本原则

海域使用权评估是依据海域估价的原则、理论和方法，充分考虑海域的区位、周边社会经济发展水平、海域利用方式、人为活动对资源生态环境的影响、海域预期收益和海域利用政策等经济和自然属性，按海域质量的等级、功能及其收益状况，综合评估海域在某一使用状况下某一时点的使用权价格（李娜，2004）。

（1）市场供需原则。海域价格受到替代原则的影响，所以其供给与需求都限于局部地段，并受到海域位置的固定性、数量不增性、收益级差性、利用个别性等自然特性因素的影响。

（2）定价适度原则。海域价格的高低对海洋资源发展规划的实施战略具有重要的意义。价格过高，会促使海域资源的闲弃和荒废；价格过低，则会使使用者盲目开发，不仅会造成海洋资源毫无节制的过度攫取，还会对开发海域的生态环境多样性形成毁灭性的破坏（栾维新和李佩瑾，2007）。

（3）宏观和微观相结合的原则。从宏观视角来看，海域价格分等定级是海域价格评估的基础，海域价格定级体系包含"等"和"级"两个层次，从而在总体上控制海域价格走势。从微观视角来看，由于海域单元区位条件的不同，同一等级内不同单元的价格也有所不同，只有把宏观和微观有机结合起来才能得出更为准确的评估（李娜，2004）。

（4）静态分析与动态评定相结合的原则。海域价格是在相关价格形成因素的相互作用及其组合的动态变化中形成的，对于某个特定海域，要想得出合理的海域价格，就要在海域价格制定时注意分析、总结该海域的历史变迁过程，同时也要注意参考相近海域价格，进行深入研究并预测其未来发展趋向（李娜，2004）。

3. 基于海洋生态补偿机制的海洋环境资源资产管理

《中华人民共和国海域使用管理法》和《财政部、国家海洋局关于加强海域使用金征收管理的通知》的相继出台，使得我国海洋生态补偿在法律和资金上的保障得到了很大提高。我国相关部门通过依法收缴海域使用金、生态修复补偿金等方式，不断优化海洋资源有偿使用和资源与生态补偿的相关制度。同时，按照"谁开发、谁保护，谁受益、谁补偿"的原则，建立科学的海洋生态补偿机制，合理分配海洋经济利益，强化责权关系，实现外部性成本内化是维护、改善或恢复海洋生态系统服务功能，推动我国海洋经济可持续发展的最优路径（王淼等，2008）。

3.3　生态经济学理论

许涤新（1987）认为，生态经济学是一门研究和解决生态经济问题、探究生态经济系统运行规律的经济科学，实现经济生态化、生态经济化和生态系统与经济系统之间的协调发展，同时使得生态经济效益最大化。它与传统的经济活动一样也将区域经济发展作为系统的主要目标之一，并强调系统经济结构的优化、资源的合理配置、物质的循环利用、能量的高效利用、价值增值及信息的传递等过程，从而实现系统的最大投入产出效率，以满足人类发展需求的最终目的（马世骏，1990）。

"生态可持续"为可持续发展理论中的基本内容之一，而海洋生态的可持续发展则是推动我国海洋经济可持续发展的主要动力（穆丽娟，2015；高乐华和高强，2012）。海洋生态经济学作为生态经济学的重要应用分支学科，以"海洋生态经济系统"为研究对象，基于海洋生态经济系统结构、功能及效应，研究海洋生态经济系统的运行演化规律，探讨人类活动对海洋经济发展的影响及其涉及的海洋生态与海洋社会因子的相互牵制关系，调整人类海洋社会经济行为，以优化海洋生态经济系统结构，促进其良性发展，为海洋生态经济持续发展提供科学依据。与海洋学、经济学、生态学不同，海洋生态经济学更加关注海洋生态经济系统的多层次、多功能及多目标态势规律，分析其与地球水圈、生物圈和人类社会经济的构成关系，以及海岸和海岛等区域的空间形态演化、海洋经济物质结构变化。海洋生态经济学强调分析人类经济社会过程导控的海陆生态循环与转换、价值增值及其信息传递等功能单元，研究特定时空范围内海洋生态经济系统的构成特征、发展规律等。

3.3.1　区域生态经济的理论基础

1. 人地关系地域系统理论

人地关系地域系统理论是我国地理学家吴传钧先生率先提出并倡导积极实践的科学论断。该理论指出，"人"和"地"两个既独立又相互联系的系统要素按照一定的规律相互影响、相互制约，所构成的动态复杂开放巨系统内部具有一定的结构和功能机制，由于在空间上具有一定的地域范围，由此便构成了一个人地关系地域系统。也就是说，人地关系地域系统是以地球表层一定地域和空间为基础的人地关系系统（吴传钧，1991）。因此，针对特定类型区、特定生态经济问题而进行的区域生态经济研究，应该说正是人地关系理论研究地域化的具体表现和实践尝试。

2. 区域可持续发展理论

可持续发展战略目前已经成为人们共同的愿景和行动指南。可持续发展理论主要强调传统经济发展模式的改变、社会经济与生态环境的协调发展、生态化的产业结构和布局战略、生态技术的综合应用、一切生态化的社会经济生产和生活消费模式。

3. 系统论、协同论和控制论

区域生态经济研究以生态经济系统及其子系统为研究对象（孙日瑶和宋宪华，1995），这种研究对象的区域性、复杂性、层次性，要求我们必须始终坚持用系统论的观点指导区域生态经济的全面研究。这主要应注意以下几点。

（1）系统的整体性特性。要求必须从系统整体协调的角度来考虑生态经济系统整合发展的最终目标，生态系统靠吸收、固定、转化太阳能和地能引入负熵流形成有序系统，同时又向社会经济输入物质、能量以形成更加有序的经济系统，整个系统物质、能量的输入和输出必须保持在一定的协调程度水平，才能使整个系统均衡发展，各个系统之间必须保持协调和有序（刘大海等，2017）。

（2）系统的动态特性。系统总是表现出从低级到高级、从无序到有序的进化过程。区域生态经济系统也表现出同样的规律性，达到人地和谐、生态和经济共同发展（姜学民，1987）。另外，这种动态性规律还决定了生态经济系统的可调控性和重塑特性。因此在实践中，就有可能在遵循生态经济内在动力学机理的基础上，采取可行的调控方法，按照调控路径推动整个系统向前发展。

（3）系统的反馈机制原理指出，系统构成因子之间相互联系、相互影响和相互依赖的特点，可以通过反馈机制进行研究。反馈是系统保持平衡的重要机制，通过反馈，系统内部各因子间产生连锁式的协调反应，从而不断打破原有的平衡，又达到新的动态平衡。反馈机制分为两种，一种是负反馈，又称自律性反馈（self-regulated feedback）；另一种是正反馈，又称自足性反馈（self-sustained feedback）。

3.3.2 区域生态经济可持续发展的动力学原理

生态经济系统是指由生态系统与经济系统相互耦合而成的复杂巨系统，其中每个子系统内部及各个子系统之间的反馈机制，共同维持着整个系统的协调和发展。基于此，有必要在对系统及其反馈机制理解的基础上，对系统整体稳定和发展的内在机理进行研究，并对区域生态经济整合发展的驱动和调控机制进行全面设计。

1. 生态系统的反馈机制

生态系统是指由自然资源系统与自然环境系统耦合而成的统一整体，这一整体又通过系统内部各种食物链网络，以及各种物质循环、能量转化功能的有序结构来实现系统的自我调节功能并维持系统的平衡，这种自我调节功能表现为生态系统的自我反馈调节机制。

2. 经济系统的反馈机制

与生态系统一致，在社会经济系统内部也广泛存在着一种正负反馈交替作用的机制。在这个机制中，由于经济系统具有开放性，系统需要不断从环境中补充物质和能量，另外经济活动的主体是具有思维、主动调节等特殊功能的人类，都期望通过限制负反馈机制的作用，从而采取正反馈手段来扩大资源开发，扩展生产规模，促进经济增长与提高消费水平，来实现对经济利益的追求。

3. 生态经济系统的耦合机制

生态系统为经济系统的运转提供了资源和生态环境，为人类的生存需求提供了物质基础，因此生态系统在经济发展中始终处于基础地位；另外，经济系统在向生态系统排放废弃物的同时，也为生态系统的运转提供了技术和物质保障（刘大海等，2017）。生态系统的生产力可以分为现实生产力和潜在生产力，如果想使生态系统的潜在生产力变为稳定、有序的现实生产力，就需要借助经济系统的主动调节和控制调整（孙彦泉，2002）。因此，经济系统相对于生态系统而言处于主导地位，即经济系统对生态系统存在较强的反馈作用。

4. 生态经济系统的动力学机制

生态系统的功能机制是以实现生态供给为标志，生态系统自我调节的负反馈机制的存在又说明生态供给是存在一定限度的；同时，要维持经济系统的发展、社会成员的主要需求，必须不断从生态系统输入物质和能量，而输入本身就是社会经济对生态系统的消费需求。这就是说，生态系统供给能力的有限性和需求的无限性存在天然的矛盾，人类的生态经济需求本质上受到生态经济供给的制约，这种生态系统与经济系统之间的供给与需求的矛盾，就是生态经济系统的基本矛盾，也是导致各类生态经济问题的根源。

3.3.3　区域生态经济价值论

生态经济价值论是伴随着生态经济问题的产生而逐渐引起人们的深入讨论和重视的。生态经济价值论可以从两个方面来理解，一是生态价值理论；二是经济价值理论。实际上，生态价值与经济价值二者是相通的，在一定条件下、一定时期是可以相互转化的，并共同统一于"生态经济一体化价值"，只是在不同的阶段生态经济价值的具体表现有所侧重而已。

价值是相对于主体而言的，主体可以是个体、群体或整个人类，这里所讨论的生态价值是相对于整体人类而言的。因此，从主客体关系的角度来看，生态价值始终存在于人与生态的关系中。也就是说，生态的价值以满足人的需求为前提；生态能够满足人的需要时，生态就是有正价值的；而当生态违背人的需求或反过来对人有一定的制约和要求时，生态虽然也是有价值的，但这种情况是具有负价值。这时，则需要人对生态进行有生态价值的活动，如以退耕还林为主的生态建设工程、生态河道治理工程、截污治污工程、生态护坡等活动来实现生态的价值要求，而实现生态价值从根本上来说还是为了满足人类自身生存发展的生态利益，因此可以说这种满足生态价值实现的活动主体依然是人（赵海月，1999）。

3.3.4   生态价值与经济价值的辩证关系

1. 价值的一致性

一般来说，生态价值理论的研究对象是资源和环境，即生态价值包括资源价值和维持生命支撑系统的环境价值两方面。其中，生态系统为人类提供的各类资源价值是可商品化的，并表现在国家或地区的核算体系上，因此表现为直接经济价值；生态效益也属于潜在生态价值的一部分，它是一种以间接形式表现出来的维持生命支撑系统的环境价值，由于这种价值难以商品化，因此国家的核算体系并没有将这种价值囊括进来，但不可否认的是它们本身所具有的价值可能大大超过直接价值（金卓等，2011）。从长远来看，直接价值常常源于间接价值，二者共同构成生态系统的生态价值体系（闵庆文等，2004）。生态价值具有经济性，一是生态本身能给人类带来显著的经济利益，二是生态的破坏能给人类带来巨大的经济损失，三是恢复生态环境能为未来的经济发展提供活动场景空间（赵海月，1999）。

2. 价值的相互制约性

矛盾是普遍存在的，这种矛盾的普遍性决定了生态价值和经济价值相互制约性的存在成为必然。生态系统可以为人类社会、经济的发展提供能源、原材料等各类自然资源，以及光、热、水、土、大气、景观等生命支撑环境，吸收消纳废弃物，保持物质循环和生态平衡，但这种生态供给是有一定限度的；同时，经济的发展又必然会对食物、能源、原材料有尽可能多的需求，这种供给与需求矛盾成为价值相互制约的根源。实践中，现代经济的迅猛发展几乎都付出了沉重的生态代价，都已对自然资源产生了过度依赖，生态平衡在许多地区正在受到破坏，生态重建和生态恢复的任务变得异常艰巨。另外，保护和改善生态环境，必然会限制自然资源的使用量，改变目前人类的生产、生活消费模式，制约人类活动产生的污染物排放量对自然界的污染，也将对现阶段的经济、社会发展形成一定程度的约束，二者相互制约的属性特征，决定了在现实中实现共同增值的难度。因此，如何衡量经济发展（需求）对生态造成的压力大小，选择生态与经济协调共生的调控切入点、构建协调的区域生态经济范型、寻求协调生态和经济关系的途径、实现生态与经济和谐发展共同增值的目标，成为各类型区域实施可持续发展战略的关键所在。

3. 价值的可协调性

生态价值和经济价值的相互制约本身也内含了二者之间的可协调性。协调的途径可以是科学技术水平的提高、生产方式的调整、消费模式的改变、生态经济协调机制的建立等。例如，当前进行的以改善我国西部生态环境为目标的退耕还林（草）工程，一方面可以通过土地利用方式的改变加速农业内部结构的调整、优化农业生产结构，实现土地等各种农业资源的优化配置，实现更大的经济价值，解决西部广大地区的脱贫致富问题；另一方面还可结合当地的具体情况和条件，大力发展生态旅游，丰富旅游开发的形式，发挥生态旅游的教育功能、观光功能、休闲功能等，满足人类欣赏、娱乐、审美等心理需求，也可以引进消费领域，挖掘潜在的商业价值，使其在实现生态价值的同时，最大限度地开发经济价值。因此，以生态旅游为主体的特色经济开发有可能成为退耕还林区的主要生态经济范型，这也是区域生态经济价值一体化开发策略在实践中的具体运用。

3.3.5 区域生态经济安全论

以往人们更多是从国际关系的角度研究安全，因而保障国家政权、主权、统一和领土完整、人民福祉、经济社会可持续发展和国家其他重大利益相对处于没有危险和不受内外威胁的状态，以及保障持续安全状态能力的国家安全成为最高的安全概念。然而，近年来随着全球和区域资源匮乏、大气环境污染事件频发、生态系统严重破坏、生态多样性减少、海洋水体富营养化等生态危机的不断出现，生态安全问题日益受到世界各国的关注，并作为全球性问题受到全世界的关注。

1998 年以来，受可持续发展理念的影响，我国生态学、环境学、经济学领域的专家学者开始关注生态安全这一热点话题，相继提出了诸如生态安全、资源安全、环境安全等概念，在第 33 届中国科学技术协会青年科学家举办的论坛上还曾把"人地系统动力学和生态安全建设"作为活动的主题，并认为：生态安全不仅是当下地学、资源与环境科学，而且也是生态学的前沿，说明生态安全涉及多学科的内容。其中，中国科学院也曾将"国家生态安全的监测、评价与预警系统"研究作为 2000 年的重大项目，由此可见生态安全的战略性地位是不容忽略的（邹积慧，2007）。

1. 生态经济安全的概念

早在 1989 年，国际应用系统分析研究所就对生态安全的概念进行了界定，即指生态系统的健康和完整情况，是人类在生产、生活和健康等方面不受生态破坏与环境污染等影响的保障程度，包括饮用水与食物安全、空气质量与绿色环境等基本要素。或者从另一个角度来看，这种保护不是唯一的威胁，生态安全是指一定区域内的人类赖以生存和持续发展的以环境资源为物质基础、以环保产业为救济手段的生态系统的综合平衡。从根本上说，能否保持这种平衡，主要取决于人们的生产生活等经济活动是否理性，人类为维持经济安全而对生态系统的干扰程度直接决定了生态安全水平的高低（陈高潮等，2005）。

狭义的生态经济安全一般包括生态安全和经济安全。生态安全是指一个国家或地区的生态环境不受破坏和威胁，人与自然、人与人之间的关系良好。它同军事安全、经济安全、政治安全一样，是国家整体安全的重要方面，是人类生存的重要保障。生态灾害不亚于战争和金融危机对国家和人民造成的损失（如 1998 年的洪水）。它们不仅是突然的、毁灭性的，而且这种影响更是长期存在的，直接关系到人们的生活质量、经济发展，甚至会对国际关系和贸易产生影响（白建银和张晓春，2013）。因此，对于生态灾害的防范、生态安全的维护，必须放到与防止侵略战争、维护国家政治军事安全、防止金融风险、维护经济安全同等重要的地位加以对待。

经济安全中最重要的是与资源、环境等生态系统关系最为密切的农业生产部门及其农产品，如粮食安全、食品安全，除此之外还包括维系国民经济正常运转的国际国内发展环境的安全状况。这就是说，有利于生态经济可持续发展的生态安全，是指区域经济赖以发展的自然资源、生态环境处于一种不受威胁、没有危险的健康和平衡的状态。在这种状态下，区域经济系统具有开放、稳定、均衡、充裕的自然资源，自然资源可供利用的深度和广度较大，区域生态环境则处于一个无污染、未破坏的，在承载力范围之内的健康状态。因此，只有在这种生态经济安全的状态下，才能满足生态可持续性、经济可持续性和社会可持续性，从而实现全区域人口、资源、环境、经济和社会的可持续发展（邹积慧，2011）。

2. 生态经济安全论的内涵

（1）生态安全是生态经济可持续发展的基础。生态安全具有以下几个方面的特征：一是整体性，这是由经济生态系统的整体性及生态经济问题的普遍联系性所决定的；二是战略性，即生态安全是经济社会可持续发展的最根本基础，也是社会安全的重要基础；三是区域性，区域生态经济分异现象的存在决定了生态安全问题强烈的区域性；四是层次性，生态经济系统内部还存在着驱动关系，同样具有层次性；五是动态性与阶段性，不同的社会文明和经济发展阶段、不同的经济生产水平对资源和环境有不同的需求。因此，生态安全既是区域经济发展追求的一个目标，更是一个过程。

（2）生态安全与经济安全的关系。生态安全是手段，经济安全是目的，经济安全为生态安全提供了物质技术保障，只有经济的持续安全发展生态安全才有可靠的物质基础。经济发展水平及其需求状况直接关系到地域生态系统的稳定、平衡程度，从而影响对其对安全状况的干扰程度。

区域生态经济安全反映的是特定区域人与自然的和谐问题。因此，生态经济安全的内涵并非各个单一方面孤立概念的简单相加，应包含生态系统和经济系统耦合、协调程度的安全界定，即包含生态经济相互匹配程度的高低。从社会经济发展的需求和自然生态的供给角度来看，供需平衡与否及其发展动态趋势的状况，也应是广义上生态经济安全评估的研究范畴。

（3）生态经济安全论的研究内容。与国家尺度的大区域相比，对于一个中小尺度的区域而言，生态安全应优于经济安全放在一个重要的位置，在一定程度上它是经济安全的基础和关键。因此，对中小尺度的区域生态经济研究，必须将生态的区域安全状况放在主要位置进行探讨。这包括加强对区域经济发展

的生态安全状况评价、区域性生态安全系统的结构与功能监控、生态安全水平
的预测及预警研究等。

区域生态经济安全评价的根本目的是为区域经济可持续发展的资源保护、
生态环境建设、经济发展提供决策参考。评价以资源和生态环境为中心，内容
一般涵盖区域资源环境的（相对）数量、质量、生态环境保护整治及建设能
力、生态经济效益和协调持续程度、生态系统对经济发展的支撑能力等方面，
可以采用指标体系方法进行全面定量化的评价。

3.4 产业经济学理论

产业经济学又被称为产业组织学和产业组织理论，是一个典型的应用经济
学科，主要包括产业结构、产业组织、产业发展、产业布局和产业政策。产业
经济是一个有机的整体，产业经济学从"产业"的角度出发，探讨以工业化为
核心的经济领域中各产业及其内部各部门之间的相互关系和比例关系、产业内
企业组织结构变化的规律以及研究这些规律的方法，能够为国家未来国民经济
的发展结构以及相关产业政策的完善和发展提供有效的理论基础（李晓月，
2019）。

3.4.1 海洋产业结构相关理论

1. 产业结构演变理论

海洋产业结构的演变是指海洋产业生产要素的合理配置和协调发展。与陆
域产业结构一样，海洋产业的发展和扩大是一个不断演进的过程，海洋产业结
构的演变也具有一定的规律性，在总体趋势上都是从低级到高级的上升过程，
主要包括海洋产业结构合理化和高度化两方面内容：①海洋产业结构的合理
化，要求在海洋产业发展过程中要合理配置各生产要素，协调海洋产业部门的
比例关系，为实现海洋经济的高质量增长打下基础；②海洋产业结构的高度
化，是指产业结构的高知识化、高技术化、高加工度化和高附加值化的动态过
程。基于海洋结构演变的基本规律，结合区域发展海洋经济的资源环境和地区
国民经济发展战略，制定区域海洋经济发展规划和政策，通过市场选择和政府
宏观调控，使海洋经济各产业部门进行重新组合，以实现海洋产业结构的调
整，进而实现海洋产业结构的优化升级（马丽娜，2012）。

产业结构演变理论主要是关于三次产业结构及工业内部结构的演变规律，其代表理论有：配第-克拉克定律、人均收入影响论、工业化阶段理论等。

（1）配第-克拉克定律。17世纪，英国经济学家威廉·配第（William Petty）从国民收入水平差异和产业结构变动的关系角度阐述了产业结构变动的规律，即工业收入比农业收入高，商业收入又比工业收入高（配第，1978）。英国经济学家科林·克拉克（G. G. Clark）在威廉·配第关于国民收入与劳动力流动之间关系学说的基础上提出，随着经济的发展，人均国民收入水平相应提高，于是劳动力就开始从第一产业向第二产业转移。当人均国民收入水平进一步提高时，劳动力便由第一、第二产业向第三产业转移（Clark，1953）。这样，第一产业的劳动力逐渐减少，第二、第三产业的劳动力逐渐增加。

（2）人均收入影响论。美国著名经济学家西蒙·库兹涅茨在克拉克研究的基础上，经过十余年的潜心研究进一步收集和整理了欧美国家的相关统计数据，并从各产业间劳动力分布、劳动力转移、国民收入水平三方面对经济结构变革与经济发展关系做了细致分析，得出随着现代经济的增长，即在国民生产总值不断增长和按人口平均国民收入不断提高的情况下，国民经济中各产业部门的产值份额和劳动力份额都会发生较大改变，不同部门的变化趋势各异（Kuznets，1955）。其一般趋势是，在社会发展的进程中，随着国民生产总值的不断提高，农业部门产值和劳动力比重都趋于下降。工业与服务业两个部门的产值份额和劳动力份额的变化趋势不同，主要体现在当工业部门的产值份额上升时，工业部门生产效率提升，但劳动吸纳能力有限，使得劳动力份额大体不变或者略有上升。库兹涅茨的人均收入影响论在海洋产业方面表现为，海洋第三产业产值占比大体不变或者略有上升，但海洋第三产业吸纳的劳动力份额明显上升。该理论经过长期的演变发展，成为当代优化产业结构的重要指导理论之一（刘扬，2012）。

（3）工业化阶段理论。钱纳里在库兹涅茨研究的基础上，对产业结构变动的一般趋势进行了更加深入的研究，建立了标准产业结构。同时，钱纳里从经济发展的长期发展过程中考察了制造业内部各产业部门的地位和作用的变动，揭示了制造业内部结构转换的原因，以及产业间存在着产业关联效应。为了解制造业内部的结构变动趋势，钱纳里通过深入考察发现了制造业发展受人均国民收入、需求规模和投资率的影响较大，而受工业品和初级品输出率的影响较小。他进而将制造业的发展分为三个时期：初期、中期和后期（朱道才和赵双琳，2008）。对于海洋产业而言，在海洋产业发展初期，以海洋捕捞等海洋第一产业为主；在海洋产业发展中期，海洋船舶工业等制造业部门对海洋经济发展起主要作用；在海洋产业发展后期，海洋航运服务业、高新海洋产业对海洋经济发展起主要作用。

2. 产业结构调整理论

海洋产业结构调整是根据现有海洋产业状态，通过输入一种信号或能量，引起海洋产业结构的变动，从而形成新的海洋产业结构状态，适应新的经济环境。该理论建立在三个基本假定的基础上：①第一产业中每增加一单位的资本所增加的生产量为零，甚至低于这个值；②从事非农业劳动者的收入水平取决于农民人均生产水平；③农业收入的储蓄能力远远低于城市第二产业的利润储蓄能力。工资不是由工人的边际生产力决定的，而是取决于劳动者平均得到的劳动产品数量。因此，工业发展就可以不断积累劳动力，因为工业部门边际劳动生产率高于农业部门，平均工资水平高于农业部门，所以工业部门可以从农业部门吸收农业剩余劳动力。当劳动力不断供给，工业部门会逐渐扩大而农业部门却不断缩小，最终导致工业、农业劳动力边际生产率相等，即伴随劳动力的转移，二元经济转变为一元经济。也就是说，随着海洋经济的不断发展，海洋第二产业的比重不断增大并逐渐超过海洋第一产业比重，劳动力从海洋第一产业逐渐向海洋第二产业转移。

3. 产业结构优化理论

海洋产业结构优化是通过海洋产业结构的调整，推动海洋产业结构合理化和高级化，使海洋经济在产业结构效应的作用下，获得持续快速增长（苏东水，2005）。海洋产业结构合理化主要依据产业关联技术经济的客观比例关系，调整不协调的海洋产业结构，促进海洋经济各产业间协调发展；海洋产业结构高级化主要遵循产业结构演化规律，通过创新加速海洋产业结构的高度化演进（王雪莹，2019）。海洋产业结构合理化和高度化不是相互独立进行的，而是密切相关的。合理化是高度化的前提基础，高度化是合理化的目标方向，只有实现了合理化才有可能实现高度化。产业结构合理化和高度化在产业结构优化过程中是高度统一的，但是二者的着重点不同，产业结构合理化注重短期内的经济效益，而产业结构高度化更注重经济发展的长远利益，关注产业未来的发展。

海洋产业结构优化理论主要包括两个方面的内容，分别为产业结构不断合理化和产业结构趋于高度化。海洋产业结构是不断变化的，这种变化对经济的发展可能是有利的，也可能在一定程度上阻碍经济的快速发展。当海洋产业结构不再适应经济快速发展的要求时，就需要对其进行必要的调整。实现海洋产业的结构优化，首先要确立海洋产业结构相对合理化和高度化的判断准则，其次在此基础上进一步对海洋产业结构存在的问题进行分析，引入现代经济学分析方法中的优化思想，最后对海洋产业的结构进行优化。只要调整过程能够推动海洋产业结构趋于合理化，或者能够更加适应经济的快速发展，不管在调整过程中大力借助当前存在的市场机制还是采用政策干预机制，这一调整过程都被称为海洋产业结构优化的过程。

（1）海洋产业结构合理化理论。对于一个国家来说，国民经济的协调发展和国民经济的良性循环，在很大程度上取决于这个国家的产业结构是否合理。合理的产业结构主要体现在四个方面：社会需求能够实现，国民经济持续稳定增长；国民经济各部门协调发展，社会扩大再生产发展中，生产、交换、分配、消费顺畅进行；本国的人力、财力、物力和自然资源得到有效充分利用，以及分享国际分工带来的好处；资源、人口、环境得到良性循环发展。海洋产业结构合理化主要是指根据资源条件理顺结构和消费需求，在一定的经济发展阶段中，资源在配置上更加合理，资源可以得到更有效的利用。海洋产业结构合理化通常是由政府的引导和规范来实现的（杨坚，2013）。

（2）海洋产业结构高度化理论。产业结构高度化也称产业结构高级化。高度化的概念来源于日本，是第二次世界大战后期日本实行经济复苏政策时提出的产业政策之一，他们当时认为产业结构高度化是通过产业结构调整形成合理的产业结构并实现产业结构中各部分协调发展、高效运行的动态过程。这一过程中产业技术水平、产业规模、产业效益等因素全面提升，随着产业结构的不断调整，资源配置在三次产业间依次转移，根据这一过程可以判断一国经济发展水平的高低、目前所处的发展阶段以及未来的发展方向。海洋产业结构高度化主要体现在海洋产业高加工度化，由粗放型发展向知识密集型和技术密集型产业转变，海洋加工制造业从以原材料生产为中心的工业向以加工组装为中心的工业发展，产品的附加值提高。

3.4.2 海洋产业布局相关理论

1. 产业布局理论的诞生

区位论思想起源于17～18世纪政治经济学对区位问题的研究，而系统的区位理论则形成于 19 世纪末 20 世纪初。区位论从特定的经济单元利益最大化出发,分析其空间布局的主要影响因素,从而为区位决策提供依据(毛传新,2005)。

随着资本主义生产力的发展,地区间的经济联系空前密切。同时,经济发展过程中的危机与萧条时有发生,如何合理布局产业成为一个迫切需要解决的问题。一些经济学家开始切入经济学与地理学的交叉研究,从而创立了以区位理论为基础的产业布局学说。最早从事这方面研究的是德国学者杜能和阿尔弗雷德·韦伯,他们运用地租学说、比较成本学说的研究成果创立了古典区位理论。

(1)杜能的农业区位理论。德国农业经济学家、农业地理学家杜能于 1826 年出版《孤立国同农业和国民经济的关系》一书,首次系统阐述了农业区位理论的思想,确定了农业区位理论的基础。作为农业区位理论的开山之作,杜能的农业区位理论是影响最大、最主要的农业区位理论,即在中心城市周围,在自然、交通、技术条件相同的情况下,不同地方对中心城市距离远近所带来的运费差,决定了不同地方农产品纯收益(杜能称为"经济地租")的大小。纯收益成为市场距离的函数。按这种方式,形成以城市为中心,由内向外呈同心圆状的六个农业地带,即著名的"杜能圈":第一圈为自由农业地带,生产易腐的蔬菜和鲜奶等食品;第二圈为林业带,为城市提供烧柴和木料;第三至第五圈都是以生产谷物为主,但集约化程度逐渐降低的农耕带;第六圈为粗放畜牧业带,最外侧为未耕的荒野。杜能学说的意义不仅在于阐明市场距离对农业生产集约程度和土地利用类型(或农业类型)的影响,更重要的是首次明确了土地利用类型(或农业类型)的区位存在客观规律性和优势区位的相对性。

(2)韦伯的工业区位理论。韦伯继承了杜能的思想,在 1909 年出版的《工业区位论》(*Theory of the Location of Industries*)一书中得出三条区位法则:运输区位法则、劳动区位法则和集聚或分散法则。韦伯认为区位因子决定生产场所,它将企业吸引到生产费用最小、节约费用最大的地点。韦伯将区位因子分成适用于所有工业部门的一般区位因子和只适用于某些特定工业的特殊区位因子,特殊区位因子如湿度对纺织工业、易腐性对食品工业(牛晟云,2016)。经过反复推导,确定三个一般区位因子:运费、劳动费、集聚和分散。他将这一过程分为三个阶段:第一阶段,假定工业生产引向最有利的运费地点,就是由运费的第一地方区位因子勾画出各地区基础工业的区位网络(基本格局);第二阶段,第二地方区位因子劳动费对这一网络首先产生修改作用,使工业有可能由运费最低点引向劳动费最低点；第三阶段，单一的力（凝集力或分散力）形成的集聚或分散因子修改基本网络，有可能使工业从运费最低点趋向集中（分散）于其他地点（Weber，1960）。

（3）克里斯塔勒的中心地理论。以商业为主的中心地理论是由著名经济地理学家克里斯塔勒于1933年在其著作《德国南部中心地》（*Central Places in Southern Germany*）中提出的，被认为是20世纪人文地理学最重要的理论贡献，它是研究城市群和城市化的基础理论之一，也是西方马克思主义地理学建立的基础之一（Christaller，1966）。中心地理论将区位理论扩展到聚落分布和市场研究，认为组织物质财富生产和流通最有效的空间结构是一个以中心城市为中心、由相应的多级市场区组成的网络体系。在此基础上，他提出了正六边形的中心地网络体系。

2. 产业集群和产业集聚理论

20世纪80年代以来，新的产业集聚原理对于经济发展的重要意义得到了国际上学界、商界和政界的空前重视。

（1）产业集群。"竞争战略之父"迈克尔·波特（Michael E. Porter）在《国家竞争优势》（*The Competitive Advantage of Nations*）一书中首先提出利用"产业集群"（industrial cluster）对集群现象进行分析，为人们提供了一个思考、分析国家和区域经济发展并制定相应政策的新视角。他通过对10个工业化国家的考察发现，产业集群是工业化过程中的普遍现象，在所有发达的经济体中，都可以明显地看到各种产业集群（王其和等，2010）。

波特认为，产业集群是在某一特定领域内互相联系的、在地理位置上集中的公司和机构群体的集合。产业集群包括一批对竞争起重要作用的、相互联系的产业和其他实体产业集群经常向下延伸至销售渠道和客户，并侧面扩展到辅助性产品的制造商，以及与技能技术或投入相关的产业公司。不同产业集群的纵深程度和复杂性相异，代表着介于市场和等级制之间的一种新的空间经济组织形式（Porter，2000）。

产业集群是一组在地理上靠近的、因具有共性和互补性而联系在一起的公司和关联的机构。之所以被认作"产业集群"，是因为它有特定的产业内涵；之所以被认作"企业集群"，是因为它有企业集群的特征。从企业的规模结构来说，产业集群的概念更偏重于中小企业为主的集群。孤立的中小企业之所以能够生存，是因为其善于钻市场空隙或能附着于大企业。在全球化和新技术迅猛发展的时代，以中小企业结盟为特征的产业集群能够与大企业鼎足并立，获得外部范围经济，以集体效率取胜。

（2）产业集聚。产业集聚是指同一产业在某个特定地理区域内高度集中，产业资本要素在空间范围内不断汇聚的一个过程。产业集聚问题的研究产生于19世纪末，英国著名经济学家马歇尔提出产业区的概念。他认为集聚有利于为相关企业节约运输费用，产业集群在一个区域一经形成，就会对该区域的空间结构变迁产生持续影响。首先，产业集群形成之后，必然引发该产业的企业向集群所在的区位集聚，同时，与该产业相关的资源也会流向这个集群所在的区位。于是，在区域内，由于产业集群的形成而引起该产业空间组织的重新调整，往往形成某种产业的极化空间分布格局。产业集群的发展则会进一步强化这种格局。其次，产业集群的发展会带来所在地的经济快速发展，其结果是导致区域内出现经济发展水平的空间分化，形成或者强化区域内部的经济发展不平衡。当然，如果产业集群出现衰退或者消亡，那么相应地，该产业的极化空间分布格局也会随之减弱或者消失，区域经济发展将受到打击，内部发展的不平衡格局也将因之而缓解。缪尔达尔认为产业集聚地域范围内，由于集聚的产生而具有一定的扩散效应和极化效应（Friedman，1966），该地区相对于没有形成产业集聚的地区具有地域优势，两地区的经济发展存在很大差异，于是他提出了"地理上的二元经济"结构理论（刘弈，2015）。

海洋产业集聚是以海洋资源为依托，以发展海洋产业、海洋经济为目标，由政府引导和市场需求指引相互联系的相关产业以及支持产业在沿海区域范围内集中、生产要素向发展海洋经济最适宜的区块集聚，以形成一种高效、合理的空间布局，最大限度地发挥集聚效应和海洋资源优势，提高海洋产业要素配置效率。促进海洋产业集聚是社会经济发展的必然结果，是所在区域政府充分利用先天优势培育地区综合竞争力的必然选择，它的形成和发展基于产业集聚理论和区域海洋资源等先天优势（刘弈，2015）。

3. 海洋产业布局理论的形成

海洋产业布局又称海洋产业的空间结构，是指海洋产业各部门在海洋空间内的分布和组合形态。海洋产业布局理论是在陆域产业布局理论基础上衍生出来的分支理论，是产业布局理论的重要组成部分，是伴随人类产业活动由陆地向海洋扩展而产生的理论。

（1）高兹的海港区位论。海洋运输业中的港口布局，成为海洋产业布局的重点内容。高兹（E. A. Kautz）在《海港区位论》（*Seaport Location Theory*）中提出的海港区位论，成为海洋产业布局中最为直接的理论（杨吾扬和梁进社，1997）。海港区位论强调自然条件的区位作用，将海港和腹地联系起来综合考虑，提出了"总体最小费用"原则，以追求海港建设的最优位置。高兹认为，理想的海港区位，应该是将由腹地经陆路到达海港及再经海上到达海外诸港的总运费压缩至最低，同时建港本身的投资在技术上应该是最小的。海港区位论为港区经济发展带来了重要启示：一是港口与腹地相互依存；二是港口与腹地有机统一；三是港口是腹地区域中最重要的集聚因素。因此，港口是港口-腹地地域系统的"龙头"，能够带动"龙身"即腹地经济的发展。高兹的海港区位论研究是海洋产业布局研究的开端，使得港口研究成为海洋产业布局研究中最有价值的一个领域（徐敬俊和罗青霞，2010）。

（2）胡佛的运输区位论。美国学者胡佛（E. M. Hoover）对韦伯区位理论中的运费做了重大改变（许庆斌等，1995），提出了运输费用理论。胡佛认为，运输距离、方向、运输量和其他交通运输条件的变化都会直接影响运费，从而造成产业区位的变化。胡佛将运费分为场站作业费用和线路运输费用两个方面来研究，因为场站作业费用与距离的变化无关，则运输距离越长，每千米分摊的场站作业费就越少，每千米的平均运输费用与距离的增加不是按等比例增加，而是呈递减趋势。也就是说，边际运费在整个运输过程中随着距离的增加不是以同一比例变化，总运费是一条增长逐渐放慢的曲线而不是直线。因此，运输费用与运输距离成正比，而终点费用与运输距离无关，每吨公里的运输费用随距离增加而递减，从而发展了韦伯区位理论中运输费用与距离成比例的基本图形。

胡佛采用运输费用理论对运费进行结构分析，得到运输费用随距离增加而递减的结论，其意义在于强调了在区位布局中，要尽量避免原料和产品的多次中转；同时，根据运输方式不同运费率不同的原理，给出了降低运输费用的重要手段，即根据原料和产品的运输距离，分别选择不同的运输方式。

3.4.3 海洋产业竞争相关理论

1. 古典产业竞争力理论

（1）绝对优势理论。1776 年，英国经济学家亚当·斯密在他的经典著作《国民财富的性质和原因的研究》（*An Inquiry into the Nature and Causes of the*

Wealth of Nations）中提出绝对优势理论（斯密，1974）。其主要含义可以理解为：该国发展某产业所有的资源禀赋优势是这个国家的先天贸易条件，而后天条件则是指该国的劳动生产率，如果一个国家某产业生产的产品单位成本小于另一个国家，就会产生绝对优势。国际贸易的前提就是一个国家用自己的绝对优势产品同另一个国家的绝对优势产品交换。先天条件与国家贸易中的后天条件相结合共同决定国家之间国际贸易的前提条件和绝对优势。在自由贸易的环境下，劣势部门劳动力可以自由转移到优势部门，从而创造出更多的绝对优势产品，进而达到利益最大化。

（2）比较优势贸易理论。大卫·李嘉图（David Ricardo）以亚当·斯密的绝对优势理论为基础，将该理论升级，最终成为比较优势贸易理论；在1817年出版的《政治经济学及赋税原理》（*On the Principles of Political Economy and Taxation*）一书中，他诠释了完整的比较优势贸易理论，指出国际贸易的基础是生产技术的相对差别（而非绝对差别），以及由此产生的相对成本的差别。每个国家都应根据"两利相权取其重，两弊相权取其轻"的原则，集中生产并出口其具有比较优势的产品，进口其具有比较劣势的产品（杨蕙铭等，2019；李嘉图，2005）。

比较优势贸易理论推进了19世纪英国的快速进步，是当时英国自由贸易政策的理论基础，同时产业竞争力在空间地域上的基本形式也是以比较优势贸易理论为基础的。但是，两种理论都认为生产要素能够自由流动，然而在现实中，国家某些产品的生产往往受到要素禀赋状况的影响和制约。因此，虽说该理论与绝对优势理论相比有所完善，但它还存在着许多不足之处。

2. 现代产业竞争力理论

迈克尔·波特依据产业层次来确定产业国际竞争力，开创了现代产业竞争力理论发展的先河。波特指出，产业竞争优势是形成产业竞争力的基础，他区分了比较优势和竞争优势：比较优势是针对同一个国家不同产业而言的，以某个国家为基础；而竞争优势是针对不同的国家同一个产业而言的，是某个国家该产业在多个国家中具有立足之地的基础（波特，2000）。因此他认为，分析产业竞争力问题时必须采用竞争优势理论。1990年，迈克尔·波特在《国家竞争优势》（*The Competitive Advantage of Nations*）一书中根据对10个工业化国家的100多种产业发展历史的研究，归纳提出了著名的钻石模型，这一模型可以用来分析一个国家如何在某个产业上建立竞争优势。钻石模型包括六个要素：生产要素，国内市场需求，相关与支持性产业，企业战略、企业结构和同业竞争四个内生的关键要素，以及政府行为和机遇两个外生的辅助因素。钻石模型所包括的六个要素中，其中两个辅助因素是通过影响四个关键要素而间接影响产业竞争力水平的。迈克尔·波特的钻石模型解释了一个国家或地区可以从哪些方面入手来提升特定产业的竞争力水平，奠定了坚实的产业竞争力理论基础。

3.5 生命周期理论

3.5.1 概念内涵

生命周期理论（life-cycle approach，LCA）研究起源于20世纪60年代的能源危机，70年代初期该研究主要集中在包装废物问题上。标准的生命周期分析认为市场经历发展、成长、成熟、衰退几个阶段。一些专家学者尝试将生命周期应用于产品生产过程中，用来描述企业产品的变化过程，在应用的过程中就由此衍生出了产品生命周期理论（杜军和王许兵，2015）。美国弗农·史密斯（Vernon L. Smith）首次提出了该理论，他将产品的发展分为三个阶段：新产品阶段、成熟产品阶段、标准化产品阶段。Abernatthy和Utterback（1978）构建了A-U产品生命周期模型，将产品发展分为三个阶段：流动产品阶段、过渡产品阶段、确定产品阶段。此外，还有一些比较经典的产业生命周期理论，如Gort和Klepper（1982）提出的G-K产业生命周期理论，将产业的发展分为五个阶段：引入阶段、大量进入阶段、稳定阶段、淘汰阶段、成熟阶段。国内主要从传统和现代两个角度对产业生命周期进行了划分与研究，传统角度将其发展划分为四个阶段：形成期、成长期、成熟期、衰退期，现代角度将其发展划分为四个阶段：垄断阶段、竞争阶段、重组阶段、创新阶段。综合来看，产业生命周期描述了产业从发展到衰落退出市场的一个动态演变过程，产业在不同的发展阶段会受到不同社会和自然环境因素的影响，从而表现出不同的阶段特征，以适应该阶段的市场需求。大家普遍认同的观点是将产业生命周期划分为与生命周期类似的四个阶段：幼年阶段、成长阶段、成熟阶段、衰退阶段。产业在发展的不同时期会受到市场潜力、需求量大小、品牌竞争、科技创新等因素的影响。

近年来，随着可持续发展概念的提出，可持续发展已经逐渐成为学者们的研究重点，而只考虑环境层面的传统生命周期评价也开始显示出其局限性。目前，对于生命周期可持续发展评价的研究尚不多见，因此急需将其引入海洋经济可持续发展的模型研究中，丰富海洋经济可持续发展的理论基础。

3.5.2　海洋产业集群生命周期框架

产业集群生命周期理论的研究以产业生命周期理论为基础，付韬和张永安（2010）将产业集群生命周期划分为产生阶段、增长阶段、成熟阶段及衰退阶段，并介绍了各阶段的特征及成因。王恩才（2013）认为，产业集群系统包括海洋产业集群子系统，海洋产业集群同样也具有产业集群生命周期的部分特征，因此借鉴产业集群生命周期划分阶段将海洋产业集群生命周期划分为四个阶段：初创阶段、发展阶段、成熟阶段和升级阶段。同时，详细罗列了海洋产业集群发展的影响因素：海洋资源约束海洋产业集群的发展，尤其对资源型海洋产业集群的影响更为突出，海洋资源的变化会影响海洋产业集群发展速度的增加或者减缓，在意识到海洋资源的重要性之后注重保护海洋资源，从而实现海洋产业集群的可持续发展；海洋政策在海洋经济发展过程中起着重要的支撑作用，科学合理的海洋发展政策可以加速海洋产业集群生命周期的发展，在海洋政策的驱动和鼓励下，提升了一些区域的海洋产业竞争力，从而加速了生命周期的演进；海洋高新技术可以促使产业升级，从而避免了产业从成熟阶段进入衰退阶段，实现海洋产业集群式创新发展的升级阶段。

▶▶ 第4章　可持续发展相关基础理论

4.1　可持续发展理论

4.1.1　可持续发展

1. 可持续发展的概念和基本内涵

可持续发展的概念历史久远，它最早在"增长的极限"理论中就被提及（米都斯等，1997）。1987年，挪威首相布伦特兰（Brundtland）在联合国世界环境与发展会议（United Nations Conference on Environment and Development，UNCED）上，做了题为《我们共同的未来》（*Our Common Future*）的大会报告，会议上对可持续发展概念进行的第一次明确的界定即"满足当代人的需求，而不损害子孙后代满足其需求能力的发展"或"在不危及后代人对资源需求的情况下，寻求满足当代人生存发展需求的途径"，大会上对可持续发展这一概念的界定得到了与会者的普遍认可，并很快被国际社会各界广泛接受（牛文元，2012）。2012年6月，联合国可持续发展大会在巴西里约热内卢举行，会议形成了成果文件《我们憧憬的未来》，由此开启了世界可持续发展的新里程。

可持续发展是一个涉及经济、社会、文化、技术及自然环境的综合概念。可持续发展主要包括自然资源与生态环境的可持续发展、经济的可持续发展和社会的可持续发展三个方面。可持续发展一是以自然资源的可持续利用和良好的生态环境为基础；二是以经济可持续发展为前提；三是以谋求社会的全面进步为目标。可持续发展不仅是经济问题，也不仅是社会问题和生态问题，而是三者相互影响的综合体。

2. 海洋经济可持续发展理论

可持续发展虽然最早源于生态学领域，但由于可持续发展的理念包含经济、生态、社会层面，自其产生以来就备受各个学科学者的关注，许多学科都把它作为自己的基本研究领域之一。将可持续发展理念引入海洋生态系统中，是可持续发展理念在海洋领域的体现，是一种技术上应用得当，节约利用海洋资源，集约生产，生态环境不退化，实现海洋资源的综合利用、深度开发和循环利用，本质上也是一种基于海洋并维护海洋生态系统健康发展的经济活动。海洋对于世界可持续发展至关重要，蓝色经济成为人类的共同愿景，其被确定为可以实现可持续发展的重要工具。蓝色经济是在应对经济危机和气候变化等全球性挑战，实现绿色发展的新国家背景下提出的，是对原来海洋经济概念的扩展，从经济活动本身转型，扩展到保障海洋经济发展的整个系统和活动。综合言之，蓝色经济是一种基于海洋并维护海洋生态系统健康的经济活动，即可持续发展的海洋经济。

可持续发展理论是一门边缘性学科，它与系统科学、人类学、资源学、经济学、环境学、生态学等学科都有着紧密的联系。海洋经济涉及的方面较广，研究海洋经济的发展离不开可持续发展理论的指导。海洋经济可持续发展的实质和核心是海洋经济的可持续发展，是经济、社会、资源和环境的协调发展，只有经济社会与资源环境发展相协调才能实现可持续发展（陈耀邦，1996）。所谓协调发展，就是当前发展与未来发展相结合，当前利益与后代利益相结合，经济发展与合理利用海洋资源相结合。可持续发展与协调发展的关系体现了目的和手段的关系，在协调发展的运动过程中，发展是系统运动的指向，而协调则是对这种指向行为的有益约束和规定，协调就是为了保证实现可持续发展目标。可以通过协调一定时空条件下的海洋经济、资源、环境、人口与社会等各要素之间的关系，进而提高系统的可持续发展水平和可持续发展能力。沿海地区是由资源、环境、生态、经济等系统共同构成的复杂巨系统，因此沿海地区的可持续发展不仅取决于每一个子系统的持续发展，更取决于子系统及其整体系统之间的协调发展。

3. 海洋经济可持续发展的基本内涵

海洋经济可持续发展体系由海洋经济、海洋资源环境和海洋社会可持续发展三个互相联系、互相渗透和互相影响的分体系组成，同时每一个分支体系又囊括若干个分子系统和要素（冯年华，2003）。可以将海洋经济可持续发展概括为三层含义：海洋经济的可持续性是中心，海洋生态的可持续性是特征，社会发展的可持续性是目的，三个方面整合构成了海洋可持续发展的总体内容。其中，海洋生态的可持续性为海洋资源的可持续性利用提供了保障。然而，人类对海洋资源的过度需求和有限供给之间存在着尖锐的矛盾，需要正确解决资源质量、可利用量与潜在影响之间的关系，在利用资源的同时更要注意保护资源的多样性、资源遗传多样性与生产力之间的关系，力求整合资源方法，减少海洋资源利用中的矛盾和冲突，在不影响海洋生态过程完整性的前提下提高产出率。

4. 海洋经济可持续发展的基本特征

（1）海洋经济可持续发展是实现海洋经济的高质量发展方式，随着绿色发展观念的深入人心和海洋经济的可持续发展，海洋经济发展不仅要注重数量的增长也要践行绿色生产方式，由过去注重海洋经济发展总量和增长速度的传统生产和消费方式向节约能源、提高海洋经济发展质量和效益转变，实行清洁生产和文明消费，真正让海洋资源的可持续利用支撑海洋经济的稳定健康发展，实现海洋经济效益的最大化。

（2）海洋经济可持续发展要以保护海洋资源和海洋环境为基础，与海洋资源和环境的承载能力相符合，它要求在海洋生态环境承受能力可以支撑的前提下，解决当代海洋经济与海洋生态发展的协调关系。因此，发展的同时必须保护海洋环境，包括控制海洋污染，改善海洋生态质量，保护海洋生命支持系统，保护海洋生物多样性，保持海洋生态的完整性，保证以可持续的方式使用可再生资源，使人类的发展保持在海洋承载能力之内。

（3）海洋经济发展过程涉及海洋资源、生态环境、科学技术和经济制度等诸多要素，关系到整个沿海地区的经济发展态势，要实现海洋经济的可持续增长必然要求这些要素形成健康可持续发展格局。在绿色经济发展增长背景下，要从海洋资源开发利用、海洋科技创新水平、海洋生态环境保护和海洋经济保障制度等方面寻求海洋经济可持续发展路径。可持续性可以概括为生态可持续性、经济可持续性和社会可持续性三个特征，它们是相互关联和不可侵犯的，海洋对于世界可持续发展至关重要，追求蓝色经济的绿色发展是当代人类的共同愿景。

（4）海洋资源的可持续开发利用是可持续发展理念在海洋资源领域的重要体现，高质量推进海洋资源开发与利用能有效引导经济主体对海洋资源进行选择性开发与利用，在保证海洋资源可持续利用的前提下发展海洋经济。因此，应始终秉持"可持续"和"高质量"的海洋战略视角与意识，从片面追求海洋经济高速增长，转变为追求发展海洋经济与建设海洋生态文明并举的理念，从单纯发展海洋经济转变为海洋经济与海洋科技并举的理念，从资源开发型转变为技术带动型发展模式，着力建设"绿色海洋"和"智慧海洋"，将可持续发展理念落到实处。

4.1.2　海洋绿色经济

1. 海洋绿色经济的概念

从广义上说，海洋绿色经济指以可持续发展为目的的节约海洋资源、保护海洋环境、提高人类生活质量的一切生产、流通、消费活动的总和，它包括清洁生产、文明消费、合理流通、发展海洋绿色产品、海洋绿色产业等方面的海洋经济生产和消费活动内容。绿色经济以传统产业经济为基础，以市场为导向，以经济与环境的协调可持续发展为发展目标，运用生态经济知识形成的新的经济发展形式，是产业经济为适应人类环保与健康需要而产生并表现出来的一种发展状态。在绿色经济模式下，环保技术、清洁生产工艺和许多其他环保技术转化为生产力，经济增长可以通过环境友好型的经济活动来实现。

海洋绿色生产也称海洋清洁生产，泛指在经济生产活动开展过程中减少资源消耗，减少污染物直排入海量，尤其指海洋绿色产品的生产、加工和制造。显然，海洋绿色生产就是海洋绿色经济的基础（李建武，2005）。

海洋绿色消费主要指对海洋绿色产品的消费。海洋绿色产品显然并非指绿颜色的产品，而是特指无污染（本身无污染、对环境无污染）的安全、优质、营养类产品。显然，海洋绿色产品除了人们熟悉的绿色食品如海洋绿色水产产品、加工食品之外，还包括绿色建材、生态建筑、绿色汽车等多种产品。

2. 海洋绿色经济的发展动因及形成机制

海洋绿色经济是适应社会发展的需要而客观形成的。从传统海洋经济发展的趋势看，海洋经济经历了对海洋生产、产品、销售、市场的重视后，最终必然转向对人、海洋资源和海洋环境的重视。

传统海洋经济发展初期，由于海洋市场供不应求，处于不饱和状态，所以企业竞争的焦点主要围绕生产，致力于最大限度地降低海洋生产成本。随后，海洋市场供给逐渐充足，海洋产品的"量"逐渐饱和，海洋消费需求转而追求海洋产品的"质"，于是海洋企业投身于改进海洋产品的质量。之后，由于海洋市场供给渐渐大于海洋市场需求，海洋市场态势由卖方市场进入买方市场，海洋企业开始注重销售技巧。只有顾客的观念和需求转向关心海洋环境和海洋资源、维护身心健康，海洋企业和海洋经济的发展方向才最终集中于关注人、自然、社会的和谐发展。

4.2 循环经济理论

4.2.1 循环经济概述

1. 循环经济的概念内涵

循环经济（circular economy）是由美国经济学家肯尼斯·鲍尔丁（Kenneth E. Boulding）于1966年提出的，他认为在人类与自然资源构成的大系统环境载体内，应当将传统的资源开采、企业生产、产品消费、废弃物排放的资源依赖和消耗型单向经济增长方式，转变为资源节约和循环利用的生态型经济发展方式，以缓解自然资源枯竭和生态环境破坏问题（张智光，2017）。即借鉴自然生态系统物质循环和能量流动规律而重构的经济系统，它将被和谐地纳入"自然-经济-社会"复杂巨系统全面、协调、可持续的运行之中。这是以产品清洁生产、资源循环利用、废物高效再生为特征的高级生态经济形态。

目前，学术界对循环经济的表述仍没有统一的界定，表4-1侧重于从以下三种不同的角度对循环经济这种新型的经济发展理念进行解读。

表 4-1　传统经济与循环经济对比

比较项目	传统经济	循环经济
运动方式	物质单向流动的开放型线性经济（资源消耗—产品—废物）	循环型物质能量循环的环状经济（资源消耗—产品—再生资源—再生产品）
对资源的利用状况	粗放型经营，一次性利用；高开采、低利用	资源循环利用，科学经营管理；低开采、高利用
废物排放及对环境的影响	废物高排放、成本外部化、对环境不友好	废物零排放或低排放，对环境友好
追求目标	经济利益（产品利润最大化）	经济利益、环境利益与社会发展利益
经济增长方式	数量型增长	内涵型发展
环境治理方式	末端治理	预防为主，全过程控制
支持理论	政治经济学、福利经济学等传统经济学理论	生态系统理论、工业生态学理论等
评价指标	第一经济指标（GDP、GNP、人均消费等）	绿色核算体系（绿色GDP等）

　　一是从人与自然的关系角度来对循环经济的概念进行界定，这种观点主张人类在进行经济生产活动时要尊重自然、顺应自然，秉持人与自然生态系统平衡的可持续发展理念，从人与自然的关系出发，循环经济的本质就是尽可能多地重复利用各类资源要素。

　　二是从生产的技术范式角度界定循环经济，倡导在生产过程中不仅要注重清洁生产而且还要注意保护生态环境，转变传统生产过程的技术范式，努力从资源消耗—产品—废物的开放型物质流动模式向资源消耗—产品—再生资源—再生产品的循环型物质流动模式改进。而这一升级的生产技术范式的特点表现为生产过程中投入资源量的减少、企业产生的副产品和废物的再循环利用。从本质上来讲，其实质就是生态经济学，以提高生态环境的利用效率为核心，实现可持续发展的战略目标。但这类观点认为循环经济属于一种新经济形态，是针对传统生产技术范式出现的问题状况所提出的方法路径，但实际上并不涉及生产关系和生产要素问题，只是技术层面上的物质循环模式。

　　三是将循环经济当作一种新的经济形态。作为一种新的生产方式，循环经济不仅被认为是在生态环境成为经济增长制约要素、良好的生态环境成为一种公共财富阶段的一种新的技术经济范式，同时也是建立在人类生存条件和福利平等基础上的以全体社会成员生活福利最大化为目标的一种新的经济形态。此类观点的实质是调整人类生产关系，追求可持续发展，认为资源消耗—产品—再生资源—再生产品的循环型物质流动模式是循环经济的重中之重，资源消耗的减量化、再利用和再循环（资源化）只是其技术经济范式的表征（张春兰和胥留德，2006）。

2. 循环经济发展模式的基本准则

　　循环经济遵循减量化、再利用、再循环（资源化）原则。①减量化原则：减少生产和消耗过程中的物质，也称为减物质化；②再利用原则：对于企业在生产过程中所产生的副产品或废物要尽可能地以多种方式循环使用，通过废物的再回收和再利用，可以减少上一生产环节所产生的副产品或废物过早成为垃圾的污染浪费现象；③再循环（资源化）原则：尽可能回收或者再利用资源。回收可以降低垃圾填埋场和焚烧炉的压力。资源化主要分为原级资源化和次级资源化，原级资源化即通过循环利用将消费者丢弃的废物生成相同的新产品；次级资源化则是将消费者丢弃的废物转化成不同类型的新产品。

3. 循环经济的实质

循环经济是通过废物交换、清洁生产等手段，模拟自然生态系统循环规律，建立生产者—消费者—分解者的循环路径和食物链网，使上游企业产生的副产品或废物可以作为下游企业的投入或原料，从而使经济发展系统的各个环节能像生态系统食物链过程一样相互依存，最终实现废物排放的最小化和物质能量利用的最大化，达到可持续发展的宗旨。

4.2.2 海洋循环经济

伴随着全球经济快速增长，资源消耗加快，环境污染随之加剧，经济快速发展与资源环境消耗之间的矛盾日益尖锐，此时循环经济就应运而生，这个新型的经济发展理念主要是着重建立一个反馈式的循环过程，即通过提升资源的有效节约和利用，从而达到保护环境的最终目的。循环经济是指在生产、流通和消费等过程中通过生产技术手段的提升进行的减量化、再利用各类资源的经济活动的总称（全永波，2011）。

1. 海洋循环经济的概念与特征

1）海洋循环经济的概念

需要注意的是，海洋循环经济是循环经济的组成部分，在研究海洋循环经济与循环经济时要注意与以往的循环经济区别开，其并不是简单地在循环经济这个词语前加上"海洋"二字，而是带有海洋自身特色和发展理念的循环经济，是海洋经济发展的新模式。从循环经济发展模式的研究来看，海洋循环经济与陆地循环经济有着不同的环境载体，因此在对我国海洋循环经济进行研究时就需要思考海洋循环经济的基本内涵和基本特点（肖国圣，2006）。

2）海洋循环经济的基本内涵

海洋循环经济是在海洋经济发展的过程中，坚持循环经济的发展理念，以循环经济的"减量化、再利用、再循环（资源化）"为原则，促进海洋资源的高效利用和循环使用的经济发展模式，利用尽可能小的海洋资源消耗和海洋环境成本，实现区域经济、社会、劳动力、土地及资本等资源要素的有效组合，并兼顾海洋经济、海洋资源和海洋生态环境的协调发展（潘庆广，2010）。从本质上来说，海洋循环经济是一种全新的海洋经济发展理念和模式，是实现海洋可持续发展的必然路径。需要从以下几个方面全面把握海洋循环经济的基本内涵：①海洋循环经济是一种区别于传统的以资源、环境消耗为主的全新的海洋经济发展模式和发展理念。在传统的海洋经济生产活动中，资本要素、劳动力要素和资源环境要素之间并没有形成有效的循环流动，造成了不必要的资源要素浪费。在海洋循环经济体系中，经济活动超出海洋资源环境的承载能力的循环是一种恶性循环，将导致海洋生态系统退化，只有使海洋资源环境的承载能力处于良性循环中，海洋循环经济体系才能平衡发展。②海洋循环经济的发展基于海洋这一特殊的循环经济客体，因此发展海洋循环经济时与其他客体和对象区别开来显得十分必要。例如，基于制度、主权和其他国家利益的需要，海洋循环经济在制度设置方面要与一般意义上的循环经济区别开来。中国虽然是个海洋大国，但在大力发展国内海洋经济的同时，海洋主权权益仍存在诸多不确定性，如南沙群岛岛礁争端已成为国际地缘政治热点问题，区域海洋管理体制存在缺陷，这些综合因素导致在海洋经济的发展过程中会遇到比一般陆域三次产业经济生产活动更多的困扰和难题。因此，发展海洋循环经济不仅是一个经济问题、环境问题和社会问题，而且是涉及国家主权和领土安全的重大问题，其制度体系的建立应区别于一般的循环经济（全永波，2011）。

3）海洋循环经济的基本特征

海洋循环经济要与陆域循环经济的概念严格区分开来，海洋循环经济并不是在循环经济前面冠以"海洋"，而是具有海洋特色和发展思路的循环经济，不能完全照搬陆域循环经济，应当客观综合反映社会进步、经济发展、资源消耗与利用、生态环境等方面。海洋循环经济是循环经济的组成部分，但海洋循环经济同时应包括以海洋为经济要素的沿海地区的循环经济，因此可以说：海洋循环经济的发展是以海洋各类资源要素的有效利用和以海洋三次产业为核心的海洋经济生产活动的开展为中心的。发展海洋循环经济系统是一项复杂的系统工程，涉及社会、经济、资源和环境等若干个子系统，包括海洋产业内部小循环、海洋产业工业园区的区域层面的中循环和沿海地区海洋社会整体层面的大循环三类不同层次的循环。其中，海洋企业是海洋循环经济发展的微观主体，海洋产业工业园区是海洋企业与不同类型的企业间在生产中形成的良性循环系统，沿海地区是海洋经济与沿海地区经济和社会相互交融、相互渗透的载体，是构建海陆大循环系统的基础。由此，微观、中观和宏观三个层面的海洋循环经济体系共同组成海洋循环经济体系的整体框架，将海洋经济和沿海地区经济有机结合，体现海陆统筹的循环经济发展理念。

2. 海洋循环经济与海洋经济可持续发展的关系

1）海洋经济可持续发展要求发展海洋循环经济

海洋经济可持续发展是可持续发展理念在海洋领域的延伸。随着沿海地区经济、资源及环境等方面的矛盾越来越突出，海洋经济可持续发展问题日益受到重视，如何通过切实有效的方式和手段推进海洋经济的可持续发展是全世界关注的重点问题。海洋经济可持续发展的核心也是海洋经济的永续发展，是通过实现海洋资源的综合利用、海洋资源的深度开发与循环再生及海洋生态环境的保护推进经济、社会、资源与环境的协调发展，这就要求在海洋经济发展的过程中注重海洋资源的高效与循环利用，发展海洋循环经济（陈耀辉，2014）。

2）海洋循环经济为海洋经济可持续发展提供支撑

海洋经济可持续发展包含海洋资源的可持续利用、海洋经济发展的协同性及海洋经济发展的生态高效性。海洋经济可持续发展系统的建立以海洋资源为基础，通过海洋经济的增长来实现海洋系统的协同演变发展。而海洋循环经济是全新的海洋经济发展理念与方式，是循环经济的重要组成部分，旨在通过在海洋产业发展过程中运用循环经济的发展理念，实现海洋资源开发和利用的减量化、再利用和资源化。海洋循环经济在保证资源可持续利用的基础上，强化海洋资源开发的深度和广度，提高开发与利用的科技水平，使用先进的适用技术，提高海洋产业增加值和资源利用效率。因此，海洋循环经济是实现海洋经济可持续发展的重要途径（陈耀辉，2014）。

4.3 财富代际公平分配理论

财富代际公平分配理论是海洋经济可持续发展理论中的核心思想，该理论认为人类社会出现不可持续发展现象是由于当代人过多地占有和使用了后代人的财富，特别是自然财富。基于这一认识，致力于探讨财富（包括自然财富）在代与代之间能够得到公平分配的理论和方法。

代际公平理论在不同的学科背景下有不同的含义，在许多学科如哲学、经济学、法学、伦理学中都有涉及。代际公平最早是由佩基（Page）提出的，其内涵为如果执行当下的政策结果会涉及好几代人的相关利益，那么该政策应该对涉及的各代人之间的影响进行公平分配。同时，佩基提出了"代际多数规则"以实现代际公平。"代际多数规则"解释为执行当下的政策结果会涉及好几代人的相关利益，该项政策应该交由这几代人中的多数来做出选择，也就是交由我们繁衍不绝的子孙后代来选择（相对于当代人来说，后代是多数），代际公平的基本原则如下：①保存选择原则，当代人为了预防制约后代人的权利，应该注重保护资源的完整性、多样性，使后代人拥有和前代人相似的选择权利。②保存接触和使用原则，不仅当代人拥有平行接触和使用前代人遗产的权利，而且后代人同样保存这项接触和使用的权利。③保存质量原则，我们每代人都应该保护地球，当代人传承给下代人时要保证地球的质量，没有破坏地球。在做到财富代际公平分配的同时，需要特别注重保护海洋资源基础的完整无缺，以实现海洋经济的可持续发展（李若澜，2014）。

可持续性科学和可持续发展中会经常见到代际公平的概念。引用可持续发展的标准来对代际公平进行概念界定，即当前最有力的支持和选择是通过保留或提升机会和能力来使子孙后代可持续地生活。美国对代际公平的研究较其他国家较早，美国国际环境法学家魏伊丝（2000）在《公平地对待未来人类：国际法、共同遗产与世代间衡平》（*In Fairness to Generations*：*International Law*，*Common Patrimony and Intergenerational Equity*）一书中最早提出：在任何时候，当代人作为委托人或者受益人拥有受后代人的委托而保管地球的权利，而作为受益人也拥有该项受益权利。美国著名的当代伦理学家约翰·罗尔斯在其《正义论》（*A Theory of Justice*）一书中，对代际公平问题进行了阐述：功利主义不仅违背了享乐主义，而且其在实际生活中也是不现实的，不能牺牲当代人的利益去保障后代人的利益（王颖心等，2018）。国内学者林娅（2006）指出实现代际公平最主要的是要合理对待人口与资源问题。舒基元和姜学民（1996）提出，当代人如果不注重保护环境质量，无限地浪费地球资源，只注重眼前利益，不考虑后代人的利益，将会带来严重的后果：后代人的生活环境将会越来越糟糕、生活空间将会越来越小。总体来说，国内外学者对于代际公平含义的理解有不同的角度和不同的侧重点，但都提出了在实现当代利益的同时有为后代负责的义务。

自党的十八大以来，格外强调促进社会公平正义发展、关注增进人民福祉的问题，将其作为社会发展、社会改革的落脚点。2016年3月18日，国家发展和改革委员会发布《中华人民共和国国民经济和社会发展第十三个五年规划纲要》，纲要提出创新、协调、绿色、开放、共享的发展理念，其中共享发展理念的内涵就包含注重解决社会公平正义的问题，改革开放的发展成果由全体人民共享，以增强群众的获得感和幸福感。海洋经济的可持续发展以人类理性对待海洋发展为研究主题，尝试协调人与自然、经济与环境、当代与未来的关系，构建人与自然、社会、海洋间的高水平的协调发展系统。既包含海洋环境保护、海洋资源的合理开发等社会经济因素，又涉及人类的全面发展和素质提高的综合内容。由此可见在当前形势下，对海洋经济可持续发展理念中的财富代际公平相关理论进行研究，具有十分重要的意义。

政　策　篇

▶ 第5章　中国海洋经济政策演进的过程与趋势

5.1　海洋经济政策与海洋经济发展关系研究进展

5.1.1　海洋经济政策研究进展

国外较早发展海洋经济，对海洋经济活动方面的研究开展较早，其中在海洋经济管理与海洋经济政策方面的研究比较成熟，研究主题涉及各类海洋资源管理政策（Trop，2017；Cherian et al.，2006）、各类海洋产业国际合作政策（Zhang，2018）、海洋生态保护政策（Lillebø et al.，2017；Davis and Gartside，2001），区域海洋经济综合管理政策研究内容涉及经济、法律、行政、历史等多领域（Spalding et al.，2015；Alexandre et al.，2013）；研究方法包括经济管理工具、政策工具、立法程序等，而且定性与定量方法均有使用。

国内对海洋经济政策的研究处于起步阶段，多数研究分散在海洋政策与海洋经济的相关研究中。学界从公共政策视角探讨海洋政策问题的研究起步较晚（贾宝林，2011），而对海洋经济政策的定性研究多于定量研究，研究主题集中体现在以下方面：一是比较国外海洋经济政策的最新动向，得出对中国的启示。姜旭朝和王静（2009）结合美国、日本、欧洲各国在实行海洋经济政策变迁过程中采取的方式，对中国海洋经济政策变迁可能采取的方式和过程提出设想；赵虎敬（2014）对比了中美两国在制定与执行海洋经济政策上的差异，并对我国海洋经济政策的借鉴与启示提出建议。二是探讨中国海洋立法现状，提出完善路径以支持海洋经济发展。目前，中国在海洋权益、资源开发、交通运输、环境保护和海域使用等方面的海洋立法比较健全且内容丰富，但在海岸带建设、海洋区域经济建设、海洋综合开发利用、海洋科学研究等有关海洋经济方面的立法不够全面和完善。与世界先进海洋国家普遍重视海洋经济立法的形势相比，张辉（2012）指出我国海洋法律未能"入宪"，海洋的法律地位不高，海洋法律体系的内容不健全，发展海洋经济方面的法律也不健全。对于完善健全海洋法律法规，曹兴国和初北平（2016）认为涉海法律运用体系化的方法进行完善，是推动我国海洋法律健全的重要途径；金永明（2011）提出为发展海洋经济，需通过制定国家海洋发展战略和完善海洋体制来处理和应对海洋问题争议，创造合适的周边环境，而这就要求中国应尽快制定和实施综合管理海洋事务的"海洋基本法"。三是从特定政策实施角度入手，探讨其在海洋经济发展中的实施路径。查志强（2014）总结了支持海洋经济发展的财税政策类型，指出了现有财税政策支持海洋经济发展的方式及不足，并结合舟山实际提出了创新财税政策支持新区发展的实施路径。四是分析海洋经济政策体系，于谨凯和张婕（2007）根据海洋产业政策对海洋产业发展的作用领域、范围、形式和效果等方面的不同，将海洋产业政策分为四种类型；此后，又建立了我国海洋产业政策体系，并根据产业政策的功能将其划分为支持性政策、引导性政策和发展性政策三个模块。五是评估海洋经济政策实施的效果，如韩凤芹等（2016）通过对"十二五"时期海洋经济财税政策进行评估，指出财税政策存在的问题，并提出优化建议。

国外海洋经济政策研究对中国制定实施海洋经济政策与完善海洋经济管理体制均有一定的启示意义，然而受经济、政治与地理差异等多方面因素的影响，多数海洋经济政策不能照搬，必须在领会国外相关政策的理念与实质后，研究制定适合中国国情的政策。通过对比国内其他政策的已有研究，发现研究主题主要集中在：对某一政策的演变过程和趋势的分析（刘凤朝和孙玉涛，2007）、对政策本身的文本量化（刘云等，2014；张韵君，2012）、政策协同及测量（部门协同、政策目标协同度和政策措施协同度）（顾玲巧等，2020；张国兴等，2014）、某一政策对经济绩效的影响（仲为国等，2009；彭纪生等，2008）及某一政策的有效性研究等，而海洋经济政策在这些方面的研究相对较少甚至没有。

5.1.2 海洋经济发展研究进展

通过查阅一些代表性的相关文献，发现国外关于海洋经济发展的研究视角多元、内容丰富、方法灵活，研究主题涉及各类海洋产业、海洋经济数据、综合海洋经济活动对海洋经济发展的影响等。例如，Grealis 等（2017）运用投入产出法研究爱尔兰水产养殖业扩张的经济影响；Colgan（2013）通过阐述海洋经济测量的原理，提出建立一个测量美国海洋和五大湖经济活动的国家数据库，为构建海洋经济活动测量模型提供数据支撑；Henry 等（2002）从就业、产出和增加值等方面测度了南卡罗来纳州海岸带八县对本州经济的贡献率，通过经济和人口趋势得出，未来十年南卡罗来纳州海岸地区的经济和人口会稳步扩大，对本州经济发展贡献更大的份额。

国内关于海洋经济发展的实证研究较为丰富，研究尺度上涉及国家和区域，研究内容涉及：①海洋产业结构与空间布局，如狄乾斌等（2013a）运用变差系数、区位熵、洛伦兹曲线等分析中国海洋经济发展的时空差异和海洋产业结构及空间布局演化；孙才志和李欣（2015）基于核密度函数与基尼系数在时空维度上分析中国海洋经济发展的动态演变趋势，并对海洋经济发展趋势的形成机理进行了简明分析。②测度海洋经济效率，如刘大海和李晓璇（2018）基于柯布-道格拉斯生产函数构建海洋全要素生产率的测算模型，结果表明海洋全要素生产率对海洋经济增长的贡献始终超过资本、劳动力要素；赵林等（2016）考虑到非期望产出效率，据此建立了测度中国海洋经济效率的指标体系，采用 SBM-DEA 模型和 Malmquist 生产率指数模型对中国海洋经济效率进行测度并分析其演化阶段及机制；纪建悦和王奇（2018）将影响海洋经济效率的因素纳入无效率函数中，并与由资本和劳动力等要素所构成的随机前沿生产函数相结合，分析我国海洋经济的效率变化及其影响因素。③测度海洋经济竞争力，如伍业锋（2014）构建了测度中国海洋经济区域竞争力的指标体系，测度结果表明基本符合实际。④分析海洋金融支撑，如刘东民等（2015）指出海洋金融从全球范围看是海洋经济发展的核心动力，在分析全球海洋金融产业特征与模式的基础上，提出中国发展海洋金融的重大机遇和创新策略。⑤测度海洋资源开发利用程度，如王泽宇等（2017a）构建了海洋资源开发综合评价指标体系，利用模糊相对隶属度模型综合测算了中国海洋资源开发度，并通过向量自回归（vector autoregression，VAR）模型探究其与海洋经济增长的相互关系及空间特征。⑥衡量海洋科技与海洋经济的关系，如孙才志等（2017）基于向量自回归模型的脉冲响应函数，动态分析沿海 11 省份海洋经济与海洋科技之间的响应关系。⑦海洋环境与海洋经济增长的关系，如陈琦和李京梅（2015）基于 Tapio 脱钩模型，探讨了中国海洋经济增长和海洋环境压力的脱钩状态的时空演变趋势。

5.1.3 海洋经济政策对海洋经济发展影响的相关研究

关于海洋经济政策对海洋经济发展的影响，国外侧重探讨特定海洋产业或具体海洋经济问题所涉及的政策及其影响，集中体现三个方面：一是关于特定海洋产业政策，如 Cherian 等（2006）从国家海洋矿产资源政策的内涵出发，基于此政策的开拓性（the pioneering nature），指出实施海洋矿产资源政策基本框架的迫切性，从而实现维护主权和开发专属经济区资源的目的；Trop（2017）由以色列地中海浅水域增多的海砂开采活动提出构建各种政策工具合理管理海砂资源，并对该水域海砂开采的管理政策进行了系统概述，指出以色列的海砂管理框架采纳了主要国际公约中规定的大部分环保原则和指导方针。二是关于海洋资源生态保护政策，如 Davis 和 Gartside（2001）提出海洋自然资源的可持续管理面临特殊挑战，通过对渔业和旅游业的各种案例研究发现经济手段的应用将对资源管理者更具吸引力，对这些经济问题的更多关注将使资源管理者朝着日益稀缺的海洋资源的可持续管理方向发展。Lillebø 等（2017）提出海洋生态服务如何支撑蓝色增长议程（Blue Growth Agenda），分析了海洋生态服务和良好环境状况与蓝色经济增长活动的供需关系。三是关于海洋经济综合政策，如 Spalding 等（2015）在深入进行政策分析和案例研究的基础上，指出巴拿马的法律和制度在行政和结构上存在重要缺陷，而且缺乏制度整合，特别是缺乏明确的海洋和海岸带产权制度，这成为巴拿马执行综合海洋政策的障碍。

国内关于海洋经济政策对海洋经济发展影响的相关研究主要集中在以下四个方面：一是海洋特定政策与海洋经济的影响，如刘海英等（2014）通过实证分析表明海洋经济增长对财政收入与支出均有显著的推动作用，而财政支出对海洋经济增长的效用却不显著；张伟等（2015）通过实证表明税收政策对海洋三次产业结构的调整效应主要表现在短期内，并均呈现出波动性趋势，且长期影响较小。二是探索海洋经济政策的实现路径，如赵昕和井枭婧（2012）从货币政策对海洋经济发展的支持现状与不足入手，借鉴发达国家货币政策经验，并提出可行的政策支持路径；苏明等（2013）从财政政策支持海洋经济发展的理论分析入手，分析我国财政对发展海洋经济的支持现状及突出问题，并提出相应的财政政策建议。三是评估海洋经济政策的实施效果，如韩凤芹等（2016）通过对"十二五"时期海洋经济的财税政策进行评估，指出财税政策存在的问题，并提出优化建议；郭丽芳（2014）构建了关于经济、生态、社会三方面的海洋经济政策效益评价指标体系，并基于灰色关联分析对沿海地区的政策实施效果进行评价。四是探讨海洋经济政策的实施机制,如周达军和崔旺来(2009)从海洋产业政策实施主体、客体和手段三者的关系出发,探讨了政府海洋产业政策的实施机制;陈平等(2012)通过建立财税政策作用机制模型,对优化海洋产业发展的财税政策实施机制进行了实证分析。

综上所述,研究海洋经济政策对海洋经济发展的影响已有一些成果,但仍有不足。首先,在研究思路上,海洋经济发展是由海洋经济增长、海洋生态改善、海洋社会提升共同决定的内生变量,海洋经济政策是海洋经济发展的外生变量,因此政策影响海洋经济发展的过程应存在一定的驱动机理。已有文献多集中在政策对海洋经济发展、海洋经济要素对海洋经济发展、政策对海洋经济要素等单链条研究,很少将三者纳入同一分析框架研究"海洋经济政策→海洋经济发展组成要素→海洋经济发展"的传导机理。其次,定量研究较少,已有定量研究多采用单个因变量的回归分析,尽管能估算政策与海洋经济发展的影响系数,但要克服内生性和多重共线性问题,特别是难以同时处理多个因变量且涉及不可直接观测的潜变量,利用结构方程模型能有效缓解上述问题。

5.2　中国海洋经济政策演进的过程

5.2.1　海洋经济政策演进的研究思路

以中华人民共和国成立后的社会历史进程为线索,在"依法治国"的客观需要下,以搜集的国家层面的"政策法"为原始数据,采用数量统计方法,对海洋经济政策进行多维度统计。假设某一维度政策数量越多,政策效用就越强(政策效用指政策产生的一切效果综合;该假设逻辑虽显简单,但一定程度上能直接反映主要政策的效用)。数量统计的基本思路是:①划分海洋经济政策的基本维度;②对数量统计分析的边界条件进行理论假设;③对海洋经济政策按照基本维度进行总量和时间序列统计。这里将海洋经济政策分为内容类别和法律效力两个基本维度(刘凤朝和孙玉涛,2007)。

根据政策内容和发挥作用的领域,结合《海洋及相关产业分类》(GB/T 20794—2006)对海洋产业的定义与分层,本研究将海洋经济政策分为主要海洋产业政策(包括海洋渔业政策、海洋矿业政策、海洋交通运输政策、海洋油气业政策、海洋船舶工业政策、海洋工程建筑政策、海洋电力业政策、海水利用业政策等)、海洋科技管理服务业政策(侧重为海洋经济提供支撑的科技管理服务业，包括海洋科技政策、海洋资源环境保护政策、海域管理政策等），综合海洋经济政策（既涉及上述主要海洋产业政策，又涉及海洋科技管理服务业政策）。这种划分是对海洋经济政策的横向划分，其中主要海洋产业政策侧重海洋开发政策，海洋科技管理服务业政策侧重海洋保护政策。

国家层面的海洋经济政策主要以法律、行政法规、部门规章及规范性文件的形式出现。根据法律效力的高低将其分为四个等级，全国人大及人大常委会制定的法律，其效力最高，定为A等；国务院制定或批准制定的行政法规，效力仅次于法律，定为B等；国务院各部门制定的规章，效力次于行政法规，定为C等；其他规范性文件的效力等级界定有待商榷，在此效力一并划为D等。

数量统计将每一具体政策抽象为一个单位，在抽象过程中具体政策信息被忽略。定量反映海洋经济政策演变过程，需建立两点理论假设：①$P_A > P_B > P_C > P_D$，即A等级政策的效用强于B等级政策，依此类推。这是基于序数概念的效用比较，虽然A等级政策的效用强于B等级政策，但难以确定两者间的具体数量关系，故本研究仅做同等级政策之间的比较。实际上，高低等级政策之间存在一定的连带效用，高等级政策出台后会有相关低等级政策与之匹配，进而发挥政策体系的整体效用。该假设在一定程度上忽略了彼此的关联性。②$P_{A1} = P_{A2} = P_{A3} = \cdots = P_{An}$，$P_{B1} = P_{B2} = P_{B3} = \cdots = P_{Bn}$，$P_{C1} = P_{C2} = P_{C3} = \cdots = P_{Cn}$，$P_{D1} = P_{D2} = P_{D3} = \cdots = P_{Dn}$，即所有同效力等级政策的效用相同。实际上，在不同的历史阶段，不同类型的政策工具发挥的效用会存在很大差异。该假设在一定程度上忽略了同等级政策之间的差异，以及具体政策类型之间的差异（刘凤朝和孙玉涛，2007）。

5.2.2　1978～2017年中国海洋经济政策演进总体分析

综合中国海洋经济发展史、改革阶段、依法治国的进程，本节运用"北大法宝"、数量统计法和文献研究法对改革开放后的241项政策法规进行了总量（表5-1）和时间序列统计（表5-2），以分析中国海洋经济政策演进的过程。

表5-1的统计结果显示，在主要海洋产业政策中海洋交通运输政策数量最多，其后依次是海洋渔业政策、海洋油气业政策、海洋工程建筑政策、海洋船舶工业政策、海洋矿业政策和海水利用业政策、海洋电力业政策；在海洋科技管理服务业政策中，海洋资源环境保护政策最多，其后依次是海域管理政策、海洋科技政策。在所有海洋经济政策中，海洋交通运输政策数量最多，处于第一梯队，其政策效用最强；实践中，中国进出口货运总量的85%以上利用海上

表5-1 1978～2017年中国海洋经济政策法规分类统计 （单位：项）

等级	主要海洋产业政策								海洋科技管理服务业政策			综合海洋经济政策	合计
	海洋渔业政策	海洋矿业政策	海洋交通运输政策	海洋油气业政策	海洋船舶工业政策	海洋工程建筑政策	海洋电力业政策	海水利用业政策	海洋科技政策	海洋资源环境保护政策	海域管理政策		
A	1	1	3							2	2		9
B	3		13	4		3			1	10			34
C	14	1	37	6	3	8				11	3		83
D	16	4	23	5	5	3	5	6	7	13	16	12	115
总数	34	6	76	15	8	14	5	6	8	36	21	12	241

运输完成，海洋交通运输政策在其中发挥了巨大的杠杆作用。海洋资源环境保护政策和海洋渔业政策数量相当，处于第二梯队，其政策效用较强；实践中，海洋资源环境保护在海洋经济史上贯穿始终，相关政策法规的制定实施必不可少；而海洋渔业作为中国海洋经济的支柱产业之一，更离不开渔业政策的指导与协调。海域管理政策处于第三梯队，其政策效用居中；海洋油气业政策、海洋工程建筑政策、综合海洋经济政策处于第四梯队，其政策效用较弱；其他几类政策处于第五梯队，其政策效用弱。

海洋交通运输政策作为政府引导和调控海运活动的基本手段，是主要海洋产业政策的重要组成部分，同时也是影响国民经济发展的重要因素。国家先后颁布了《中华人民共和国海上交通安全法》、《中华人民共和国海商法》、《中华人民共和国国际海运条例》和《中华人民共和国港口法》等多项重要法律法规。但总体上看政策的高度不够，主要体现在以下两个方面：一是海洋交通运输政策的效力层次较低，高效力等级的政策较少，难以形成社会强制力。从梳理的76项政策看，与海洋交通运输直接相关的法律有3项，国务院部门规章和规范性文件合计61项。受当时立法指导思想的影响，现行《中华人民共和国海上交通安全法》条文简单，但从船舶、船员、通航环境、航行秩序等多方面进行了很多原则的规定，造成很多海上执法需要依据大量部门规章或者规范性文件进行操作的状况，在较大程度上降低了海事执法的权威性（魏明辉，2008），同时国务院各部门规章缺乏全面的统筹和协调能力，这些是海洋交通运输政策数量较多的原因之一。二是海洋交通运输政策不同效力等级之间的层次关系比较混乱，彼此之间的衔接和配合缺少协同，相比之下，同样具有战略地位的教育事业相关法律建设要完善得多（刘凤朝和孙玉涛，2007）。因此，中国需要进

表5-2　1978～2017年中国海洋经济政策法规分类分年统计

年份	主要海洋产业政策								海洋科技管理服务业政策			综合海洋经济政策	合计
	海洋渔业政策	海洋矿业政策	海洋交通运输政策	海洋油气业政策	海洋船舶工业政策	海洋工程建筑政策	海洋电力业政策	海水利用业政策	海洋科技政策	海洋资源环境保护政策	海域管理政策		
1978			D										D
1979	B+D												B+D
1980	C		2D										C+2D
1981													
1982				2B						A			A+2B
1983	C		A+C	C						2B			A+2B+3C
1984	D		D										2D
1985	D		C			2B+C							2B+2C+D
1986	A+D		2C	C+D									A+3C+2D
1987	B		B+D										2B+D
1988	B		D							B			2B+D
1989	2C		B	B	D	B							3B+2C+D
1990	C		2B+6C+3D	C	2C					B+C			3B+11C+3D
1991	C		2C+D							C			4C+D
1992	C		A+2B+C+4D			C							A+2B+3C+4D
1993			2B			C				B+C	C		3B+3C
1994			B		C					B	D		2B+C+D
1995			B							C			B+C
1996		A	3C+2D			2C			B			D	A+B+5C+3D
1997	D		2C+2D	C+D						C+D	D		4C+6D
1998	2D		B							C	C	D	B+2C+3D
1999	C+2D	C+D	C							2C+2D			5C+5D

续表

年份	主要海洋产业政策								海洋科技管理服务业政策				合计
	海洋渔业政策	海洋矿业政策	海洋交通运输政策	海洋油气业政策	海洋船舶工业政策	海洋工程建筑政策	海洋电力业政策	海水利用政策	海洋科技政策	海洋资源环境保护政策	海域管理政策	综合海洋经济政策	
2000	C		D								2D		C+3D
2001	C+D		B+C+D						D		A		A+2B+2C+3D
2002	C	D								2D	3D		C+6D
2003	C+D		A+B+2C+D							D	D	D	A+B+3C+5D
2004			3C		D	C				C	D	D	5C+D
2005					D			D					2D
2006	D			C		D			D	B	4D		B+C+7D
2007	D	D	C			2C				B	A+D		A+B+3C+3D
2008									D	D	D	D	4D
2009	C		3C	C	2D					A+B	D		A+B+5C+3D
2010							D			C		D	C+2D
2011	C	D	C	D		D	D		2D	C		D	3C+6D
2012	D		2C		D			4D		B+D	C	D	B+3C+9D
2013	2D											3D	C+5D
2014			2D			D			D	4D			8D
2015			D				D		D	D			4D
2016			3C	D			2D	D			D		3C+5D
2017			C									D	C+D
合计	A+3B+14C+16D	A+C+4D	3A+13B+37C+23D	4B+6C+5D	3C+5D	3B+8C+3D	5D	6D	B+7D	2A+10B+11C+13D	2A+3C+16D	12D	9A+34B+83C+115D

一步加强海洋交通运输政策的战略统筹，提升其效力等级及协同性。

海洋资源环境保护政策的数量仅次于海洋交通运输政策，其政策目标是在保护海洋生态环境的前提下合理利用海洋资源，追求海洋经济的可持续发展。海洋资源及其生态环境是海洋经济赖以发展的基础，海洋资源环境保护政策的实施可以直接为主要海洋产业发展提供所需的海洋资源，为海洋生态环境的保护提供制度保障；此外，与主要海洋产业相关的资源保护政策、环境监测预报政策也有力地促进了主要海洋产业的发展。从统计结果看，海洋资源环境保护政策同样存在效力等级较低、稳定性和权威性不高的问题，提升效力等级也是当务之急；同时，此类政策的协同性和可操作性不强。当前，从海洋环境法律体系的结构来看，整体上缺乏作为主导的"海洋纲要法"，细节上缺少体系化的特定环境保护法规；已有法律法规大多针对某一具体海事领域，海洋资源利用与环境保护在各海事领域缺乏协调，由此造成此类相关法规数量庞杂，却未形成合力。因此，应积极起草能协调多方利益的"海洋纲要法"，从而完善海洋资源与环境保护的法律体系（唐先博和黄明健，2017）。

海洋渔业政策数量居第三位。1986年通过的《中华人民共和国渔业法》，为促进渔业发展和调整渔业生产关系提供了有效的法律保障。从统计结果看，海洋渔业政策同样存在效力等级较低、稳定性较差的情况。与海洋资源环境保护政策相比，通过分析各项政策法规的效力等级和上下位关系，海洋渔业政策之间的协同性要强于海洋资源环境保护政策；与海洋交通运输政策相比，通过分析上下位关系及具体法规内容，海洋渔业政策的可操作性更强。

海域管理政策数量居第四位，这些政策中3/4以上是部门规范性文件，虽然政策效力等级较低，但2007年3月16日由第十届全国人民代表大会第五次会议审议通过的《中华人民共和国物权法》，使得海域管理政策的效力等级得到了显著提升（在本研究的所有政策样本中，只有《中华人民共和国物权法》是由全国人民代表大会审议通过的）。海域管理法律制度的确立是中国海洋管理的一个重要里程碑。

海洋油气业政策和海洋工程建筑政策都没有出台相关的法律，法律效力等级低，在调整相应领域的生产关系时效力有限，对于未来发展缺乏强有力的制度保障。而海洋科技政策仅有的一部行政法规是1996年6月18日发布的《中华人民共和国涉外海洋科学研究管理规定》，共十五条，大部分内容与行政审批有关，对实现"促进海洋科学研究的国际交流与合作"的政策目标效用有限，也无相关政策体系可言。

海洋矿业政策中，1996 年修正的《中华人民共和国矿产资源法》中明确规定了开采领海及中国管辖的其他海域的矿产资源，需由国务院地质矿产主管部门审批，并颁发采矿许可证；海洋船舶工业政策没有出台相关的法律法规，政策效力更低。政策法规的出台与相应产业的发展是密切相关的，海洋电力业政策和海水利用业政策仅有部门规范性文件，这与此类产业的发展阶段直接相关。

综上，海洋经济政策总体上法律效力不强，在一定程度上存在结构错位问题，高低效力等级政策之间不能较好匹配，没有形成完善有效的政策体系，影响了政策的约束力和操作性，优化等级结构和构建政策体系是海洋经济政策需要解决的关键问题。

5.2.3 1949～2017 年中国海洋经济政策历史演进

海洋经济政策的演进与海洋经济所处的发展阶段和特点直接相关。本节在对海洋经济政策进行时间序列统计分析的基础上，综合中国海洋经济发展史、改革阶段、依法治国的进程，将 1949～2017 年中国海洋经济政策的演进过程划分为六个阶段，其中 1964 年、1978 年、1993 年、2003 年和 2011 年为分界点，以国家海洋局的成立和四个重要文件的颁布为标志。1964 年国家海洋局的成立标志着中国海洋经济的发展和政策制定进入一个更加有序、统一的阶段；1978 年邓小平为十一届三中全会所做的《解放思想，实事求是，团结一致向前看》主题报告是中国改革开放的宣言书；1993 年国家海洋局和财政部颁布的《国家海域使用管理暂行规定》标志着海洋经济进入综合管理阶段；2003 年国务院批准发布的《全国海洋经济发展规划纲要》是首个指导全国海洋经济综合发展的宏观规划；2011 年 3 月 16 日，国家发展和改革委员会发布《中华人民共和国国民经济和社会发展第十二个五年规划纲要》，首次在五年规划中明确提出"推进海洋经济发展"。为了清晰地反映海洋经济政策的演进，同时考虑到 A、B 等级和 C、D 等级数量之间的差距，本节用比例图来反映 1978～2017 年的 241 项海洋经济政策的时间序列变化，如图 5-1 和表 5-2 所示。

综合中国海洋经济发展史、改革阶段、依法治国的进程，将 1949～2017 年中国海洋经济政策的演进过程划分为六个阶段。

1. 1949～1963 年：中国海洋经济政策的恢复和确立时期

这一阶段的海洋经济政策相对稳定，主要体现在颁布行业管理条例，致力于恢复和发展传统海洋产业（海渔、海运和海盐）。海洋产业按国有和集体经济

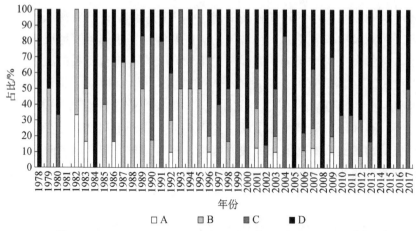

图5-1　1978～2017年中国海洋经济政策结构比例变化趋势图

实行计划体制，一些影响国家长远发展的重要产业（海洋矿业和海洋电力业）受到高度控制；而海洋渔业开始探索渔业合作社生产制，政策上逐渐将管理权下放；海盐实行多种所有制形式；国有企业主导海运，同时鼓励私有企业向国家资助航运方向发展。在海洋科技政策方面，实施近海资源综合调查，为海洋战略性新兴产业奠定基础，至今，海洋化工业和海洋矿业受益于此。另外，禁渔等渔业资源保护政策开始在特定海域施行。这一时期经济上不得不面对封锁而自力更生，海洋经济为适应社会主义道路而调整，体现出计划经济的特点，且大部分海洋产业受到严格控制（Jiang et al.，2014）。

2.1964～1977年：中国海洋经济政策的曲折过渡时期

1964年国家海洋局作为专门的海洋管理机构成立，但由于社会历史问题，海洋经济政策是不充分的。这一时期海洋经济政策开始重视海洋环境保护，这在很大程度上反映了经济萧条和海洋产业发展的停滞。

3.1978～1992年：中国海洋经济政策的快速发展时期

十一届三中全会实行改革开放政策后，中国政府对沿海地区的海洋经济发展采取了不均衡发展战略。东部沿海地区因区位优势优先得到发展，海洋经济成为国民经济的重要补充。由于对外开放政策，一些海洋产业在这段时期被放松管制，被鼓励对外合作。这一时期的海洋经济政策在整体数量上快速增加，以海洋交通运输政策和海洋渔业政策为主，1978～1981年海洋油气业政策和海洋资源环境保护政策处于酝酿阶段，1981年后海洋油气业政策和海洋资源环境保护政策数量均有所增加；1978～1984 年海洋船舶工业政策和海洋工程建筑政策处于酝酿阶段，1984 年后二者均有增加；而海洋矿业政策、海洋电力业政策、海水利用业政策和海域管理政策仍处于酝酿阶段。这一时期的海洋经济政策演进集中于个别产业，缺乏全面的政策体系，概括起来主要体现出以下三方面特点。

（1）海洋经济政策更具开放性。随着改革开放的逐步推进，中国海洋经济政策更多地适应外贸需要并面向国际交流与合作。中国政府于 1988 年基本取消了海运的"货载保留"政策，于 1990 年允许外国船公司在中国从事国际班轮航运业务，并先后出台了一系列配套政策性法规[①]；1992 年 11 月颁布了《中华人民共和国海商法》，它是在改革开放深入发展的情况下，为适应社会主义海上运输市场的需要、调整平等主体间的民事关系而制定的民法特别法（司玉琢和朱曾杰，1992）。此外，中国政府在海洋石油和海洋工程建筑方面也先后出台了相关政策法规，以扩大国际经济技术合作，加快海洋石油开采和港口码头建设[②]。

（2）海洋经济政策调节更加注重市场机制的作用和充分激发市场主体的积极性。交通部于 1985 年发布的《港口国际集装箱码头管理暂行规则》，规定要按照政企分开的原则，对国际集装箱码头进行公司制专业化经营；国务院于 1982 年 1 月颁布的《中华人民共和国对外合作开采海洋石油资源条例》，规定了利用外国资金和技术开采中国海上石油资源的方针、政策和措施，此后出台的相关政策法规[③]，从税收减免和矿区资源使用者付费的角度体现市场机制。

（3）海洋资源的开发利用进入新阶段，海洋经济政策更趋多元。除上述政策法规外，1990 年物资部和交通部先后出台了《物资部拆船安全生产与环境保护工作的规定》和《交通部拆船工作管理办法》，确保对拆船工作的安全生产和管理，防止海域污染。1990 年国务院颁发《盐业管理条例》，规定了国家对盐资源拥有所有权并进行保护，对盐业生产实行计划经营管理。此外，这一时期的政策在海洋环境和资源保护方面取得了突破性进展。1983 年 3 月 1 日《中华人民

---

①　配套政策性法规包括《国际船舶代理管理规定》（1990 年 3 月 2 日发布，1990 年 4 月 1 日施行，失效）、《国际班轮运输管理规定》（1990 年 6 月 20 日发布，1990 年 7 月 1 日施行，失效）、《中华人民共和国海上国际集装箱运输管理规定》（1990 年 12 月 5 日发布施行，失效）、《关于外商参与打捞中国沿海水域沉船沉物管理办法》（1992 年 7 月 12 日发布施行，已被修订）等。

②　相关政策法规包括《中华人民共和国对外合作开采海洋石油资源条例》（1982 年 1 月 30 日发布施行，已被修订）、《关于对外合作开采海洋石油资源资料管理的规定》（1983 年 4 月 19 日发布，现行有效）、《中华人民共和国国务院关于中外合资建设港口码头优惠待遇的暂行规定》（1985 年 9 月 30 日发布施行，失效）等。

③　政策法规包括《海关总署、财政部关于中外合作开采海洋石油进出口货物征免关税和工商统一税的规定》（1982 年 4 月 1 日发布施行，失效）、《开采海洋石油资源缴纳矿区使用费的规定》（1989 年 1 月 1 日发布施行，失效）等。

共和国海洋环境保护法》开始生效，此后又相继出台的一系列配套法规，从具体海事领域着手进行海洋环境保护[①]；1986年颁布的《中华人民共和国渔业法》，开始渔业资源管理合法化程序，确立了捕捞许可证制度并对渔具的使用和管理做出规定，突出对渔业资源和渔业生态环境的保护。

4. 1993~2002年：中国海洋经济政策的体系化建设时期

海洋经济越来越成为国民经济的重要组成部分。中国政府自1993年特别加强了海域使用管理和海洋功能区划工作，对海洋经济的管理也逐渐由分散向综合转变，海岸带综合管理对促进沿海城市的全面可持续发展影响深远（Yeo et al.，2015）。这一时期海洋经济政策在数量上比上一时期还多，以海洋交通运输政策、海洋资源环境保护政策、海洋渔业政策和海域管理政策为主，1993~1995年海洋矿业政策处于酝酿阶段，1995年后有所增加；海洋船舶业政策和海洋工程建筑政策数量下降，海洋科技政策数量增加；海域管理政策数量明显增加，以1993年《国家海域使用管理暂行规定》为起点，标志着海洋经济进入综合管理阶段。而海洋电力业政策、海水利用业政策仍处于酝酿阶段。这一时期，海洋经济政策的特点主要体现在以下三方面：

（1）推进海域使用管理制度建设的政策陆续出台，且自成体系。海域使用管理制度的建设可分为三个阶段：第一阶段，1993年颁布的《国家海域使用管理暂行规定》，标志着海域使用管理进入了有章可循的阶段；在明确国家海域所有权的基础上，提出了"海域使用权"的概念，具体规定了海域使用许可和海域有偿使用两项制度，使海域使用秩序得到初步规范。为配合海域使用管理的实施，一系列政策法规先后出台[②]。第二阶段，2001年颁布的《中华人民共和国海域使用管理法》，标志着海域使用管理进入有法可依的阶段。《国家海域使用管理暂行规定》属于部门规章，法律效力较低，推行阻力较大；《中华人民共和国海域使用管理法》强化了海洋综合管理和海洋管理法制化建设，并在海域属于国家所有的基础上，确立了海洋功能区划、海域权属管理、海域有偿使用三项基本制度，为建立中国海洋经济的社会主义市场机制创造了有利条件。此后

---

① 相继出台的配套法规包括《中华人民共和国防止船舶污染海域管理条例》（1983年12月29日发布施行，失效）、《中华人民共和国海洋石油勘探开发环境保护管理条例》（1983年12月29日发布施行，现行有效）、《防止拆船污染环境管理条例》（1988年5月18日发布，已被修订）、《中华人民共和国防治海岸工程建设项目污染损害海洋环境管理条例》（1990年6月25日发布，已被修订）等。

② 政策法规包括《关于开展海域使用管理示范区工作的意见》（1997年7月28日发布施行，现行有效）、《海域使用可行性论证管理办法》（1998年10月29日发布施行，失效）、《第二批海域使用管理示范区建设意见》（2000年12月20日发布施行，现行有效）等。

出台的一系列配套政策法规中①，国务院于 2002 年批准的首部《全国海洋功能区划》具有强制执行的法律效力，它是海域使用管理和海洋环境保护的重要依据，为在全国实行海洋功能区划制度奠定了基础。在此基础上，国务院于 2003 年批准的《省级海洋功能区划审批办法》、于 2012 年批准的《全国海洋功能区划（2011—2020 年）》，都是合理开发和利用海洋资源、有效保护海洋生态环境必须遵守的法律基础（Lu et al.，2015）。第三阶段，2007 年全国人民代表大会通过的《中华人民共和国物权法》，标志着海域使用管理进入了物权管理阶段。

　　（2）各类海洋经济政策得到补充和发展，政策更加体系化。以渔业政策为例，其体系化建设不断增强。中国渔业政策在改革开放后发生了三次重大调整，首先，1979 年发布的《渔业许可证若干问题的暂行规定》，制度上从"自由入渔"向"投入控制"转变；其次，1986 年发布的《中华人民共和国渔业法》，开始了渔业资源管理法制化进程；最后，1996 年中国批准的《联合国海洋法公约》，制度上从"投入控制"向"产出控制"过渡（同春芬和安招，2013）。在"投入控制"方面，自 1979 年 7 月 20 日新的捕捞许可证被启用后，农业部先后于1997 年和 2003 年分别出台《农业部远洋渔业企业资格管理规定》和《远洋渔业管理暂行规定》，对远洋渔业项目的建立和审批、远洋渔业企业资格审批等做出明确规定②；并于 2002 年 8 月发布了《渔业捕捞许可管理规定》（此后不断修订），以部门规章的形式将这一制度固定下来。在"产出控制"方面，1995 年以来，伏季休渔制度在东海和黄海实施，规定伏季休渔期间在特定水域一些渔业活动不得进行，以保护渔业资源（同春芬和安招，2013）。另外，《中华人民共和国水生野生动物保护实施条例》、《中华人民共和国自然保护区条例》和《中华人民共和国水生动植物自然保护区管理办法》等法规为水生动植物依法划定自然保护区，使渔业资源保护区制度得以实施。需强调的是，《中华人民共和国渔业法》在 2000 年进行了较大修改，重点扶持养殖业发展、严格捕捞业管理、加强渔业资源增殖和保护，确立了养殖使用证、实施捕捞许可和限额、征收渔业资源增殖保护费等制度。

　　（3）突出保护海洋生态和人与自然和谐发展，强化海洋环境保护。1995 年

---

　　① 配套政策法规包括《海域使用申请审批暂行办法》（2002 年 4 月 5 日发布，2002 年 5 月 1 日施行，失效）、《海域使用权登记办法》（2002 年 7 月 12 日发布，失效）、《全国海洋功能区划》（2002 年 9 月 10 日发布施行，现行有效）、《临时海域使用管理暂行办法》（2003 年 8 月 20 日施行，现行有效）、《海域使用金减免管理办法》（2006 年 7 月 5 日发布，现行有效）、《海域使用权管理规定》（2006 年 10 月 13 日发布，2007 年 1 月 1 日施行，现行有效）等。

　　② 《远洋渔业管理规定》自 2003 年 6 月 1 日施行，同时废止 1998 年 3 月 3 日发布的《农业部远洋渔业企业资格管理规定》和 1999 年 7 月 20 日发布的《远洋渔业管理暂行规定》。

发布的《海洋自然保护区管理办法》，为海洋自然保护区的建设与管理提供了细则；1996 年出台的《中国海洋 21 世纪议程》，在海洋科技方面为海洋经济可持续发展和海洋资源环境保护提供了指导。1999 年修订的《中华人民共和国海洋环境保护法》，确立了排污收费制度，深刻总结了《中华人民共和国海洋环境保护法》原法自 1983 年实施 16 年来取得的一系列成功经验，标志着中国海洋事业发展进入了新的历史时期（姜旭朝，2008）。此后，政府相继出台了海洋资源环境保护和海洋石油开发环境管理等一系列法规[①]。

5. 2003～2010 年：中国海洋经济政策的全面发展时期

2003 年 5 月 9 日发布的《全国海洋经济发展规划纲要》，是国务院为加强各主要海洋产业的统筹发展而颁布的首份纲领性文件，标志着海洋经济进入全面发展时期。这一时期各类海洋经济政策均有出台，尤其是海洋电力业政策、海水利用业政策、综合海洋经济政策，在数量上仍以海洋交通运输政策、海域管理政策和海洋资源环境保护政策居多。这一时期，海洋经济政策的特点主要体现在以下三个方面：

（1）中国的海洋经济政策逐渐涉及国家战略规划。政府出台了一系列政策，以适应海洋经济的发展需要并进行宏观经济调控。同时，海洋产业调查和统计分析得到了很大改善，使得一些政策更加务实（Jiang et al.，2014）。除了《全国海洋经济发展规划纲要》，2008 年 2 月发布的《国家海洋事业发展规划纲要》是中华人民共和国成立以来海洋领域的首个总体规划，以促进全国海洋事业的全面、协调、持续发展。2006 年发布的《海洋及相关产业分类》（GB/T 20794—2006）为海洋产业的分类统计口径提供了国家标准，为海洋经济实现理性增长和有效管理提供了重要的决策基础和政策制定参考（Song et al.，2013）。

（2）更加注重推动海洋经济法制化建设和制度化管理，尤其是海洋运输工作的法制化建设得到进一步加强。2001 年 12 月发布的《中华人民共和国国际海运条例》和 2003 年 1 月发布的《中华人民共和国国际海运条例实施细则》，旨在规范国际海上运输活动，维护市场秩序和保障合法权益。2003 年 6 月发布的对中国依法管理港口有里程碑意义的《中华人民共和国港口法》，确立了由地方政

[①]　先后出台的法规包括《海洋环境预报与海洋灾害预报警报发布管理规定》（1993 年 9 月 8 日发布施行，失效）、《中华人民共和国自然保护区条例》（1994 年 10 月 9 日发布，已被修订）、《近岸海域环境功能区管理办法》（1999 年 12 月 10 日发布施行，已被修订）、《海洋石油开发工程环境影响评价管理程序》（2002 年 5 月 17 日发布施行，失效）、《海洋石油平台弃置管理暂行办法》（2002 年 6 月 24 日发布施行，现行有效）、《海洋石油开发工程环境影响后评价管理暂行规定》（2003 年 10 月 27 日发布施行，现行有效）等。

府直接管理并实行政企分开的港口运行机制，建立了港口保护和安全管理制度，保证了港口良好的公共环境、港口市场准入制度和行为规则、港口市场的公平和有序发展。《中华人民共和国港口法》对港口的规划、建设、维护、经营、管理及其相关活动进行了全面规范，是我国水路运输法律体系中的一部"龙头法"。该法的出台结束了我国港口行业长期以来无法可依的历史，填补了港口立法的空白（叶红军，2003）。2004 年 6 月 1 日施行的《港口经营管理规定》，为贯彻落实《中华人民共和国港口法》和做好港口经营管理工作提供了具体制度保障。2004 年 6 月 1 日施行的《外商投资国际海运业管理规定》（《中华人民共和国国际海运条例》的配套规章），有利于规范外商在华投资经营国际海运及其相关辅助业的活动，也有利于履行中国加入世界贸易组织（World Trade Organization，WTO）海运服务承诺，进一步规范外商投资国际海运业的市场准入管理（熊伟，2004）。另外，2007 年发布的《中华人民共和国物权法》，确立了渔业养殖权和捕鱼权为用益物权，以保护海洋渔业的合法权益；同时，以民事基本法律的形式确立了海域物权制度，实践中海域使用权已成为与建设用地使用权性质相同的用益物权。2009 年发布的《中华人民共和国海岛保护法》，结束了中国海岛保护无法可依的历史，将对实现中国海岛资源生态永续利用产生深远影响（王永生，2010）。

（3）相关政策已开始向海水淡化等海洋战略性新兴产业倾斜。2005 年 8 月发布的中华人民共和国成立后首个《海水利用专项规划》，天津、大连、青岛被确定为国家海水淡化综合利用城市和产业化示范基地；2010 年 1 月发布的《海上风电开发建设管理暂行办法》，为规范海上风电的开发建设管理提供了指导；2010 年 5 月发布的《海洋可再生能源专项资金管理暂行办法》，对加强海洋可再生能源专项资金管理提出了要求。

6. 2011 年至今：中国海洋经济政策的国家战略时期

海洋经济的快速发展将促进国民经济的发展，发展海洋经济逐渐成为国家战略。2010 年 10 月 18 日发布的《中共中央关于制定国民经济和社会发展第十二个五年规划的建议》，明确将"发展海洋经济"上升为国家发展战略；《中华人民共和国国民经济和社会发展第十二个五年规划纲要》明确将"推进海洋经济发展"单列一章。这一时期，海洋经济政策主要体现出以下三个方面特点：

（1）更加注重海洋经济的综合发展，重点扶持海洋战略性新兴产业的发展。海洋产业以供应链协同为基础，其战略性新兴产业正在逐步扩大（Jiang et al.，2014）。2012年9月发布的《全国海洋经济发展"十二五"规划》，是继2003年后再次推出的新一轮全国海洋经济综合性规划。依据该规划，"十二五"期间，中国将优化海洋经济总体布局、改造提升传统海洋产业、培育壮大海洋新兴产业等（徐丛春和朱凌，2015），其配套产业规划涉及较多的战略性产业[①]，海洋工程装备制造业的发展规划，旨在提高海洋产业综合竞争力，并带动相关产业发展；海水淡化产业的发展规划，旨在推进全国海水淡化科技创新，促进海水淡化产业发展；2013年4月发布的《生物产业发展"十二五"规划》，将海洋生物产业列为重点发展领域之一；2010年5月发布的《海洋可再生能源专项资金管理暂行办法》，通过实施海洋可再生能源专项资金项目，推动该领域技术和产业化发展。另外，2013年发布的《国家海洋事业发展"十二五"规划》和2017年发布的《全国海洋经济发展"十三五"规划》，是促进海洋经济和海洋事业全面发展的综合规划。

（2）更加注重海洋经济政策的体系化制定和协同实施。在"十二五"期间，海洋工程装备制造业和海水利用业等多个部门联合发布了多项政策规划文件，充分体现出政策制定的连贯性及整体性。2013年3月设立的国家海洋委员会[②]，专门研究和制定国家海洋发展战略并统筹协调海洋重大事项，为海洋经济政策的协同实施提供了条件。

（3）更加注重海洋生态资源保护与海洋经济发展的协调。在十八大加快推进生态文明建设的要求下，经过修订并于2015年1月1日实施的《中华人民共和国环境保护法》明确了"保护环境是国家的基本国策"，据此2016年11月由全国人民代表大会常务委员会做了较大修订的《中华人民共和国环境保护法》主要体现出三方面亮点：一是海洋环境保护的基本制度新增生态保护红线和海洋生态补偿制度；二是海洋主体功能区规划的地位和作用第一次以法律形式确立下来；三是不设上限地加大对海洋环境违法行为的处罚。

---

① 配套产业规划包括2011年8月发布的《海洋工程装备产业创新发展战略（2011—2020）》，2012年2月发布的《海洋工程装备制造业中长期发展规划》，2014年4月发布的《海洋工程装备工程实施方案》，2012年2月发布的《关于加快发展海水淡化产业的意见》，2012年8月发布的《海水淡化科技发展"十二五"专项规划》，2012年9月发布的《关于促进海水淡化产业发展的意见》，2012年12月发布的《海水淡化产业发展"十二五"规划》（第一个特定海洋产业的"五年规划"）。

② 2013年3月十二届全国人大一次会议上提出设立的国家海洋委员会，由国家海洋局、国家发展和改革委员会、外交部、国土资源部、科技部等13个部委（局）组成，以研究和制定国家海洋发展战略，统筹和协调海洋重大事项为主要责任，并由重组后的国家海洋局承担具体工作，这次机构改革为海洋经济政策的协同实施提供了条件。

5.3　中国海洋经济政策演进的特征

从制度经济学的角度分析，中国过去近四十年的改革开放事业，是沿着一条典型的"斯密—奥尔森—熊彼特增长"之路前行的，即加入了人的主观能动创新因素的斯密—奥尔森增长（张宇燕和冯维江，2017）。对 1949～2017 年中国海洋经济政策的演进过程进行总结，可以发现中国海洋经济政策整体变迁呈现以下基本特征。

1. 海洋经济政策的适应性效率（adaptive efficiency）显著提升

一个社会或经济体系在多大程度上能鼓励试验、实验和创新（即适应性效率），整体的制度结构对此起着决定性作用（诺思，2008）。中国在改革进程中形成的"政策作先导-法律相跟进"的结构形塑着正式制度的变迁（何啸，2014），根植于制度框架内的各种激励带动了"干中学"的过程以及默会知识的发展，使得适应性效率明显提升；适应性效率为分散化决策过程的发展提供了激励，而分散化决策过程可以让社会尽力去发掘各种解决问题的办法。1978 年以来，中国海洋经济政策的适应性效率得到显著提升（诺思，2008）。

从政策内容来看，1978 年以来，鼓励试验增多，企业独立经营；实施价格改革逐步完善市场价格体制，促进交易（王学庆，2013）；放宽行政管制，发展市场；实行法制，完善制度。以海洋交通运输政策法为例，为适应进出口集装箱运输业务的发展，并规范相关业务，海关总署先后出台一系列政策法规对相关海运业务做出相应的规定[①]。为适应对外经贸和国际航运发展需要，交通部门先后颁布一系列法规[②]，对国际船舶代理业务、国际班轮客货运输、国际集装箱运输做出有关规定，并颁布条例保护海运市场公平竞争，维护市场秩序。在海洋交通运输价格开放政策上，交通部于 1980 年 9 月发布了《交通部关于国外进出口货物装卸费计收办法的补充规定的通知》。由于改革初期价格结构严重扭曲，为避免全面放开价格带来剧烈的利益关系变动和不可控的价格改革冲击，需要采取调整价格的办法（张卓元，2008）。根据国务院批准的相关政策

---

① 为适应进出口集装箱运输业务的发展并加强监管，海关总署于 1983 年 8 月发布《中华人民共和国海关对进出口集装箱和所装货物监管办法》、1986 年 6 月发布《中华人民共和国海关对用于运输海关加封货物的国际集装箱核发批准牌照的管理办法》；为进一步规范集装箱运输业务，海关总署于 2004 年 1 月发布《中华人民共和国海关对用于装载海关监管货物的集装箱和集装箱式货车车厢的监管办法》，施行之日同时废止前述两个办法。

② 为适应对外经贸和国际航运发展需要，交通部于 1990 年 3 月发布《国际船舶代理管理规定》、同年 6 月发布《国际班轮运输管理规定》，国务院于 1990 年 12 月发布《中华人民共和国海上国际集装箱运输管理规定》；随着国际海运的快速发展，国务院于 2001 年 12 月颁布《中华人民共和国国际海运条例》，以保护公平竞争，维护市场秩序，此条例于 2013 年 7 月、2016 年 2 月两次被修订。

规定①，航行国际航线船舶的代理费、理货费等费收标准被上调。但调整价格因没有改变价格形成机制，不久后由于供求关系等因素变化，原来顺畅的价格关系会出现新的扭曲。市场经济需要法制作保障，市场化价格改革并非简单地把价格放开，实行市场价格体制，市场主体价格行为也要依法进行规范（张卓元，2008）。为放宽管制以发展市场，交通部于1994年3月发布的《关于废止900件交通规章和规范性文件的决定》废止了大多数前述费收政策文件。1998年5月1日施行的《中华人民共和国价格法》，是中国价格法律体系中最根本的法律，对巩固并深化价格改革和规范价格行为有重要意义。

从政策工具的使用来看，由改革开放初期以行政工具为主（采用行政命令、指示、规定等）转变为以经济工具（运用价格、财政、税收、利润、资金、罚款）和行政工具相辅相成的多元政策工具系统；从政策的表现形式来看，由改革开放初期以行政法规、规定、命令为主转变为以规划、意见、办法等为主体和以法律法规为支撑的相辅相成的形式。

2. 海洋经济政策演进的过程是渐进的

在动态的、充满不确定性的世界里，制度变迁是历史的常态，是社会发展的必然。从惯例、行为准则到成文法、个人契约，制度总是处在演化之中，不断改变着我们的选择集合。变迁通常由对构成制度框架的规则、规范和实施的复杂结构的边际调整所组成。制度变迁是对社会运行秩序的变更，其本质上是对社会中人们之间各种相互关系的重构或者利益在不同组织之间的重新分配（诺思，2008）。重大的制度变迁发生在"大危机"时期，因为危机极大地削弱了利益集团维持现状的能力（刘和旺，2006）。中国改革开放正是在"文化大革命"后启动的，这导致海洋经济政策产生了不连续性的变迁；但纵观整个历史时期，中国海洋经济政策的演进是渐进的。

以海洋运输为例，我们可以观察到一个计划体制向市场体制转型的过程，以及与之相应的制度框架的渐进性重构过程。在实行计划经济的年代，中国海运业是由水运部门独家垄断的。1984年发布的《关于改革我国国际海洋运输管理工作的通知》，对远洋运输企业实行简政放权，使企业成为独立经营的经济实体；这一举措推动中国远洋运输公司向企业化发展，引入了竞争机制，打破了远洋运输只由交通部直属船队独家经营的局面，允许更多的海运企业共同参与

---

① 交通部于1990年5月发布施行的《航行国际航线船舶及国外进出口货物港口费收规则》和《国际航线集装箱港口费收办法》及于1991年3月发布的《交通部关于调整外贸船舶和货物港口费收标准的通知》。

远洋运输。1985 年 2 月发布的《港口国际集装箱码头管理暂行规则》，明确规定"政企分开的原则，设集装箱公司"；远洋运输在国家政策保护之下仍对国内拥有垄断能力，但实行了政企分开。20 世纪 80 年代国家开始对海运企业进行管理体制改革，通过实行下放责权、鼓励多家竞争经营的市场化政策，促成集体和个体共同兴办航运企业的局面，但企业之间竞争不大，各企业有明确的航区经营分工，仅仅允许一定程度上的交叉经营。实际上，远洋运输工作在整个 80 年代还是以交通部直属船队为主。

20 世纪 80 年代中后期，海运政策进行了重大调整。对国内企业，积极鼓励社会各界兴办水运，凡经批准的企业均可经营，从而打破了水运部门独家垄断的局面，有效缓解了运力紧张的局面，也提高了航运企业的市场意识和竞争意识。在此基础上，1992 年 7 月发布的《关于深化改革、扩大开放、加快交通发展的若干意见》，进一步拓展了国内航运企业的自主经营权限，使企业在市场竞争及自身发展过程中拥有更多的主动权；同年 11 月发布的《国务院关于进一步改革国际海洋运输管理工作的通知》，对从事国际海运业务行业及部门的限制条件进一步放宽，提出凡符合开业条件、合法经营的企业，经批准均可建立船公司，从事国际海洋运输业务。对外资企业，参照国际惯例，逐步取消了原有的一些限制措施，实施全方位的开放政策。国务院口岸领导小组于 1988 年规定当年起取消"货载保留"政策，仅在与巴西、泰国、孟加拉国、扎伊尔（现刚果）、阿尔及利亚、阿根廷、美国 7 国签订的双边海运协定中尚有部分残留的货载分配条款。但由于在实践中这些协议很难执行，交通部自 1996 年起在新签双边海运协定中，不再保留货载保留的内容。也就是说，我国已经完全放弃了"货载保留"政策。

在诺思的制度变迁理论中，"制度就是人为设计的各种约束，它建构了人类的交往行为。制度是由正式约束（如规则、法律、个人契约），非正式约束（如行为规范、传统、惯例）以及它们的实施特征构成的，它们共同决定了社会尤其是经济领域的激励结构。"在现实中，人们如何进行"博弈"是正式规则、非正式规则以及它们的实施机制共同作用的结果。因此在海运政策制度的变迁中，远洋运输只由交通部直属船队独家经营，体现出水运部门的绝对优势，但其发展在很大程度上依赖于国家的财政拨款，在国家资金紧张的条件下难以适应运输需求的迅猛增长；经济形势发生了很大变化，国际海运市场的竞争渐趋激烈，使得水运部门独家垄断的传统合约逐渐走向终结。同时，这还导致了"有水大家行船"政策的实行以及自主经营航运企业的出现。改变海运计划体制的诸种变迁与其他方面的变化（如科学技术、管理理念）长时间地交织在一起，如"单位"的习俗被稀释，二元户籍制度的限制减弱，市场经济的作用和地位也发生了变化，而这些变化是由政府与市场主体之间合约的无数次具体微小变化累积而成的，这些微小变化在整体上构成了根本性的制度变迁。

3. 海洋经济政策变迁存在一定的路径依赖

诺思将路径依赖方法引入制度分析，从心智模式、政治过程两个方面对路径依赖做了解释，并据此断言，由于经济、政治的交互作用和文化遗产的制约，制度变迁比技术变迁更复杂。诺思制度变迁的路径依赖理论经历了从"技术变迁的路径依赖"到"制度变迁的路径依赖"的发展过程。在此过程中，诺思逐渐认识到他的"制度变迁的路径依赖"与"技术变迁的路径依赖"的差别及路径依赖现象的认知-制度-经济层面的传递机制，从而形成了独具特色的制度变迁的路径依赖理论。该理论强调了政治过程影响制度选择，制度变迁是一个适应性学习的过程，制度的非效率是历史的常态（刘和旺，2006）。

从海运政策的渐进性演变可以看出，海洋运输从计划体制向市场体制的转型经历了漫长的过程，由于路径依赖和制度的报酬递增特征，可推断至今海运领域在一定程度上呈现计划与市场体制并存的状态，而且海运政策的路径依赖还呈现出地区差异。钱颖一等（1993）认为，M型组织在制度变迁过程中更灵活；相反，U型组织中强烈的地区依赖性则会使制度比较僵硬，难于有变化。从这个角度讲，U型组织发育越成熟的沿海省份，其计划体制的路径依赖越显著，其非效率的制度变迁越明显。

中国沿海地区在资源禀赋、自然环境及社会历史文化上的差异很显著，面对不同的海洋经济问题，必然会出现不同的解决办法，包括各种不同的习俗、传统以及各地所采取的政策与措施。人们没有理由认为解决问题的办法应该是类同的。然而，制度矩阵（institutional matrix）的报酬递增特征以及参与者的辅助性主观模型提示我们，虽然特定的短期路径是不可预测的，但长期的、总的方向不仅是可预见的，还是难以逆转的（诺思，2008）。

5.4　中国海洋经济政策演进的趋势

通过上述演变历程的分析，可以初步得出中国海洋经济政策的演进一方面受各个时期海洋经济现状影响，另一方面受经济社会发展和世界海洋管理的理念影响。在此基础上,结合图 5-1 和表 5-2 分析 1978~2017 年中国海洋经济政策的演进趋势,可以得出如下结论。

1. 中国海洋经济政策呈现从主要海洋产业政策单向推进向主要海洋产业政策和海洋科技管理服务业政策协同的发展趋势

这种转变体现在海洋经济政策出台的类型分布上,中国海洋经济政策的快速发展时期(1978~1992 年)以单个主要海洋产业政策的出台为主,中国海洋经济政策的体系化建设时期(1993~2002 年)、中国海洋经济政策的全面发展时期(2003~2010 年)、中国海洋经济政策的国家战略时期(2011 年至今)三个时期兼顾主要海洋产业政策和海洋科技管理服务业政策的出台。

这种转变是中国海洋经济管理从单个海洋产业的分散管理向海洋经济综合管理转变的集中体现,在管理体制上就是从原来的分部门管理到现在建立国家海洋委员会的统筹管理。历史上,海洋管理按照海洋自然资源的属性进行分部门管理,因此各管理部门依其职权各守一摊的现象突出存在(曹兴国和初北平,2016),出于自身利益最大化,很少关注海洋环境保护及与其他海洋产业协调发展所带来的整体效应。但是,随着特定海洋产业发展所需,海洋资源与海洋生态环境之间的矛盾逐渐变得突出,进而导致海域管理理念和海洋经济政策制定发生重大转变——在海洋经济综合管理下,协调海洋科技管理服务业政策与主要海洋产业政策,突出"在保护中开发"。

这种转变也是经济发展与环境保护耦合的结果。在不同的历史发展阶段,经济可持续发展能力存在显著差异,环境保护在经济增长中的贡献也不尽相同,政策内容制定需要与国家对环境保护的要求耦合。按照环境库兹涅茨曲线,在海洋经济发展水平相对较低时,海洋环境污染较轻,此时政府可通过政策倾斜引导鼓励发展特定海洋产业,在生态环境容量和资源承载能力范围内,一定时期能有效促进个别海洋产业的发展;但随着人均收入的增加,海洋环境污染加剧,并制约经济进一步发展,此时政策制定就要适时向环境保护倾斜,以期经济持续发展。由此可见,海洋经济政策结构的转变是海洋经济发展与海洋环境保护协调的结果。

2. 中国海洋经济政策呈现从政府调控向市场调节和政府调控协同的发展趋势

从使用的政策工具来看,海洋经济政策呈现由行政工具向经济工具和行政工具协同的发展趋势，是治理理念和方式的转变，是从政府调控向市场调节和政府调控协同发展转变的印证，也是政府职能转变和简政放权的体现。

首先，这种转变既是政策内容的创新，也是治理理念和方式的转变。行政工具主要采用行政方式来实施政策，政府通过行政手段干预海洋经济增长和调节涉海生产关系；而经济政策主要运用价格、利息、税收、资金、经济责任和经济合同等来组织、调节和影响政策执行者和政策对象（陶学荣和陶叡，2016）。经济工具和行政工具的协同作用产生了市场调节和政府调控协同发展的趋势。

其次，这种转变顺应了世界公共管理的潮流。政府和市场的关系，一直是学术界和管理层讨论的焦点，但实践已回答了这个问题——当今世界上所有社会都是既带有市场经济成分也带有指令经济成分的"混合经济"（mixed economy）；政府与市场都会存在失灵，关键是政府和市场如何分工，实现协调和互补（萨缪尔森，2014）。市场和计划融合的混合体制正在扩展到海洋经济管理领域，中国海洋经济政策的转变趋势顺应了这一潮流，尤其是党的十八届三中全会指出，要紧紧围绕使市场在资源配置中起决定性作用，经济体制改革是全面深化改革的重点，核心问题是处理好政府和市场的关系，使市场在资源配置中起决定性作用和更好发挥政府作用，可以预见，未来海洋经济政策的制定更应灵活运用经济工具和行政工具。

最后，这种转变是我国经济体制改革的结果，是政府职能转变和简政放权的体现，这种转变本身就体现了经济体制改革的轨迹。以海运政策为例，1979年发布的《中华人民共和国对外国籍船舶管理规则》、1983年发布的《中华人民共和国海关对进出口集装箱和所装货物监管办法》和1984年1月1日施行的《中华人民共和国海上交通安全法》及此后出台的一系列配套政策法规，典型地运用行政工具进行海运管理；而1985年发布的《港口国际集装箱码头管理暂行规则》规定政企分开，并对港口集装箱公司的主要业务范围进行说明，是公共服务部门进行公司化改造的案例，是利用市场机制解决港务问题的海运政策。据1990年发布的《国际船舶代理管理规定》①，可以分析出当时国家对公司的管制和控制力度还很大，市场准入条件较高，并对船舶代理公司可经营的代理业务进行了明确规定；此外，政府实施统一定价，还没有形成以价格机制为核心的

---

① 《国际船舶代理管理规定》规定：船舶代理业务只准由经交通部批准成立的船舶代理公司经营；船舶代理公司必须是中华人民共和国的国营企业法人；每一港口设置船舶代理公司的数量，由交通部根据港口的实际业务需要决定；船舶代理公司必须执行交通部统一规定的费收标准，不得以任何形式给予回扣或变相给予回扣。

价格管理体系。2002 年 1 月 1 日施行的《中华人民共和国国际海运条例》①，明确提出了"市场"的概念，不再体现国家统一定价的指令，体现了公司的运作。在计划经济体制下，政府通过资源所有权和实施经济政策直接干预经济活动；随着社会主义市场经济体制的建立和完善以及国有企业产权化改革的试验，政府职能发生了重要转变，政策工具和手段也进行了相应的调整，侧重利用财政、税收和金融等经济工具调控海洋经济活动。

3. 中国海洋经济政策呈现从单项政策制定向政策组合转变的发展趋势

中国海洋经济政策呈现从单项政策制定向政策组合转变的发展趋势，集中体现在政策类型之间、各类政策内部体系、综合海洋经济政策三个方面。

1978～1992 年，侧重海洋渔业政策和海洋交通运输政策的制定，主要是一些支持具体渔业活动和交通运输活动的单向政策，政策间关联较小；1993～2002 年，以海洋渔业政策、海洋交通运输政策、海洋资源环境保护政策和海域管理政策为主，海洋矿业政策、海洋油气业政策、海洋船舶工业政策和海洋工程建筑政策均有出台，进入政策类型组合阶段；2003～2010 年，各类海洋经济政策均有出台，尤其是综合海洋经济政策的出台，进入更加全面的政策组合阶段；2011 年后，海洋战略性新兴产业政策的出台成为重点，首次出台全国海洋经济发展五年规划，更强调不同政策类型之间的关联和协同，已进入全面政策组合阶段。

从单项政策制定向政策组合的转变促进了不同效力等级政策的协同。1993～2002 年，以《中华人民共和国渔业法》为上位法颁布实施了一系列海洋渔业政策法规，进入内部体系化阶段，并在中国海洋经济政策的全面发展时期（2003～2010 年）更趋完善。1993～2002 年，海运领域虽已颁布了《中华人民共和国海上交通安全法》和《中华人民共和国海商法》，但与已出台的不同效力政策法规关联性较小；《中华人民共和国海上交通安全法》受当时立法指导思想的影响，涉及面广但条文简单，在中国海洋经济政策的全面发展时期（2003～2010 年）和中国海洋经济政策的国家战略时期（2011 年至今），以《中华人民共和国海上交通安全法》为上位法出台了一系列可操作的政策法规，海运政策的内部体系化建设得到加强。1993～2002 年，海洋资源环境保护政策以《中华人

---

① 《中华人民共和国国际海运条例》规定：保护公平竞争，维护国际海上运输市场秩序；备案的运价包括公布运价和协议运价。

民共和国海洋环境保护法》为上位法进入内部体系化阶段，并在中国海洋经济政策的全面发展时期（2003～2010年）和中国海洋经济政策的国家战略时期（2011年至今）得到完善。而海域管理政策从出台开始就很重视内部体系化建设，政策法规之间的关联性较强。

2012年发布的《全国海洋经济发展"十二五"规划》及2017年发布的《全国海洋经济发展"十三五"规划》本身就是海洋经济政策组合，可见构建政策体系既能通过多项政策协同实施，也能通过单项政策系统集成。另外，根据《全国海洋经济发展"十三五"规划》，国务院有关部门、各沿海省份还要制定相应具体的实施细则和政策措施，逐步形成一个完善的政策体系。

▶▶ 第6章 中国海洋经济政策
对海洋经济发展的影响

6.1 中国海洋经济发展现状

中国沿海地区的海洋经济在发展的过程中存在经济总量、产业结构与区域分布等方面的问题，本节将对研究期内的海洋经济发展现状进行简要分析。本节研究涉及的2006～2015年数据均来源于历年《中国海洋统计年鉴》和《中国统计年鉴》。

6.1.1 海洋经济总量演变

由2006～2015年《中国海洋经济统计公报》的统计数据可知，沿海11省份海洋生产总值在绝对量上均保持了快速增长趋势，总量从2006年的21 220.3亿元增加到2015年的65 534.3亿元，增长了2.09倍，年均增长率为13.35%（按现价计算）。而2006～2015年沿海11省份GDP总量从2006年的134 802.4亿元增加到2015年的395 440.3亿元，增长了1.93倍，年均增长率为12.70%（按现价计算）。从经济总量上比较，海洋经济与地区经济总体均呈现增长态势；从增长速度上比较，海洋经济与地区经济总体均呈现较稳定的增长速度，但海洋经济的年均增长率要快于地区经济的年均增长率。从海洋生产总值所占比重分析，2006～2015年，全国海洋生产总值占GDP比重不大并基本保持在9.19%～9.84%；海洋生产总值占沿海11省份GDP比重保持在15.5%～16.5%，并处于稳定上升趋势，表明海洋经济对沿海地区经济发展的贡献作用正在逐步增大（图6-1）。

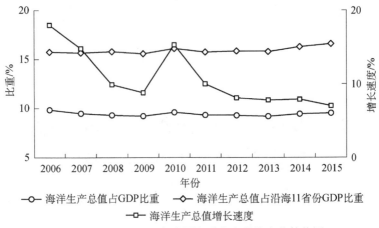

图6-1　2006～2015年中国海洋生产总值变化趋势图

6.1.2　海洋产业结构变迁

通过对沿海11省份2006～2015年的海洋三次产业结构（图6-2）及主要海洋产业结构变化分析，可以得出两点结论：一是整个海洋产业结构调整取得了一定成效。全国海洋第一产业、第二产业和第三产业比重从2006年的5.7%、47.3%、47.0%调整到2015年的5.1%、42.2%、52.7%，第一产业比重平稳保持在较低水平，第二产业比重有所下降，第三产业比重持续上升，且第二产业与第三产业比重占绝对优势。比较2006～2015年全国主要海洋产业增加值构成（表6-1）可以发现，海洋第二产业中海洋生物医药业、海洋电力业等科技含量较高的新兴海洋产业比重不断上升，海洋船舶工业和海水利用业比重上下波

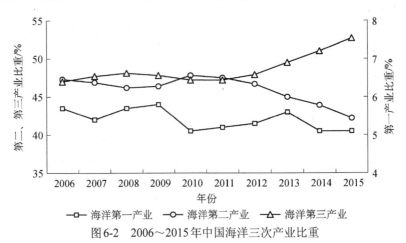

图6-2　2006～2015年中国海洋三次产业比重

动；滨海旅游业作为海洋第三产业的重要组成部分，占比总体呈升高趋势，在此期间发展迅速；受全球经济增长放缓、国际海运市场低迷及运力过剩等因素综合影响，海洋交通运输业占比在逐年缩减中趋于平稳。二是海洋产业结构进一步优化的空间仍较大。虽然海洋产业结构"三、二、一"的格局已形成，但第二产业和第三产业差距较小，格局还不稳定，还要继续在引导海洋第二产业高质量发展的基础上升级海洋第三产业，特别要追求海洋第二产业与第三产业的融合互动发展。

表6-1　2006～2015年全国主要海洋产业增加值构成　（单位：%）

年份	滨海旅游业	海洋交通运输业	海水利用业	海洋电力业	海洋工程业	海洋生物医药业	海洋化工	海洋船舶工业	海洋盐业	海洋矿业	海洋油气业	海洋渔业
2006	29.79	32.32	0.04	0.05	3.47	0.32	2.10	4.33	0.47	0.07	7.61	19.43
2007	30.82	32.04	0.04	0.05	3.75	0.42	2.24	5.26	0.45	0.07	6.61	18.25
2008	28.08	31.51	0.06	0.06	3.36	0.48	4.43	6.22	0.48	0.08	7.14	18.10
2009	33.89	24.50	0.06	0.16	5.24	0.41	3.62	7.68	0.34	0.32	4.78	19.00
2010	32.76	23.39	0.05	0.24	5.40	0.52	3.79	7.51	0.40	0.28	8.04	17.62
2011	33.08	22.36	0.05	0.31	5.76	0.80	3.69	7.17	0.41	0.28	9.11	16.98
2012	33.28	22.81	0.05	0.37	6.50	0.89	4.05	6.20	0.29	0.22	8.25	17.09
2013	34.62	22.53	0.05	0.38	7.41	0.99	4.00	5.21	0.25	0.22	7.27	17.07
2014	35.32	22.10	0.13	0.41	8.44	1.03	3.60	5.52	0.23	0.20	6.14	17.12
2015	40.54	21.02	0.05	0.45	7.73	1.10	3.59	5.38	0.15	0.24	3.66	16.09

6.1.3　海洋产业区域分布

对中国沿海11省份2006～2015年海洋生产总值进行统计分析发现（图6-3），各省份海洋生产总值均呈递增态势，但海洋经济增长的地区差异很大。研究期内海洋经济增长水平由大到小依次为：广东、山东、上海、福建、浙江、江苏、天津、辽宁、河北、广西、海南。

通过对沿海11省份2006～2015年的海洋三次产业结构变化分析（表6-2），可以得出，海洋第一产业增加值占中国沿海11省份GDP比重（图6-4）居前三位的依次为海南、广西、辽宁；海洋第二产业增加值占中国沿海11省份GDP比重（图6-5）居前三位的依次为天津、河北、江苏；海洋第三产业增加值占中国沿海11省份GDP比重（图6-6）居前三位的依次为上海、海南、浙江。其中，上海海洋第三产业占比平稳上升，海洋第二产业占比逐年下降并保持稳定，海洋三次产业占比从2006年的0.1%：48.2%：51.7%调整到2015年的0.1%：

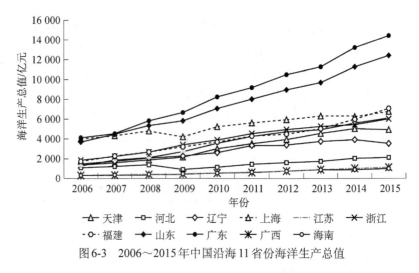

图 6-3　2006～2015 年中国沿海 11 省份海洋生产总值

36.0%：63.9%，表明上海"去二进三"的海洋产业调结构、促升级效果显著；广东海洋第二产业占比略有上升，第三产业占比略有波动但基本保持稳定，海洋三次产业占比从 2006 年的 4.4%：39.9%：55.7%调整到 2015 年的 1.8%：43.1%：55.1%，表明广东更加重视海洋第二、第三产业的发展；山东海洋第二产业占比略有下降而第三产业稍有上升，海洋三次产业占比从 2006 年的 8.3%：48.6%：43.1%调整到 2015 年的 6.4%：44.4%：49.2%，初步表明山东海洋产业向高级化方向发展。

表 6-2　2006～2015 年中国沿海 11 省份海洋三次产业结构比重　（单位：%）

年份	三次产业	天津	河北	辽宁	上海	江苏	浙江	福建	山东	广东	广西	海南
	第一产业	0.3	2.3	9.9	0.1	5.1	7.4	9.7	8.3	4.4	15.2	18.3
2006	第二产业	65.8	50.7	53.5	48.2	42.5	39.7	40.2	48.6	39.9	43.1	29.2
	第三产业	33.9	47.0	36.6	51.7	52.4	52.9	50.1	43.1	55.7	41.7	52.5
	第一产业	0.3	1.9	11.2	0.1	4.5	6.9	9.7	7.6	4.6	15.2	23.4
2007	第二产业	64.4	51.4	51.1	45.4	46.4	40.5	39.7	48.1	38.3	42.8	22.6
	第三产业	35.3	46.7	37.7	54.5	49.1	52.6	50.6	44.3	57.1	42.1	54.0
	第一产业	0.2	1.9	12.1	0.1	4.1	8.7	9.4	7.2	3.8	14.8	20.3
2008	第二产业	66.4	51.4	51.8	44.3	45.8	42.0	40.8	49.2	46.7	43.5	26.5
	第三产业	33.3	46.7	36.1	55.6	50.1	49.4	49.8	43.6	49.5	41.7	53.2
	第一产业	0.2	4.0	14.5	0.1	6.2	7.0	8.5	7.0	2.8	21.2	24.5
2009	第二产业	61.6	54.5	43.1	39.5	51.6	46.0	44.0	49.7	44.6	37.7	21.8
	第三产业	38.2	41.4	42.4	60.4	42.1	47.0	47.5	43.3	52.6	41.1	53.7

续表

年份	三次产业	天津	河北	辽宁	上海	江苏	浙江	福建	山东	广东	广西	海南
	第一产业	0.2	4.1	12.1	0.1	4.6	7.4	8.6	6.3	2.4	18.3	23.2
2010	第二产业	65.5	56.7	43.4	39.4	54.3	45.4	43.5	50.2	47.5	40.7	20.8
	第三产业	34.3	39.2	44.5	60.5	41.2	47.2	47.9	43.5	50.2	41.0	56.0
	第一产业	0.2	4.2	13.1	0.1	3.2	7.7	8.4	6.7	2.5	20.7	20.2
2011	第二产业	68.5	56.1	43.2	39.1	54.0	44.6	43.6	49.3	46.9	37.6	19.9
	第三产业	31.3	39.7	43.7	60.8	42.8	47.7	48	43.9	50.6	41.8	59.9
	第一产业	0.2	4.4	13.2	0.1	4.7	7.5	9.3	7.2	1.7	18.7	21.6
2012	第二产业	66.7	54.0	39.5	37.8	51.6	44.1	40.5	48.6	48.9	39.7	19.2
	第三产业	33.1	41.6	47.3	62.1	43.7	48.4	50.2	44.2	49.4	41.6	59.2
	第一产业	0.2	4.5	13.4	0.1	4.6	7.2	9.0	7.4	1.7	17.1	23.9
2013	第二产业	67.3	52.3	37.5	36.8	49.4	42.9	40.3	47.4	47.4	41.9	19.4
	第三产业	32.5	43.2	49.2	63.2	46.0	49.9	50.7	45.2	50.9	41.0	56.7
	第一产业	0.3	3.7	10.7	0.1	5.7	7.9	8.0	7.0	1.5	17.2	22.3
2014	第二产业	62.1	49.1	36.0	36.5	51.8	36.9	38.4	45.1	45.3	36.6	20.0
	第三产业	37.6	47.2	53.3	63.5	42.6	55.3	53.5	47.9	53.2	46.2	57.8
	第一产业	0.3	3.6	11.4	0.1	6.7	7.7	7.2	6.4	1.8	16.2	21.4
2015	第二产业	56.9	46.4	35.0	36.0	50.3	36.0	37.1	44.4	43.1	35.8	19.7
	第三产业	42.8	50.0	53.5	63.9	43.0	56.4	55.6	49.2	55.1	48.0	58.8

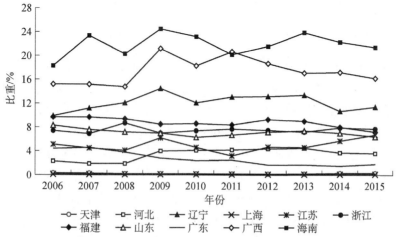

图6-4 2006～2015年海洋第一产业增加值占中国沿海11省份GDP比重

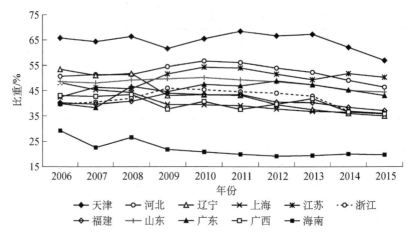

图6-5 2006～2015年海洋第二产业增加值占中国沿海11省份GDP比重

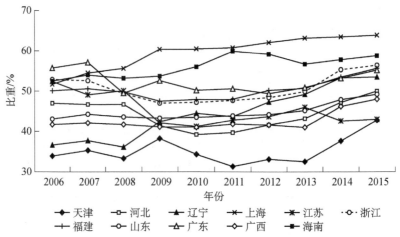

图6-6 2006～2015年海洋第三产业增加值占中国沿海11省份GDP比重

2006～2015年，中国沿海11省份海洋第一产业增加值占全国海洋第一产业比重（图6-7），山东稳居第一，福建、辽宁交替居于第二、第三，2014年和2015年浙江超越辽宁居第三位；中国沿海11省份海洋第二产业增加值占全国海洋第二产业比重（图6-8），广东在2008年超越山东居于第一，山东第二，天津多数年份居于第三，上海从2006年的第一位急剧下降后保持在第五、第六位；中国沿海11省份海洋第三产业增加值占全国海洋第三产业比重（图6-9），广东稳居第一，山东在2011年超越上海居第二位，上海则从2011年居第三位。这表明，广东海洋第二、第三产业在全国均保持绝对优势，山东海洋三次产业在全国均处于领先位置，上海海洋第二、第三产业在全国的地位有所下降但优势明显，天津海洋第二产业在全国优势显著，福建、辽宁海洋第一产业在全国优势显著。

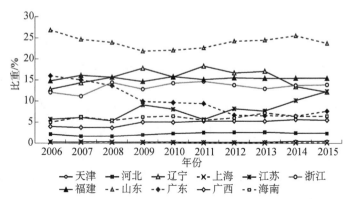

图 6-7　2006~2015 年中国沿海 11 省份海洋第一产业增加值占全国海洋第一产业比重

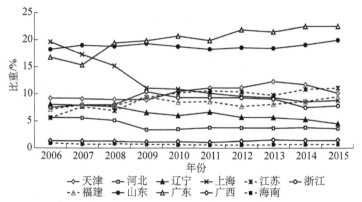

图 6-8　2006~2015 年中国沿海 11 省份海洋第二产业增加值占全国海洋第二产业比重

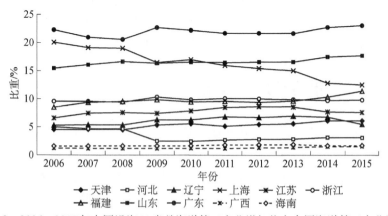

图 6-9　2006~2015 年中国沿海 11 省份海洋第三产业增加值占全国海洋第三产业比重

6.1.4　海洋经济发展存在的主要问题

海洋经济发展存在的主要问题如下。一是海洋经济增长地区差异显著,海洋生产总值最高省份与最低省份绝对差较大,一定程度上出现了不均衡的发展;相比沿海先进省份,广西等省份海洋开发水平较低,海洋经济总量偏低,生产力有待释放。二是战略性新兴产业比重低,海洋产业结构优化空间较大,从海洋产业结构演进的过程来看,尽管遵循一般的产业结构演变规律,但与世界海洋产业结构水平还有一定差距;各大类海洋产业内部的细分产业结构也存在较大的调整升级空间,尤其是海水利用业、海洋电力业、海洋生物医药业等战略性新兴产业比重较小;虽要因地制宜地发展海洋产业,但沿海11省份海洋产业结构差异明显,省份间海洋产业同构现象突出,全国海洋产业结构按大类、分区域进行调整优化的空间还很大。三是海洋资源开发仍以粗放式为主,海洋科技水平较低。受科技水平的限制,以海洋资源为优势的高附加值产业相对较少,如海水资源提取以制盐为主,其他有高价值的产品则提取较少(狄乾斌等,2009);海洋科技水平与世界先进国家差距较大,海洋高新技术产品的研发能力有限。四是海洋环境受到一定程度的污染,部分地区海洋生态环境承载压力较大。近年来,中国部分近岸海域海洋环境污染严重,主要集中在大型入海河口和海湾,陆源污染物入海是主要污染源,部分海域富营养化较重;受传统经济增长方式、资源环境约束、海洋生态灾害等影响,部分沿海省份海洋生态环境承载力受到不同程度的挑战。五是海洋管理体制与海洋经济发展不相称,海洋经济政策的指导调节效应相对滞后。海洋经济的管理缺乏有效完整的管理体制,"条块分割"的管理模式很大程度上影响了对海洋经济的统一有效管理;出台的部分海洋经济政策存在针对性和可操作性不强的问题,对海洋经济发展的指导协调存在一定的滞后性(姜旭朝,2008)。

6.2　理论推导与研究假设

根据新古典增长理论,若两区域的资本、技术、劳动力三要素等同,则两区域的经济绩效是相同的(孙斌栋和王颖,2008);一方面新古典增长模型将技术进步视为经济增长的决定因素,另一方面认为技术进步是外生变量。新增长理论则将内生的技术进步视为经济持续增长的决定因素(朱勇和吴易风,1999);并把技术进步的贡献归功于人力资本,认为人力资本是影响区域经济绩效的关键变量（孙斌栋，2007）。新制度经济学则认为区域经济绩效取决于制度因素，制度对于区域经济增长的作用机制表现在：制度能够影响其他生产要素的效率发挥，并在开放区域状态下决定要素的流向；有效率的制度能够提高区域内生产要素的效率，并吸引区域外的生产要素，从而提高区域的经济绩效（孙斌栋，2007）。理论与实际表明，影响区域经济增长的基本要素包括制度（政策）、资源与资本、劳动力（人力资本）、技术与基础设施。海洋经济属于区域经济的范畴，鉴于研究目的，本章将海洋经济政策单列为影响海洋经济的基本要素之一；将资源与资本、劳动力、技术与基础设施合并作为海洋经济的增长动力。

根据区域经济发展理论并综合已有研究成果，本章认为海洋经济发展是在相关海洋经济政策法规的指导下，利用海洋高新技术实现海洋产业竞争力提升与海洋经济增长，同时进行海洋资源环境保护和海域综合管理，以期实现海洋经济、生态、社会协调发展的过程。该过程实际上是一个从主要海洋产业增长、新兴海洋产业不断成长、注重海洋产业与海洋环境协调发展、重视海域综合管理到海洋经济社会综合发展的动态过程。海洋经济现状及其动态变化的监测是研究海洋经济增长动力的基础，也是分析海洋经济发展的出发点。据此，影响海洋经济发展的要素还应包括海洋经济状态、海洋生态压力和海洋社会基础三个方面。

综上，影响海洋经济发展（marine economy development，MED）的组成要素包括海洋经济政策（marine economy policy，MEP）、海洋增长动力（marine growth dynamics，MGD）、海洋经济状态（marine economy status，MES）、海洋生态压力（marine ecological pressure，ME）和海洋社会基础（marine society foundation，MS）五个方面。

6.2.1　海洋经济政策对海洋经济发展其他组成要素的影响

（1）海洋增长动力是指为实现海洋经济增长而投入的自然资源和资本以及劳动力和技术等。海洋经济政策实施后，海洋财政政策能快速增加海洋产业的固定资产投资，海洋科技政策能促进技术升级及应用转化率，海洋教育政策能调整人才结构，提升人力资本。

（2）海洋经济状态是在增长动力和政策调节共同作用下呈现出的经济现状，一般用经济规模、经济结构、经济效率三方面来表征。海洋固定资产投资、海洋资源和涉海劳动力的投入直接决定了海洋经济的规模；海洋高新技术的应用和人力资本的提升能通过对海洋增长动力的作用间接促进海洋产业结构升级和海洋经济效率提高。

（3）我国近岸海洋生态在海洋经济快速增长的同时，也受到严重威胁，包括海洋资源环境的消耗（对海洋资源和地区能源的消耗）和海洋生态环境的压力（主要源于海洋环境污染和海洋自然灾害）（胡求光和余璇，2018；陈琦和李京梅，2015）。海洋经济政策中包含的海洋资源环境保护政策实施后，在一定程度上能缓解这种生态环境压力。

（4）海洋社会基础主要指与海洋经济活动密切相关的各方面社会因子，包含就业、社会开放性、财政预算、公共卫生等方面。已有研究表明，海洋科技作为重要的媒介，促进了海洋经济与海洋社会的结合（狄乾斌和孙阳，2014）。因此提出如下假设：

H1：海洋经济政策对海洋增长动力有直接正向影响。

H2：海洋增长动力对海洋经济状态有直接正向影响。

H3：海洋经济政策对海洋经济状态有直接（间接）正向影响。

H4：海洋经济政策对海洋生态压力有直接负向影响。

H5：海洋经济政策对海洋社会基础有直接正向影响。

6.2.2　海洋经济发展组成要素对海洋经济发展的影响

（1）海洋增长动力是引起海洋经济增长的潜在因素和直接因素，也是影响海洋经济发展的基本因素，可分为自然动力和社会经济动力。

（2）海洋经济状态是分析影响海洋经济发展的基础和出发点，海洋经济的规模、结构和效率在一定程度上决定了海洋经济发展的起点和方向。

（3）海洋生态压力主要指海洋经济增长过程中产生的生态环境压力，是经济增长对海洋环境带来的负面影响，主要反映海洋经济发展的压力。

（4）沿海地区凭借良好的投资环境、技术条件和人文环境等区位优势，促使海洋经济迅速发展（狄乾斌和孙阳，2014）。海洋经济增长会推动沿海社会发展，而海洋社会的发展又反向促进海洋经济发展。

（5）政策对海洋经济的调整与协调，是通过改变海洋产业税收和信贷政策、调整海洋生产资料及产品的补贴、加大海洋高科技投入、制定和实施更严格的资源环境和海域使用法规等来实现的；如中央财政和金融机构对传统海洋产业转型升级提供相应的财政补贴和税收优惠，对新兴海洋产业进行财政专项拨款和金融支持（韩凤芹等，2016）。因此提出如下假设：

H6：海洋增长动力对海洋经济发展有直接正向影响。

H7：海洋经济状态对海洋经济发展有直接正向影响。

H8：海洋生态压力对海洋经济发展有直接负向影响。

H9：海洋社会基础对海洋经济发展有直接正向影响。

H10：海洋经济政策对海洋经济发展有直接正向影响。

根据以上理论介绍和研究假设，本研究提出海洋经济政策对海洋经济发展影响机理的概念模型（图6-10）。

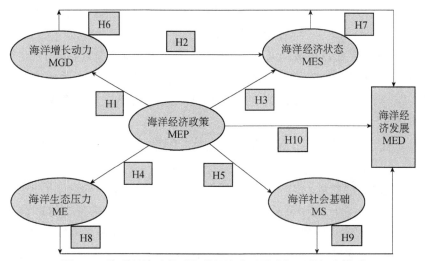

图6-10　海洋经济政策对海洋经济发展影响机理的概念模型

6.3　研究设计

6.3.1　研究方法与计量模型

结构方程模型（structural equation modeling，SEM）是在已有因果理论的基础上，用相应的线性方程系统表示该因果理论的一种统计分析方法（刘炳胜等，2011）。然而，SEM在设定测量模型时很容易出错，如潜变量和测量指标之间的因果关系没有仔细判断，导致反映型和形成型指标被误用（刘军和富萍萍，2007）。若模型设定有误，参数估计会发生偏差，变量之间的关系评价就会出现错误，统计结论便缺乏有效性。关于形成型测量模型 Jarvis 等列出了 5 项判定标准：①测量指标反映潜变量的特征；②测量指标变化会致使潜变量变化；③潜变量变化不会致使测量指标变化；④一个测量指标变动与其他测量指标变动无关；⑤删去一个测量指标可能会改变潜变量的概念（黄志刚等，2018）。本章的潜变量为五个方面的海洋经济发展组成要素，测量指标从不同维度反映潜变量（测量指标构成潜变量），参照上述标准，所以测量指标与潜变量的关系适用于形成型测量模型。

外部模型（测量模型）描述潜变量与各观测变量之间的关系，其方程表达式为

$$x = \Lambda_x \xi + \delta \tag{6-1}$$
$$y = \Lambda_y \eta + \varepsilon \tag{6-2}$$

式中，x 为外生显变量组成的向量；y 为内生显变量组成的向量；ξ 为外生潜变量组成的向量；η 为内生潜变量组成的向量；Λ_x 为外生显变量与外生潜变量之间的关系，即因子负荷矩阵；Λ_y 为内生显变量与内生潜变量之间的关系，同样是因子负荷矩阵；δ、ε 为残差。

内部模型（结构模型）描述潜变量之间的因果关系，其方程表达式为

$$\eta = B\eta + \Gamma\xi + \zeta \tag{6-3}$$

式中，B 为内生潜变量间的关系（如其他内生潜变量与工作满意度的关系）；Γ 为外源潜变量对内生潜变量的影响（如工作自主权对工作满意度的影响）；ζ 为结构方程的残差项，反映了在方程中未能被解释的部分（黄志刚等，2018）。

形成型测量模型不能应用基于协方差理论的 LISREL、AMOS 等软件包来进行运算，需使用偏最小二乘（partial least square，PLS）软件包，属于 SEM 的特例（刘军和富萍萍，2007）。PLS 建模方法是将主成分分析与多元回归结合起来的迭代估计，适用于下列情形：①更加关注通过测量变量对因变量的预测，胜于关注满意度模型的参数估计值大小，但可以得到因变量的最优预测；②数据有偏分布的情况；③关注因变量得分的情况，可以得到确定的计算结果；④小样本满意度研究；⑤较大、较复杂的结构方程模型（Yeo et al.，2015）。

尽管 PLS-SEM 存在一些局限（如对于不太复杂的顾客满意度模型，计算时间的优势不太明显等），但当数据的正态性、样本容量、模型的识别条件等不很严格时，PLS 对测量变量协方差矩阵的对角元素的拟合较好，适用于对数据点的分析，预测的准确程度较高（Yeo et al.，2015）。

本章的样本容量为 99 个，借助 SmartPLS 3.2.7 软件，运用 PLS 路径建模对形成型结构方程模型进行估计，计算出各测量指标的权重，以期得到每个形成型指标对潜变量的影响。

6.3.2　变量设置与数据来源

海洋经济政策是外生潜变量，实施效果主要体现在中央对海洋产业的固定资产投资、海洋科技投入及科技人员素质提升、海洋生态环境保护及对排放入海废水治理、对海域使用的确权和征费等。在本研究中，中央海洋固定资产投资采用国家完成海洋固定资产投资额，将国家预算内资金与国内贷款求和再乘以海洋经济贡献率；关于海洋科技政策，采用海洋科研经费中基本建设的政府投资额、海洋科研机构密度和涉海科技人员素质来衡量政府对海洋科研的投入及海洋科技人员的素质；关于海洋资源环境保护政策，采用海洋自然保护区面积比例和沿海地区治理废水当年竣工项目数来衡量政府对海洋生态环境及治理废水的投入；关于海域管理政策，采用征收海域使用金和确权海域面积来衡量对有偿使用海域的费收和海洋使用的确权。

海洋经济发展作为内生潜变量，在兼顾数据可得性与指标质量的基础上，本部分从海洋经济状况、海洋生态和海洋社会三个部分出发，根据海洋经济活动的特点构建内生潜变量相关指标，分别采用海洋生产总值、海洋产业结构高级化指数、海岸线经济密度、海洋经济增长率、湿地面积占土地面积比例和城镇化率六个综合性指标来测量。海洋增长动力、海洋经济状态、海洋生态压力和海洋社会基础既是内生潜变量，又是中介变量。

本研究中海洋增长动力采用单位面积大陆海岸线长度、沿海地区生产总值、海洋科技成果应用率、涉海就业人数、互联网普及率五个综合性指标来测量。海洋经济状态采用海洋经济贡献率、海洋第二产业比重、海洋第三产业比重、海洋从业人员人均海洋生产总值、海洋第三产业增长弹性系数五个指标。海洋生态压力采用沿海地区万元生产总值入海废水量、沿海地区赤潮灾害最大面积、沿海地区万元生产总值电耗三个指标。海洋社会基础采用海洋就业弹性系数、沿海地区进出口总额占生产总值比重、地方财政预算收入、千人拥有卫生技术人员数、沿海地区城镇居民人均可支配收入与农村居民人均纯收入之比五个指标。变量设置指标释义详见表6-3。

表6-3　海洋经济政策与海洋经济发展变量设置、指标释义

系统层	要素层	指标层（典型）	指标释义、计算	主要参考文献
海洋增长动力（MGD）	海陆资源（R）	单位面积大陆海岸线长度（R1）/（km/万km²）	综合反映海陆资源禀赋，间接反映海陆资源对海洋经济发展的物质支撑能力 公式：沿海地区大陆海岸线长度/陆地面积	伍业锋（2014）
	资本（C）	沿海地区生产总值（C1）/亿元	表征沿海陆域经济发展水平，反映海洋经济与陆域经济的关联性	伍业锋（2014）
	劳动力（L）	涉海就业人数（L1）/万人	反映涉海产业就业人数	赵林等（2016）
	海洋科技（ST）	海洋科技成果应用率（ST1）/%	反映海洋科技成果转化为现实生产力的能力 公式：海洋科研机构成果应用课题数/总课题数×100%	李华和高强（2017）；王泽宇等（2016）
	基建通信（IC）	互联网普及率（IC1）/%	表征宽带网络普及度，反映地区基础设施建设水平 公式：互联网上网人数/地区（年末）人口数×100%	伍业锋（2014）
海洋经济状态（MES）	经济规模（ES）	海洋经济贡献率（ES1）/%	反映海洋经济发展的总体水平与速度 公式：海洋生产总值/地区生产总值×100%	狄乾斌和吴桐（2018）；李华和高强（2017）；赵林等（2016）
	经济结构（SE）	海洋第二产业比重（SE1）/%	表征海洋产业结构，反映海洋经济发展的质量	狄乾斌和吴桐（2018）；孙才志等（2017）
		海洋第三产业比重（SE2）/%	表征海洋产业结构，反映海洋经济发展的质量。（海洋第三产业比重和第二产业比重两个指标即可反映海洋经济结构）	狄乾斌和吴桐（2018）；赵林等（2016）；王泽宇和刘凤朝（2011）
	经济效率（EE）	海洋从业人员人均海洋生产总值（EE1）/万元	反映按海洋从业人员平均的海洋经济发展水平 公式：地区海洋生产总值/涉海就业人数	伍业锋（2014）；狄乾斌等（2009）
	增长速度（GR）	海洋第三产业增长弹性系数（GR1）/%	反映第三产业的相对增长率 公式：海洋第三产业增长率/海洋经济增长率×100%	狄乾斌和吴桐（2018）；孙才志等（2017）
海洋生态压力（ME）	海洋环境污染（MP）	沿海地区万元生产总值入海废水量（MP1）/t	沿海地区的废水排放是影响我国近岸海洋环境质量的最主要污染源，该指标主要反映海洋经济发展的压力，是制约海洋经济发展的负向指标 公式：工业废水直排入海量/万元GDP	狄乾斌等（2009）

系统层	要素层	指标层（典型）	指标释义、计算	主要参考文献
海洋生态压力（ME）	海洋自然灾害（MD）	沿海地区赤潮灾害最大面积（MD1）/ km²	海洋赤潮已成为我国主要的海洋灾害之一，该指标主要反映渔业生产养殖的压力，是负向指标	陈琦和李京梅（2015）
	环保技术（ET）	沿海地区万元生产总值电耗（ET1）/ kW·h	表征海陆环保技术水平，是负向指标公式：沿海地区电力消费量（等价值）/万元GDP	赵林等（2016）
海洋社会基础（MS）	就业（E）	海洋就业弹性系数（E1）	反映海洋经济增长对海洋就业的拉动作用公式：海洋就业人数增长率/GDP增长率（即GDP增长1个百分点带动海洋经济就业增长的百分点）	孙才志等（2017）；王泽宇等（2015b）
	社会开放性（SO）	沿海地区进出口总额占生产总值比重（SO1）/%	反映地区对外开放水平公式：沿海地区进出口总额/GDP×100%（采用人民币汇率年平均价进行美元对人民币的折算）	赵林等（2016）
	财政预算（FB）	地方财政预算收入（FB1）/亿元	反映地方财政预算收入	伍业锋（2014）
	公共卫生（PH）	千人拥有卫生技术人员数（PH1）/人	反映地区公共卫生医疗水平公式：沿海地区卫生技术人员数/千人口	伍业锋（2014）
	收入分配（ID）	沿海地区城镇居民人均可支配收入与农村居民人均纯收入之比（ID1）/%	表征城乡居民收入差距，反映城镇居民生活水平公式：沿海地区城镇居民人均可支配收入/农村居民人均纯收入×100%	伍业锋（2014）
海洋经济政策（MEP）	财政金融（FM）	国家完成海洋固定资产投资额（FM1）/亿元	表征中央海洋固定资产投资，是反映海洋固定资产投资规模、结构和发展速度的综合性指标公式：（国家预算内资金+国内贷款）×海洋经济贡献率（国家预算支出政策支持单纯依靠市场所不能解决的存在市场失灵的领域。海洋经济的高科技、高风险、高投入性，涉及的诸多领域属于公共事业范畴，需要政府财政预算支出和政策性金融来保障和支持）	冯宝军等（2015）；苏明等（2013）
	海洋科技（MSE）	海洋科研机构密度（MSE1）/%	反映地区海洋科研投入的综合指标公式：地区海洋科研机构数/全国海洋科研机构总数×100%	李华和高强（2017）；王泽宇等（2016）
		涉海科技人员素质（MSE2）/%	表征海洋科技人员素质公式：海洋科研机构研究生以上学历人数/科技人员总数×100%	李华和高强（2017）；王泽宇等（2015b）
	资源环境保护（REP）	沿海地区治理废水当年竣工项目数（REP1）/个	表征对海洋污染的处理状况，反映人类为改善海洋环境所做的努力	狄乾斌等（2009）

续表

系统层	要素层	指标层（典型）	指标释义、计算	主要参考文献
海洋经济政策（MEP）	资源环境保护（REP）	海洋自然保护区面积比例（REP2）/%	海洋自然保护区是针对某种海洋保护对象划定的海域、岸段和海岛区，反映海洋生态环境对海洋资源环境保护政策的响应 公式：海洋自然保护区面积/陆地面积×100%	孙才志等（2017）；王泽宇等（2015b）
	海域管理（MM）	征收海域使用金（MM1）/万元	表征支持海岸带、海岛、海洋生态整治修复项目及海洋执法建设的能力，以加强海域保护与管理	张偲和王淼（2018）；韩凤芹等（2016）
		确权海域面积（MM2）/hm²	表征经政府批准取得海域使用权的项目用海面积	张偲和王淼（2018）
海洋经济发展（MED）	综合性指标	海洋生产总值（MED1）/亿元	反映沿海各省份海洋经济增长的整体规模	李华和高强（2017）；孙才志等（2017）
		海洋产业结构高级化指数（MED2）	借鉴干春晖对产业结构高级化的度量方法，采用海洋第三产业增加值与海洋第二产业增加值之比度量（此比值处于上升状态，意味着海洋经济在向服务化的方向推进，海洋产业结构在升级）	王泽宇等（2015b）；干春晖等（2011）
		海岸线经济密度（MED3）/（亿元/km）	反映沿海地区单位海岸线上资源利用和经济活动的密集程度 公式：海洋生产总值/大陆海岸线长度	王泽宇等（2016）；孙才志和李欣（2015）
		海洋经济增长率（MED4）/%	反映海洋经济发展的总体水平与速度，间接反映海洋开发过程中对海洋资源和环境的压力 公式：本期海洋生产总值增加值/基期海洋生产总值（现价）×100%	伍业锋（2014）；狄乾斌等（2009）
		湿地面积占土地面积比例（MED5）/%	湿地是自然生态系统之一，享有"地球之肾"的美誉（一半以上湿地在近海岸），该指标间接反映海洋生态环境质量及海陆生态关联性 公式：沿海地区湿地面积/陆地面积×100%	伍业锋（2014）
		城镇化率（MED6）/%	反映沿海地区人口集聚程度与社会发展水平 公式：年末城镇人口/地区总人口×100%	狄乾斌等（2009）

注：在SmartPLS 3.2.7软件执行"PLS Algorithm"所得结果中，海洋科研经费中基本建设的政府投资额所占权重很小，且不显著，加之并非衡量政府对海洋科研投入的唯一指标，所以该指标删去；与此类似的指标均删去，该表中未列出

资料来源：以上指标大部分原始数据来自2007～2016年《中国海洋统计年鉴》，部分数据来自2007～2016年《中国统计年鉴》

6.4　实证结果

6.4.1　测量模型估计

有学者认为信度和结构效度用于评价形成型测量模型没有意义，也有学者认为在形成型测量模型中信度与评价测量模型质量关系不大，关键是要确保效度。评价效度主要从两个方面进行：一是形成型测量指标的表现是否与期望假设一致及是否显示出过度多重共线性；二是按照前期研究设定的形成型测量指标与其他潜变量在路径关系上是否显著（黄志刚等，2018；Garson，2016）。测量模型效度检验结果如表6-4所示。

表 6-4　测量模型效度检验结果

路径	权重	路径	权重
R1→MGD	0.736***	PH1→MS	0.504***
C1→MGD	0.341***	ID1→MS	−0.058
L1→MGD	−0.355***	FM1→MEP	0.491***
ST1→MGD	−0.536***	MSE1→MEP	0.194*
IC1→MGD	0.632***	MSE2→MEP	0.483***
ES1→MES	0.386***	REP1→MEP	−0.336***
SE1→MES	0.202	REP2→MEP	0.051
SE2→MES	0.587***	MM1→MEP	−0.262***
EE1→MES	0.556***	MM2→MEP	−0.247***
GR1→MES	0.032	MED1→MED	0.413***
MP1→ME	0.149*	MED2→MED	0.243***
MD1→ME	0.046	MED3→MED	0.262**
ET1→ME	0.966***	MED4→MED	−0.026
E1→MS	−0.173**	MED5→MED	0.239**
SO1→MS	0.322***	MED6→MED	0.338***
FB1→MS	0.376***		

注：*、**、***分别表示在10%、5%、1%水平上显著

表6-4列出了各指标对潜变量的效度和权重的显著性，在海洋增长动力的测量指标中，单位面积大陆海岸线长度（R1）、沿海地区生产总值（C1）和互联网普及率（IC1）所占权重分别为0.736、0.341、0.632，因为海陆资源禀赋是海洋产业规模与结构发展的基础，而且海洋经济与陆域经济有很大的关联性，互联网普及率能综合反映地区基础设施建设水平，所以R1、C1和IC1是影响海洋经济发展的重要正向因素；海洋科技成果应用率（ST1）所占权重为−0.536，是

影响海洋经济发展的负向因素，原因主要是科技创新受固有模式影响较大，开发环节薄弱，且政府对海洋科技成果转化的中间环节投入不足，对海洋经济的促进作用未能有效发挥，这与韩凤芹等（2016）、曹忠祥和高国力（2015）的研究结论相似；涉海就业人数（L1）所占权重为-0.355，是影响海洋经济发展的负向因素，原因主要是海洋经济已经过了资源粗放型推动增长的阶段，不能再靠劳动密集型的人口红利促进海洋经济发展。在海洋经济状态中，海洋经济贡献率（ES1）、海洋第三产业比重（SE2）和海洋从业人员人均海洋生产总值（EE1）所占权重分别为0.386、0.587、0.556，海洋经济的规模、结构和效率是海洋经济发展的基础，ES1、SE2及EE1受沿海各地区海洋经济现状制约较大，它们的变化对海洋经济发展的正向影响非常显著。在海洋生态压力中，沿海地区万元生产总值电耗（ET1）、沿海地区万元生产总值入海废水量（MP1）所占权重分别为0.966、0.149，由于此潜变量均由负向指标构成，ET1、MP1对海洋生态压力是正向影响，则对海洋经济发展是负向影响（海洋生态压力→海洋经济发展的直接效应为-0.187），说明当前的经济能耗和环保技术水平不利于海洋经济缓解生态压力。在海洋社会基础中，千人拥有卫生技术人员数（PH1）、地方财政预算收入（FB1）、沿海地区进出口总额占沿海地区生产总值比重（SO1）所占权重分别为0.504、0.376、0.322，一定程度上公共卫生水平、地方财政预算和社会开放性反映了社会发展水平，PH1、FB1、SO1构成了海洋社会的主要组成部分，是影响海洋经济发展的正向因素；海洋就业弹性系数（E1）所占权重为-0.173，海洋经济增长对就业的拉动作用能侧面反映海洋经济的发展水平，E1是海洋社会的重要组成部分，是影响海洋经济发展的负向因素。在海洋经济政策中，国家完成海洋固定资产投资额（FM1）、海洋科研机构密度（MSE1）、涉海科技人员素质（MSE2）所占权重分别为0.491、0.194、0.483，海洋经济政策通过有效的作用路径对海洋经济发展的总效应表现出较强的正向影响，FM1、MSE1、MSE2是海洋经济政策的重要组成部分，是影响海洋经济发展的正向因素；沿海地区治理废水当年竣工项目数（REP1）、征收海域使用金（MM1）、确权海域面积（MM2）所占权重分别为-0.336、-0.262、-0.247，是海洋经济政策的重要组成部分，是影响海洋经济发展的负向因素。

在海洋经济状态中海洋第二产业比重（SE1）未通过显著性检验，原因是样本容量较小导致其标准误较大；海洋经济状态中海洋第三产业增长弹性系数（GR1）、海洋生态压力中沿海地区赤潮灾害最大面积（MD1）、海洋社会基础中沿海地区城镇居民人均可支配收入与农村居民人均纯收入之比（ID1）、海洋经济政策中海洋自然保护区面积比例（REP2）未通过显著性检验，原因是在构成海洋经济发展的测量指标中缺乏能恰当反映前述指标的综合指标，导致 GR1、MD1、ID1、REP2 的估计效应较小，然而 GR1、MD1、ID1、REP2 作为理论上衡量相应潜变量的一个重要方面，在形成型测量模型中需保留。

6.4.2　结构模型估计

对结构模型进行评价一般要从内生潜变量测定系数、路径系数估计及路径调节效应、多重共线性三个方面进行。应用 SmartPLS 3.2.7 软件执行 "PLS Algorithm" 算法得到结果如表 6-5 所示（R^2 和 R^2_{adj} 分别表示内生潜变量的测定系数和调整系数，两个值越接近说明参数 R^2 的估计偏差越小）。内生潜变量测定系数 R^2 反映了内生变量被解释的程度，Chin（1998）将 PLS 路径模型的测定系数分为较好（0.67）、中等（0.33）和较差（0.19）。

表 6-5　内生潜变量 R^2 和 R^2_{adj}

内生变量	R^2	R^2_{adj}
海洋增长动力（MGD）	0.700	0.697
海洋经济状态（MES）	0.711	0.705
海洋生态压力（ME）	0.455	0.449
海洋社会基础（MS）	0.547	0.542
海洋经济发展（MED）	0.956	0.954

表 6-5 显示，模型中海洋经济发展的测定系数达到较高水平，说明五个海洋经济发展组成要素很好地解释了海洋经济发展。内生潜变量的测定系数较低说明除了海洋经济政策外，还有其他因素会对海洋经济发展组成要素造成影响，而本章重点关注海洋经济政策对海洋经济发展的影响。

如表 6-6 所示，以上路径假设的直接效应系数中，海洋经济政策→海洋经济状态（MEP→MES）、海洋增长动力→海洋经济发展（MGD→MED）、海洋经济政策→海洋经济发展（MEP→MED）这三条路径没有通过显著性检验，原因是这三条路径的直接因果作用不明显，需要中介变量对路径予以补充。例如，在 MEP→MES 路径中加入海洋增长动力（MGD）这一中介变量，海洋经济政策→海洋增长动力→海洋经济状态（MEP→MGD→MES）则在 1% 水平上显著，且其系数较大（0.633）；在 MGD→MED 路径中加入海洋经济状态（MES）这一中介变量，海洋增长动力→海洋经济状态→海洋经济发展（MGD→MES→MED）

则在1%水平上显著，且其系数较大（0.461）。

表 6-6 海洋经济政策的直接效应、间接效应、总间接效应和总效应

效应	路径	系数	f^2
直接效应	MEP→MGD	0.837***	2.339**
	MEP→MES	0.102	0.011
	MEP→ME	−0.674***	0.835***
	MEP→MS	0.739***	1.206***
	MGD→MES	0.756***	0.593**
	MGD→MED	−0.189	0.133
	MES→MED	0.610***	2.229***
	ME→MED	−0.187***	0.389*
	MS→MED	0.396***	1.124**
	MEP→MED	0.082	0.041
间接效应	MEP→MGD→MED	−0.158**	—
	MEP→MGD→MES→MED	0.386***	—
	MEP→MES→MED	0.063	—
	MEP→ME→MED	0.126***	—
	MEP→MS→MED	0.293***	—
总间接效应	MEP→MGD→MES	0.633***	—
	MGD→MES→MED	0.461***	—
	MEP→MED	0.709***	—
总效应	MEP→MES	0.735***	—
	MEP→MED	0.791***	—

注：*、**、***分别表示在10%、5%、1%水平上显著。海洋经济政策对海洋经济发展的间接效应是通过海洋经济政策→海洋经济发展组成要素和海洋经济发展组成要素→海洋经济发展两条路径系数的乘积得到的，海洋经济政策对海洋经济发展的总效应是海洋经济政策对海洋经济发展的直接效应和间接效应之和

评估预测变量是否对因变量产生实质性的影响，可以通过路径调节效应 f^2 进行，它是反映外生变量对内生变量的影响，中介变量对内生变量的影响以及内生变量交互影响的重要指标，f^2 值越大，可以认为模型的解释力度越强，Chin（1998）将 f^2 值分为：很小（0.02）、适中（0.15）和较大（0.35）。除海洋经济政策和海洋增长动力外，海洋经济状态、海洋生态压力、海洋社会基础对海洋经济发展的路径调节效应都较大；同时，除海洋经济状态外，海洋经济政策对海洋增长动力、海洋生态压力、海洋社会基础的路径调节效应都较大，主要原因是海洋经济政策、海洋增长动力作用于海洋经济发展，政策作用于海洋经济状态均需有效的实施路径。

在海洋经济政策对海洋经济发展其他方面组成要素的直接效应中，政府采用财政和货币政策扶持海洋产业发展，对海洋增长动力的正向效应最大（0.837，在1%水平上显著）（若无特别说明，后文均在1%水平上显著）；采用废水治理和建设海洋自然保护区，对海洋生态压力的负向效应较大（−0.674），由于海洋生态压力是负向潜变量，说明加大政策实施力度，能有效改善海洋生态环境；采用海洋科技等政策促进海洋社会与海洋经济的结合，对海洋社会基础的正向效应较大（0.739）。海洋经济政策对海洋经济状态和海洋经济发展的直接效应不显著，所以假设H1、H4、H5成立，H3、H10不成立。

在海洋经济发展组成要素对海洋经济发展的直接效应中，海洋经济状态对海洋经济发展的正向效应最大（0.610），海洋社会基础对海洋经济发展的正向效应次之（0.396）；而海洋生态压力对海洋经济发展存在一定的负向效应（−0.187）。海洋增长动力对海洋经济发展的直接效应不显著，所以假设H7、H8、H9成立，H6不成立（出于理论探索，不显著路径在图6-11中保留并用虚线标出）。

在海洋经济政策对海洋经济发展的间接效应分解中，政府通过财政和货币政策及海洋科技政策作用于海洋增长动力，再作用于海洋经济状态，进而促进海洋经济发展的效应最大（0.386）；海洋经济政策通过作用于海洋社会基础促进海洋经济发展的效应较大（0.293）；海洋经济政策通过作用于海洋生态压力促进海洋经济发展的效应次之（0.126）。

从总效应看，海洋经济政策的实施有效驱动了海洋经济增长（0.837），缓解了海洋生态压力（−0.674），推动了海洋社会基础（0.739），提升了海洋经济状态（0.735），进而促进了海洋经济发展（0.791）。

本章将海洋经济政策、海洋经济发展组成要素和海洋经济发展纳入同一分析框架，建立形成型测量指标的结构方程模型，采用偏最小二乘法估算路径系数，不仅可得到各个潜变量之间的路径系数，还可得到各测量指标的权重，清晰直观地展现了海洋经济政策→海洋经济发展组成要素→海洋经济发展作用机理中的直接效应和总效应。由图6-11可知，海洋经济政策水平每提高1个标准差将直接促进海洋增长动力水平增加0.837个标准差，海洋增长动力水平每增加1个标准差将直接促进海洋经济状态水平增加0.756个标准差，海洋经济状态水平每增加1个标准差将直接促进海洋经济发展水平增加0.610个标准差，因此海洋经济政策→海洋增长动力→海洋经济状态→海洋经济发展单链条中，海洋经济政策通过海洋增长动力和海洋经济状态影响海洋经济发展的间接效应为0.386（0.837×0.756×0.610）。至于如何优化海洋经济政策水平，则根据其测量指标的权重大小确定。例如，国家完成海洋固定资产投资额的权重为0.491，即国家完成海洋固定资产投资水平每提高1个标准差将使海洋经济政策水平增加0.491个标准差，以此类推。

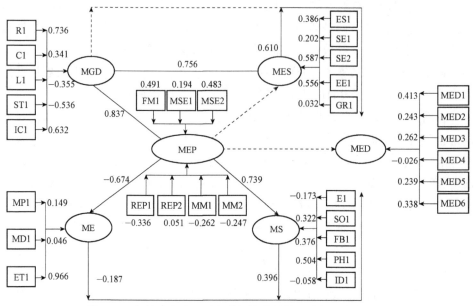

图6-11　海洋经济政策对海洋经济发展的影响机理参数估计

实证篇

▶ 第 7 章 中国海洋资源开发 与海洋经济增长关系研究

本章以经济地理学、资源环境经济学、区域经济学等为理论基础，分析了我国海洋资源开发与海洋经济的发展现状，首先利用基于熵权的模糊相对隶属度模型测算2001～2015年中国沿海11省份的海洋资源开发综合指数，并依据测算结果，对各个省份海洋资源的开发利用水平进行综合评价。其次通过引入VAR模型定量分析我国海洋资源开发与海洋经济增长的相互关系及作用程度，并有效刻画两变量随时间变化的动态关系和响应程度。最后从中国沿海省份整体视角出发，以中国沿海各省份海洋资源开发与海洋经济增长的脉冲响应关系为基础，总结海洋资源开发与海洋经济增长关系的空间规律，以期为促进海洋经济与海洋资源开发协调发展提供参考借鉴。

7.1 引言

海洋是生命的摇篮。作为构成人类生存环境的极为重要的组成部分，海洋与人类的生存和发展存在极为密切的联系（张耀光等，2010）。海洋资源的开发利用和海洋经济的发展在接续和补充陆地资源、缓解陆地资源和环境压力、支撑和引领经济增长以及促进经济社会可持续发展等方面作用显著，且仍有巨大潜力待发掘（曹忠祥和高国力，2015）。在陆域资源日益紧缺的现实情况下，海洋资源必将成为人类社会生存和发展的有力的保证和潜在的发展动力。受科学技术水平的限制，人们在很长一段时间内并未认识到海洋资源的宝贵价值，海洋资源的不合理开发利用造成了海洋资源的浪费和海洋环境的破坏，限制了海洋经济的可持续发展。随着海洋经济发展的不断推进，海洋资源枯竭、沿海岸线破坏、近海生物资源衰退、渔业资源锐减、赤潮等严重影响了海洋经济的健康发展（柯昶等，2013）。

当前，我国经济正处于结构调整的阵痛期，海洋经济也率先进入发展的"新常态"时期。我国是海洋大国，拥有广泛的海洋权益。随着海洋经济发展的稳步推进，我国海洋经济总量逐年攀升、海洋科技发展日新月异、海洋产业结构不断优化。但随着海洋资源开发的深化，海洋生态环境破坏加剧、海洋经济发展质量和效益降低，加之我国海洋经济系统建设尚不完善，海洋经济可持续发展依然任重道远。此外，我国海洋经济发展的空间格局也正值国家海洋意识觉醒与海洋战略主导的扩张期而快速变化，在工业化的关键阶段，海洋经济发展方式较粗放，海洋产业发展多依赖海洋资源开发，海洋资源的过度开发利用易导致海洋资源的枯竭（马仁锋等，2013）。"后金融危机时代"海洋经济系统与海洋资源系统各种矛盾交织和凸显，其演进态势和相互影响程度也呈现出与以往不同的规律和特征。继《中华人民共和国国民经济和社会发展第十二个五年规划纲要》提出着力增强可持续发展能力，化解资源环境瓶颈制约后，党的十八大报告做出优化国土空间开发格局的重要指示，进一步强调了对更加注重人地关系、人海关系以及海洋区域发展的重要性。近年来，我国沿海地区掀起了海洋经济大发展的热潮，海洋经济发展示范区纷纷建立并上升为国家战略，新一轮国家沿海区域发展战略和振兴规划的实施，必然会导致对海洋资源需求的增加，进而加剧海洋资源约束。当前，我国海洋经济发展迅速，海洋资源的供需矛盾也愈演愈烈，海洋生态环境的破坏程度不断加深，开展海洋资源开发利用综合测度问题研究，系统认识和评价海洋资源开发与我国海洋经济发展的动态响应关系，为把握海洋经济增长对海洋资源开发的响应趋势和程度，促进海洋经济增长与海洋资源开发协调发展，因地制宜分类指导我国沿海各省份海洋资源合理开发、优化利用，提供了一定的参考依据。

目前，国内外学者多是对海洋资源、海洋经济增长进行测度分析或运用耦合协调度模型对两者的协调发展度进行研究，忽略了海洋经济系统与海洋资源系统的关联性与复杂性，理论基础相对薄弱，缺乏海洋经济系统与海洋资源系统的相互关系的理论总结和对两系统相互影响程度的测算，使得海洋经济系统与海洋资源系统耦合研究在理论深度和实证检验上有所欠缺。本章将资源环境经济学、经济可持续发展等理论与数据搜集、模型构建、计量经济学等研究手段交叉运用，对中国沿海11省份海洋资源开发与海洋经济增长的关系进行实证研究。从海洋资源的内涵和特征出发，以海洋生物资源、海洋矿产资源、海洋空间资源、海洋旅游资源4个维度，综合评价中国沿海11省份海洋资源开发综合水平，引入VAR模型定量研究海洋资源开发与海洋经济增长的动态响应关系及空间分布特征。研究成果具有丰富海洋经济地理学科发展和引导海洋经济可持续发展的双重价值，在理论上将海洋经济可持续发展的研究推向纵深，有利于丰富理论经济学、经济地理学、区域经济学等相关学科的理论研究内容。

海洋资源开发与海洋经济增长之间存在着复杂的关联和互动关系。在海洋经济发展初期，海洋经济增长主要通过外延扩大再生产进行，海洋资源是促进海洋经济增长的基础和主要动力，海洋经济的发展则为海洋资源开发提供资金和技术支持。随着中国海洋经济的快速发展，海洋资源开发的不断深化，伴随而来的海洋资源枯竭、近岸海域环境污染等问题凸显，海洋资源开发对海洋经济增长的促进作用有所减弱，支撑中国海洋经济发展的要素条件发生了深刻变化，海洋资源与海洋经济增长的关系也在发生转变。因此，测算海洋资源开发与海洋经济增长关系，并从关系的空间特征（Chen M X et al., 2014; Ge et al., 2011; 关伟和刘勇凤, 2012; 鲍超, 2014; 周素红和刘玉兰, 2010）出发，研究海洋资源开发与海洋经济增长关系的地域差异及规律，对于中国沿海各省份把握海洋经济增长对海洋资源开发的响应趋势和程度，促进海洋经济与海洋资源开发协调发展，具有明确的现实指导意义。

7.2　理论基础

1. 海洋资源的内涵

自然资源是指由人类发现的兼具价值和有用性的天然物质，随着科学技术的发展，其所含范畴也在不断变化发展，而海洋资源是自然资源中的重要组成部分（刘佳, 2014）。伴随着科学技术的进步、信息化的推进抑或是资源的相对稀缺性问题，海洋资源的范围和内涵都将发生变化（胡念祖, 1997）。学术界对于海洋、海洋资源的研究由来已久，但对其内涵界定尚未达成一致。地理学研究认为海洋是一个多维生态结构体，由海洋水体、海洋生物、海域上空的大气及海岸线等构成。这一描述是从地理学视角对海洋资源范围的划定，但忽略了人与海洋的互动关系。从经济学视角出发界定，海洋是人类赖以生存和发展的资源宝库，认为海洋等同于海洋资源。国内学者从海洋资源的空间范围、形成条件及与人类关系等视角出发对海洋资源的定义、划分进行了大量研究（段志霞，2008；陈可文，2003；陈万灵和郭守前，2002；张德贤和陈中惠，2000）。总结分析既有研究，可将海洋资源的定义分为广义和狭义两类。广义的海洋资源，既包含与海域水体直接相关的物质、能量、海岸带，又突出人类对海洋资源开发的能动作用，涵盖了人类作用下的与海域有关的物质和空间等资源。狭义的海洋资源，指与海域直接相关并在海洋环境下自然生成的物质和能量等资源（刘俊肖，2006）。

2. 海洋资源的分类

准确、清晰地划分海洋资源，对于掌控各类海洋资源的数量、分布及开发利用情况意义重大，同时也是针对性规划开发、高效利用海洋资源的基础，进而能够有效促进海洋资源的可持续利用。海洋资源的分类对于综合测度海洋资源的开发利用水平意义重大。按照不同的划分标准，可将海洋资源分为不同层次、不同种类，以下主要介绍以空间视角和资源的性质特点为依据的两种主要的分类方式。

（1）根据资源所处的海域地理位置，可将海洋资源划分为三个层次，即海洋水体以下、海洋水体本身以及海洋水体之上，包括陆地、海底、海水、空气等不同界面，以及由此构成的海洋资源存在空间。海洋空间的每一个层次都包含各种各样的海洋资源，是一个巨大的自然资源空间。

（2）按照资源的性质、特点和存在形态分类，可将海洋资源划分为海洋生物资源（包括渔业资源、海洋药物资源、珍稀物种资源等）、海洋矿产资源（包括石油和天然气资源、金属矿产资源等）、海水化学资源（盐业资源、水资源等）、海洋空间资源（包括土地资源、港口资源等）、海洋旅游资源（包括海洋自然景观资源、娱乐与运动旅游资源、海洋自然保护区、历史遗迹等）、海洋能源（包括潮汐能资源、波浪能资源、海上风能资源等）等几大类（王开运，2007）。

3. 海洋经济的内涵

20世纪中期，国内外研究者对开发利用海洋资源展开了大量分析研究，20世纪70年代，国外学者开始从经济学角度研究海洋问题。我国海洋经济研究开始于1978年，在当年召开的全国哲学社会科学规划会议上，国内著名经济学家许涤新、于光远等提议创建"海洋经济"这一新学科，并建议设立专门的海洋经济研究机构，由此开启了中国海洋经济理论研究的新纪元。《全国海洋经济发展规划纲要》和《海洋及相关产业分类》（GB/T 20794—2006）中第一次明确提出了海洋经济的概念：海洋经济是开发、利用和保护海洋的各类产业活动，以及与之相关联活动的总和。现代海洋经济既涵盖了开发利用各类海洋资源的内容，也包括在整个海洋空间上所产生的全部生产活动以及各种直接或间接的服务于生产的服务性活动。

7.3　研究方法与数据来源

7.3.1　研究方法

1. 基于熵权的模糊相对隶属度模型

可变模糊识别理论的核心为相对隶属函数、相对差异函数和模糊可变集合的概念与定义（王泽宇等，2015a；柯丽娜等，2013）。在模糊集合中，通常用隶属度来表达其本质（周文华和王如松，2005），而相对隶属度可以减少甚至消除在隶属度确定过程中的主观任意性。因此，本章引入模糊数学的相对隶属度模型，在模糊集设定的基础上，建立海洋资源开发综合指数评价的相对隶属度评价矩阵，并结合熵权法，对中国海洋资源开发综合指数进行综合评价。

设论域 U 上的模糊概念，对 U 上的任意元素 u，$u \in U$，u 具有吸引性质 A 的相对隶属度为 $\mu_A(u)$，具有排斥性质 A' 的相对隶属度为 $\mu_{A'}(u)$，其中 $\mu_A(u) \in [0, 1]$，$\mu_{A'}(u) \in [0, 1]$，且

$$\mu_A(u) + \mu_{A'}(u) = 1 \tag{7-1}$$

设 U 的模糊可变集合为 V：

$$V = \left\{ (u,D) \middle| u \in U, \ D_A(u) = \mu_A(u) - \mu_{A'}(u), \ D \in [-1,1] \right\} \tag{7-2}$$

式中，D 为相对差异函数。令

$$\begin{cases} A_+ = \left\{ u \middle| u \in U, \mu_A(u) > \mu_{A'}(u) \right\} \\ A_- = \left\{ u \middle| u \in U, \mu_A(u) < \mu_{A'}(u) \right\} \\ A_0 = \left\{ u \middle| u \in U, \mu_A(u) = \mu_{A'}(u) \right\} \end{cases} \tag{7-3}$$

式中，A_+、A_-、A_0 分别为模糊可变集合的吸引域、排斥域、渐变式质变界。

2. 相对差异函数模型

设 $x_0 = [a, b]$ 为实轴上 V 的吸引域，即 $0 < D_A(u) < 1$；$x = [c, d]$ 为包含 x_0

$(x_0 \in X)$ 的某一上下界范围域区间。

依据模糊可变集合 V 的定义，$[c, a]$ 与 $[b, d]$ 均为 V 的排斥域，即 $-1 < D_A(u) < 0$。设 M 为吸引域区间 $[a, b]$ 中 $D_A(u) = 1$ 的点值。x 为 X 区间任意点的量值，当 x 落入 M 点右侧时，其相对差异函数模型为

$$
\begin{cases}
D_A(u) = \left(\dfrac{x-b}{M-b}\right)^{\beta} & x \in [M, b] \\[3mm]
D_A(u) = \left(\dfrac{x-b}{d-b}\right)^{\beta} & x \in [d, b]
\end{cases}
\tag{7-4}
$$

当 x 落入 M 点左侧时，其相对差异函数模型为

$$
\begin{cases}
D_A = (u) = \left(\dfrac{x-a}{M-a}\right)^{\beta} & x \in [a, M] \\[3mm]
D_A = (u) = \left(\dfrac{x-b}{c-a}\right)^{\beta} & x \in [c, a]
\end{cases}
\tag{7-5}
$$

当 x 落入范围区域 $[c, d]$ 之外时，令

$$
D_A(u) = -1 \quad x = [c, d]
\tag{7-6}
$$

式中，β 为非负指数（通常取值为1），根据式（7-1）及式（7-2）可得出：

$$
u_A(u) = \frac{1 + D_A(u)}{2}
\tag{7-7}
$$

因此，当 $D_A(u)$ 确定后，可根据式（7-7）求解相对隶属度 $u_A(u)$。在此基础上，利用熵权法确定各指标权重 w，建立综合评价矩阵。

$$
B = w \times u_A(u)
\tag{7-8}
$$

3. VAR 模型

海洋经济增长是由海洋资源开发利用与其他因素共同决定的内生变量。处理变量内生性带来的估计偏差问题大致有两类方法（潘丹和应瑞瑶，2012）：一是建立分别以海洋资源开发与海洋经济增长为因变量的两个估计方程，然后利用联立方程组估计方法来进行估计；二是运用 VAR 模型分析海洋资源开发和海洋经济增长的双向动态作用机制。比较两者可以发现，VAR 系统中所有变量都被视为内生变量，从而对称地进入到各个估计方程中，可以较少地受既有理论的约束（高铁梅，2009）。同时，也便于分析各个变量之间的长期动态影响，是分析随机扰动对变量系统动态冲击的重要工具，较好地解释了各种经济冲击对经济变量形成的影响，可以有效地反映海洋资源开发对海洋经济增长的刺激和

影响（王泽宇等，2016）。因此，本章选择基于 VAR 模型中的广义脉冲响应函数，就中国海洋经济对海洋资源开发的响应关系进行测度，并刻画两变量随时间变化的动态关系和响应程度。VAR 模型表达式为

$$y_t = A_1 y_{t-1} + A_2 y_{t-2} + \cdots + A_p y_{t-p} + B_0 x_t + \cdots + B_r x_{t-r} + \xi_t \qquad (7\text{-}9)$$

式中，$t=1$，2，$\cdots$，n；y_t 是 m 维内生变量向量，表示沿海各省份海洋经济生产总值；x_t 是 d 维外生变量向量，表示沿海各省份海洋资源开发综合指数；A_1，$\cdots$，A_p 和 B_1，$\cdots$，B_r 为待估计参数矩阵；ξ_t 为随机扰动项；内生变量和外生变量分别有 p 和 r 阶滞后期。VAR 模型的建立主要是针对平稳时间序列，因而在回归之前必须先对其进行单位根及协整检验。本章基于 VAR 模型中的广义脉冲响应函数，运用 Eviews 8.0 软件对 2001～2015 年中国海洋资源开发与海洋经济增长之间的响应关系进行动态测度。在计算过程中中国沿海各省份海洋资源开发综合指数与海洋经济增长分别记为"zy+各省份拼音首字母"与"gdp+各省份拼音首字母"。

7.3.2　数据来源

本章研究地域单元为中国沿海 11 省份（香港、澳门、台湾除外），以省域为研究尺度，包括天津、河北、辽宁、上海、江苏、浙江、福建、山东、广东、广西和海南。

改革开放以来，中国海洋经济获得了长足的发展。20 世纪 80 年代，海洋经济发展进入起步期；20 世纪 90 年代，首次全国海洋工作会议在北京召开，会议审议并通过了《九十年代我国海洋政策和工作纲要》，明确 20 世纪 90 年代我国海洋工作的基本指导思想为：以发展海洋经济为中心，围绕"权益、资源、环境、减灾"四个方面展开，为中国 90 年代海洋事业的发展指明了方向；21 世纪以来，随着国家对海洋经济发展的高度重视和大力推进，我国海洋经济进入了高速发展期；2008 年以后，受国际金融危机影响，我国海洋经济发展速度下降，进入中高速发展期（王泽宇等，2017b）。纵观我国海洋经济发展历程，21 世纪以来海洋经济产业体系日臻完善，因而本章着重对该时期以来我国海洋资源开发与海洋经济发展关系进行定量分析，选择 2001～2015 年作为研究的时间序列。本章所建立的海洋资源开发综合指数评价指标体系及各省份海洋经济增长表征量（海洋生产总值），研究涉及的数据均来源于历年《中国海洋统计年鉴》、《中国海洋年鉴》、《中国旅游统计年鉴》和《中国城市统计年鉴》及研究

单元地区统计公报等。

7.4 实证研究

7.4.1 海洋资源开发综合指数评价指标体系构建

1. 指标体系构建原则

海洋中的资源，实质上即为海洋国土资源，也是当前人们经常提到的海洋资源。其范围包括领海范围内的一切海洋自然资源，也包括200n mile[①]专属经济区和大陆架等属于本国可管辖范围内的一切海洋自然资源。随着我国海洋经济的快速发展，海洋资源开发力度也在不断加强。沿海各省份海洋自然条件差异巨大，海洋资源禀赋各异，因而其海洋资源开发综合水平亦存在明显差异。海洋资源作为海洋经济发展的基础内容和重要动力，其开发利用的程度与海洋经济发展水平存在着复杂的关联和互动关系。因此，为了更加客观全面地反映海洋资源开发综合水平，在进行指标选取的过程中应遵守以下原则：

（1）科学性原则。海洋资源开发综合指数评价指标体系中的每一个指标在选取的过程中都应该有自身的科学含义，指标的取舍应当严格依据海洋资源的分类和内涵，同时结合海洋经济发展实际，尽量选择能够客观、真实、全面反映出我国沿海11省份海洋资源开发的综合水平与开发程度的指标，并且具有一定的代表性。

（2）系统性原则。海洋资源系统是一个多层次、开放性的巨系统，因而在相关指标体系的设计过程中每一个层次应该由若干个作用发挥水平相同、所处地位相似、涉及内容相互补充的指标构成，以避免指标层次不清、匹配混乱、内容重叠繁冗状况的出现。因此，在系统性原则下构建的指标体系应尽可能有序、协调地反映海洋资源开发所包含的各个分维度构成要素。

（3）目标导向原则。评价指标体系的具体设计不能仅仅满足于对现有状况发展结果的排名，还应体现出为将来发展目标服务的导向特征。我国海洋资源开发综合水平评价的目的并非单纯地对其结果排出优劣，更重要的是在综合测度的基础之上，深入探讨海洋资源开发综合水平与海洋经济发展间的相互关系和互动关联，以此为依据指引我国沿海省份海洋资源开发乃至全国海洋经济可持续发展的正确方向与发展目标，实现新常态下海洋经济发展"质"与"量"

---

① 1n mile=1.852km。

的全面提升。

（4）可比性与可操作性原则。与其他自然资源相比，海洋资源存在其特殊性，在开发利用过程中具有自身的特点，因而在测度其开发综合水平的过程中，指标体系构建应该凸显其可比性。对于部分可比性较差的指标，应通过相关公式、计算等方式转化成具有较大可比性的指标，以达到评价结果的客观一致性；同时，还存在一些比较重要的指标，但是对其统计的实际操作性较差，因而对于此类指标应该通过相应的工具，去除其复杂性、模糊性，尽量转换成可以具体度量的数值或定性优劣的指标，以此来规避采用传统方法对这些指标进行处理时出现难以操作的技术问题。

（5）全面性原则。海洋资源涉及不同种类，且不同类型的资源有其不同特点，因而在构建指标体系的过程中必须保证指标的全面性。因此，在指标设计的过程中要根据海洋资源的内涵和分类，既要有对不同类型海洋资源的反映，同时每一类型海洋资源的具体指标选取也应具有显著代表性。

2. 指标体系的选择与说明

海洋资源是指在一定条件下能产生经济价值的一切赋存于海洋中的物质和能量以及与海洋开发利用有关的海洋空间。按其自然本质属性可分为海洋生物资源、海洋矿产资源、海洋空间资源、海洋旅游资源等几大类（张耀光，2015）。海洋资源种类繁多，开发程度各异，难以用单一指标衡量，为综合测度我国海洋资源的开发状况，依据海洋资源自然属性特征，同时考虑海洋资源数据的连续性和可获得性，构建海洋资源开发综合指数评价指标体系，如表7-1所示。

表7-1　海洋资源开发综合指数评价指标体系

目标层	要素层	指标层
海洋资源开发综合指数	海洋生物资源	海洋生物资源系数
	海洋矿产资源	海洋矿产资源标准量
	海洋空间资源	海岸线长度、盐田面积、规模以上港口泊位数
	海洋旅游资源	海洋旅游资源密度、海洋类型自然保护区数量

（1）海洋生物资源：海洋生物资源涵盖海洋渔业资源、海洋药物资源及珍稀物种资源等。综合考虑数据可获得性及其对海洋经济发展的现实意义，同时结合我国海洋资源开发实际，选择海洋渔业资源表征海洋生物资源综合开发利用现状，主要包含海洋捕捞及海水养殖两大类。本章选取海洋生物资源系数综

合反映海洋捕捞及海水养殖产量情况。具体计算公式如下：

$$海洋生物资源系数 = \sum x_i w_i \tag{7-10}$$

式中，i 包含海洋捕捞产量、海水养殖产量；x_i 为标准化处理后值；w_i 为海洋捕捞产量与海水养殖产量的具体权重值。

（2）海洋矿产资源：我国海岸带勘探发现的矿产资源种类丰富，在海洋经济发展过程中起到了不可替代的作用，同时对于未来海洋经济发展具有潜在支撑意义。其中，海洋原油、海洋原盐、海洋天然气、海洋矿产资源对我国海洋经济发展影响较大。本章选取海洋矿产资源标准量（王泽宇等，2017b）综合表征海洋原油、海洋原盐、海洋天然气、海洋矿产资源的开发利用情况。具体计算公式如下：

$$海洋矿产资源标准量 = \sum y_i p_i \tag{7-11}$$

式中，$i=1$，2，3，4 分别表示海洋原油、海洋原盐、海洋天然气和海洋砂矿产量；y_i 为标准化处理后值；p_i 为指标权重。

（3）海洋空间资源：海洋空间资源是指与海洋开发利用有关的海岸、海上、海中和海底的地理区域的总称（赵琪，2014），主要包括土地资源、港口资源、海水资源。海洋空间资源为海洋经济的发展提供了空间依托，港口的开发建设更是为海洋经济快速发展提供了基础支撑。本章选取海岸线长度、盐田面积、规模以上港口泊位数来表征土地资源、海水资源、港口资源，以综合反映海洋空间资源开发利用情况。

（4）海洋旅游资源：海洋旅游资源是海滨、海岛和海中具有开展观光、游览、疗养、度假、娱乐和体育活动的景观。作为海洋经济第三产业的重要组成部分，海洋旅游资源的开发利用对海洋经济结构的优化升级和海洋经济的可持续发展意义重大。本章选取海洋旅游资源密度和海洋类型自然保护区数量综合表征沿海省份海洋自然及人文景观的开发利用水平。海洋自然保护区是针对某种海洋保护对象划定的海域、岸段和海岛区，具备调查观测、旅游观光、科学研究等功能，不论是以海洋景观、典型海洋生态系统、生物物种多样性为对象的保护区，还是以原始海洋、海岛等为对象的保护区，都具有很高的观赏价值（张邦花和李刚，2004），是海洋旅游资源的重要组成部分。其中，海洋旅游资源密度的具体计算公式如下：

$$海洋旅游资源密度 = A级景点个数/\sqrt{面积 \times 人口} \tag{7-12}$$

综上所述，本章在指标选取过程中，较多地采用对同类海洋资源具有整体表征意义的综合指标，以期能够直观简明且较全面地反映我国海洋资源开发的综合水平。构建包含海洋生物资源、海洋矿产资源、海洋空间资源、海洋旅游资源4个要素，涵盖7个综合性指标在内的海洋资源开发综合指数评价指标体系，以期综合测度我国沿海各省份海洋资源开发利用水平，为海洋资源开发与海洋经济发展关系研究奠定基础。

3. 指标的数据处理及赋权方法

（1）数据处理。由于海洋资源开发综合指数测度指标各省份差异较大，为消除其他非有效成分对测度结果的影响，首先对数据进行统一标准化处理，处理公式如下。

正向指标标准化公式：

$$x_{ij} = \frac{x_{ij} - \min x_{ij}}{\max x_{ij} - \min x_{ij}} \tag{7-13}$$

负向指标标准化公式：

$$x_{ij} = \frac{\max x_{ij} - x_{ij}}{\max x_{ij} - \min x_{ij}} \tag{7-14}$$

式中，i、j分别指省份和年份；x_{ij}为该指标标准化的值，$0 \leqslant x_{ij} \leqslant 1$。

（2）赋权方法。按照确定权重的方式大致可将赋权方法分为两类，即主观赋权法（层次分析法）和客观赋权法（熵值法）（崔瑞华等，2018）。主观赋权法是将专家对各指标重要程度的主观判断数量化与集中化，结果客观性较差。客观赋权法主要根据原始数据之间的关系来确定权重，不依赖主观判断。综合考虑本章海洋资源的自然属性，选用客观赋权法进行赋权。具体赋权方法如下：

第i个评价指标的熵为

$$H_i = -\frac{1}{\ln n} \sum_{i=1}^{m} f_{ij} \ln f_{ij} \tag{7-15}$$

式中，$f_{ij} = \dfrac{1 + b_{ij}}{\sum\limits_{j=1}^{m}(1 + b_{ij})}$，$i$=1，2，$\cdots$，$m$；$j$=1，2，$\cdots$，$n$；$0 \leqslant H_i \leqslant 1$。

则评价指标的熵权为

$$u_i = \frac{1 - H_i}{m - \sum\limits_{i=1}^{n} H_i} \tag{7-16}$$

7.4.2 结果分析

1. 海洋资源开发综合指数水平测度

本章运用基于熵权的模糊相对隶属度，分别计算出我国沿海 11 省份 2001～2015 年海洋资源开发综合指数（表7-2）。

表7-2　2001～2015 年中国海洋资源开发综合指数

年份	2001	2002	2003	2004	2005	2006	2007	2008
天津	1.932	2.058	2.197	2.132	2.419	2.635	2.783	2.743
河北	1.646	1.608	1.622	1.767	2.130	1.858	1.862	1.972
辽宁	3.878	3.976	2.777	3.170	3.886	4.427	4.224	4.356
上海	0.661	0.865	0.818	1.020	0.993	0.674	0.752	1.509
江苏	1.626	1.812	2.555	2.302	2.303	1.547	1.977	2.085
浙江	2.571	2.798	3.173	4.043	3.753	4.939	4.991	5.464
福建	4.030	4.870	5.166	4.716	4.677	4.144	4.188	4.042
山东	4.752	4.814	4.892	4.995	6.315	6.079	6.181	6.857
广东	5.482	5.602	5.946	6.010	6.399	7.018	6.977	7.068
广西	0.522	0.528	0.458	0.450	0.318	0.703	0.809	0.819
海南	2.243	2.343	1.758	0.787	1.065	3.672	2.420	2.422
全国	29.342	29.342	31.361	31.273	34.259	31.361	37.165	31.391

年份	2009	2010	2011	2012	2013	2014	2015	多年平均
天津	2.715	2.783	2.856	3.044	3.274	3.343	3.086	2.667
河北	2.026	2.113	2.523	2.708	2.312	2.422	2.128	2.046
辽宁	4.276	4.122	4.275	4.496	4.710	4.693	3.679	4.063
上海	1.894	1.848	1.997	2.149	2.212	3.560	2.601	1.570
江苏	1.353	2.401	2.512	2.324	2.559	1.273	1.856	2.032
浙江	5.248	5.234	5.294	5.334	5.207	5.699	5.616	4.624
福建	4.320	4.217	4.351	4.202	4.585	4.829	4.493	4.455
山东	6.489	7.024	7.388	7.429	7.670	8.198	6.803	6.392
广东	6.931	6.803	6.410	6.895	7.044	6.851	6.376	6.521
广西	1.171	0.896	1.001	1.112	1.548	1.614	1.250	0.880
海南	2.521	2.503	2.539	2.654	2.597	2.880	2.723	2.342
全国	38.944	34.259	41.145	37.696	43.718	37.165	40.610	35.269

1）海洋资源开发综合指数时间演化

根据我国沿海 11 省份 2001～2015 年海洋资源开发综合指数，加总得到我国沿海地区 2001～2015 年海洋资源开发综合指数，绘制 2001～2015 年我国海洋资源开发综合指数时间演化趋势图，如图 7-1 所示。

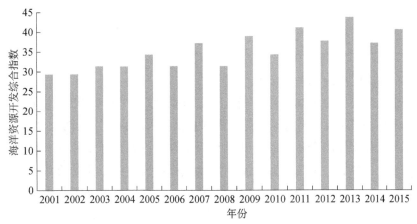

图 7-1　中国沿海地区海洋资源开发综合指数时间演化趋势图

　　从图 7-1 中可知，随着我国海洋经济的快速发展，2001～2015 年，我国海洋资源开发不断深化，海洋资源开发综合指数呈现明显上升趋势。其中，2001～2005 年，我国海洋资源开发综合指数从 29.342 上升为 34.259，呈持续缓慢增长态势。2005 年前，我国海洋资源开发以渔业捕捞和养殖为主，传统的海洋产业增长方式相对粗放，对海洋油气资源、海滨砂矿资源的开发也多限于近浅海域，海洋资源开发利用结构层次偏低，广度和深度均有待加强，我国海洋资源开发综合指数呈持续增长变化态势，但增速较缓。2005～2015 年，我国海洋资源开发综合指数呈波动增长态势，在 2013 年达到近年来海洋资源开发综合指数峰值 43.714。随着我国各项海洋发展战略与规划纲要的颁布和实施，海洋资源开发力度和范围不断加大，海洋资源开发综合指数增速明显。但同时，伴随着我国海洋经济规模的不断扩大，海洋产业逐步由海洋资源开发向海洋服务转变，且海洋资源环境问题开始显现，海洋资源开发综合指数整体增长速度较快，但呈波动不稳定状态。

　　2）海洋资源开发综合指数空间分异

　　为更加直观地反映我国海洋资源开发综合水平在沿海 11 省份的空间分布，借助 ArcGIS 技术，运用自然间断分裂法将我国沿海 11 省份海洋资源开发综合指数分为四个不同层次，进而分析我国沿海地区海洋资源开发综合指数的空间分异，如表 7-3 所示。

表 7-3　中国沿海地区海洋资源开发综合指数分布

项目	天津	河北	辽宁	上海	江苏	浙江	福建	山东	广东	广西	海南
海洋资源开发指数	2.667	2.046	4.063	1.570	2.032	4.624	4.455	6.392	6.521	0.880	2.342
状态	较低水平	较低水平	较高水平	低水平	较低水平	较高水平	较高水平	高水平	高水平	低水平	较低水平

（1）海洋资源综合开发高水平层次：包括广东和山东。广东、山东两省海洋资源开发综合指数较高，综合指数得分分别为6.521和6.392，位居我国沿海省份前两位。作为我国沿海经济带上海洋资源开发综合水平的南北"两极"，广东和山东在海洋资源禀赋上具备开发利用优势，各类海洋资源较丰裕，资源开发状况良好。今后，海洋资源开发的重点应从传统资源的开发利用转向海洋生物医药、海洋新能源和高新技术的开发利用，提高科技贡献在海洋资源开发中的比重，提高海洋资源开发利用的质量水平。

（2）海洋资源综合开发较高水平层次：包括浙江、福建、辽宁。这类省份海洋资源开发综合水平较高，综合指数得分在4.0～5.0，各类海洋资源开发利用相对均衡，存在地区优势海洋资源。其中，辽宁海洋生物资源、海洋空间资源占据相对优势，浙江海岸线和码头等空间资源优势显著，福建海洋生物资源丰裕。此类省份在海洋资源开发过程中初级开发占比较大，深层次开发利用相对不足，在未来海洋资源开发利用过程中应进一步优化调整海洋资源开发利用结构，在海洋资源深度开发的基础上，延长海洋资源开发利用的产业链，集约利用海洋资源。

（3）海洋资源综合开发较低水平层次：包括天津、海南、江苏、河北。该类省份海洋资源开发综合指数较小，综合指数得分在2.0～3.0，具有一定的海洋资源开发优势，但同时也存在明显的海洋资源开发短板。天津海洋矿产资源较优但海洋旅游资源开发水平较低，海南海洋旅游资源丰裕但海洋矿产资源开发利用不足，江苏海洋矿产资源和港口空间资源利用不充分，河北海洋旅游资源劣势明显。此类省份在未来的海洋资源开发过程中，应在提高优势资源开发效率的基础上，拓展海洋资源开发利用的空间。

（4）海洋资源综合开发低水平层次：包括上海和广西。此类省份海洋资源开发综合指数小，海洋资源开发利用水平对地方海洋经济发展优势较弱。上海海洋资源开发综合指数得分为1.570，由于海洋资源开发利用的空间有限、禀赋不足，限制了其海洋资源在海洋经济发展中发挥更大的作用，应利用科技优

势，提高海洋资源开发的深度和广度；广西海洋资源开发综合指数得分为
0.880，各类海洋资源开发利用程度均较低，仍为高资耗、高能耗、低效率的开
发利用模式，应更加注重海洋资源的开发利用效率，促进海洋资源的科学开发
和有效配置。

2. 海洋资源开发与海洋经济增长关系实证分析

1）序列的平稳性检验

对数据进行实证分析首先要针对截取的数据进行平稳性检验，如果检验的
时间序列不存在单位根，则序列平稳，否则这个时间序列数据是不平稳序列
（赵志君和陈增敬，2009）。本章将海洋生产总值 gdp 作为因变量，表征海洋经济
增长，海洋资源开发综合指数 zy 作为自变量。为减少数据波动带来的影响，在
研究中对 gdp 和 zy 取自然对数处理，相应指标名称为 lngdp 和 lnzy。利用 ADF
检验来确定变量的平稳性，假设为：lnzy 和 lngdp 均存在一个单位根，结果如
表 7-4 所示。变量均在一阶差分时拒绝原假设，即变量经过一阶差分后均变为
平稳序列。

表 7-4　ADF 检验结果

变量	检验类型 (c, t, k)	ADF 检验	Prob.	1% level	5% level	10% level	结论
dlnzyTJ	(0, 0, 2)	−2.1437	0.0355	−2.7550	−1.9710	−1.6037	平稳
dlnzyHB	(0, 0, 2)	−3.5552	0.0018	−2.7550	−1.9710	−1.6037	平稳
dlnzyLN	(0, 0, 2)	−3.8675	0.0011	−2.7719	−1.9740	−1.6029	平稳
dlnzySH	(0, 0, 2)	−3.3171	0.0030	−2.7550	−1.9710	−1.6037	平稳
dlnzyJS	(0, 0, 2)	−5.5476	0.0000	−2.7550	−1.9710	−1.6037	平稳
dlnzyZJ	(0, 0, 2)	−2.5043	0.0178	−2.7922	−1.9777	−1.6021	平稳
dlnzyFJ	(c, t, 2)	−4.0877	0.0338	−4.8864	−3.8290	−3.3630	平稳
dlnzySD	(0, 0, 2)	−3.6083	0.0016	−2.7550	−1.9710	−1.6037	平稳
dlnzyGD	(0, 0, 2)	−2.3973	0.0211	−2.7550	−1.9710	−1.6037	平稳
dlnzyGX	(0, 0, 2)	−4.1204	0.0006	−2.7550	−1.9710	−1.6037	平稳
dlnzyHN	(0, 0, 2)	−4.0790	0.0007	−2.7719	−1.9740	−1.6029	平稳
dlngdpTJ	(c, t, 3)	−5.1206	0.0125	−5.2954	−4.0082	−3.4608	平稳
dlngdpHB	(0, 0, 2)	−2.6699	0.0120	−2.7550	−1.9710	−1.6037	平稳
dlngdpLN	(c, t, 2)	−5.9437	0.0022	−4.8864	−3.8290	−3.3630	平稳
dlngdpSH	(0, 0, 4)	−2.4197	0.0202	−2.7550	−1.9710	−1.6037	平稳

续表

变量	检验类型 (c, t, k)	ADF 检验	Prob.	1% level	5% level	10% level	结论
dlngdpJS	(c, t, 2)	−5.9989	0.0026	−4.9923	−3.8753	−3.3883	平稳
dlngdpZJ	(0, 0, 2)	−3.3769	0.0027	−2.7550	−1.9710	−1.6037	平稳
dlngdpFJ	(c, t, 2)	−5.5938	0.0056	−5.1249	−3.9334	−3.4200	平稳
dlngdpSD	(c, t, 2)	−5.2625	0.0058	−4.8864	−3.8290	−3.3630	平稳
dlngdpGD	(c, t, 2)	−5.6825	0.0040	−4.9923	−3.8753	−3.3883	平稳
dlngdpGX	(0, 0, 2)	−2.5028	0.0178	−2.7922	−1.9777	−1.6021	平稳
dlngdpHN	(0, 0, 2)	−3.2172	0.0043	−2.7922	−1.9777	−1.6021	平稳

注：检验类型中的 c 和 t 表示带有常数项和趋势项，k 表示综合考虑 AIC、SC 选择的滞后期，d 表示一阶差分

2）协整关系检验

经过 ADF 检验，序列 lnzy 和 lngdp 均同阶平稳，符合协整检验的前提条件。根据差分序列建立 VAR 模型，但是由于差分之后，其序列的经济意义不明显，而且模型所估计得到的系数也不便于解释。因此，本章选择 Engle-Granger 方法（简称 E-G 两步法）来检验海洋资源开发与海洋经济增长之间是否存在长期均衡关系，检验结果如表 7-5 所示，在 5% 的显著水平下，我国沿海各省份检验结果均拒绝了原假设，即海洋资源与海洋经济增长之间存在长期协整关系。

表 7-5 协整检验结果

省份	脉冲响应	零假设	T.St.	0.05 Critical Value	Prob.
天津	lnzyTJ 与 lngopTJ	不存在协整关系*	28.8729	15.4947	0.0003
河北	lnzyHB 与 lngopHB	不存在协整关系*	21.8002	15.4947	0.0049
辽宁	lnzyLN 与 lngopLN	不存在协整关系*	19.5670	15.4947	0.0115
上海	lnzySH 与 lngopSH	不存在协整关系*	63.6297	15.4947	0.0000
江苏	lnzyJS 与 lngopJS	不存在协整关系*	15.5076	15.4947	0.0498
浙江	lnzyZJ 与 lngopZJ	不存在协整关系*	23.1981	15.4947	0.0028
福建	lnzyFJ 与 lngopFJ	不存在协整关系*	24.0959	15.4947	0.0020
山东	lnzySD 与 lngopSD	不存在协整关系*	23.5150	15.4947	0.0025
广东	lnzyGD 与 lngopGD	不存在协整关系*	18.8902	15.4947	0.0148
广西	lnzyGX 与 lngopGX	不存在协整关系*	30.2246	15.4947	0.0002
海南	lnzyHN 与 lngopHN	不存在协整关系*	21.3706	15.4947	0.0058

注：*表示在 5% 显著水平下拒绝了零假设。T.St. 是方程回归系数相应的 t 统计量，用于检验某个系数是否显著异于零。U. Critical Value 是临界值，是拒绝域的边界，在统计学中，最常使用的临界值是 5%，最严格的也不过 1%。Prob. 是回归系数 t 统计量值相应的概率值，若 Prob. 小于检验水平，说明相应的系数估计值显著异于零，否则系数不显著

3）脉冲响应函数分析

脉冲响应函数（impulse response function，IRF）用于衡量来自某个内生变量的随机扰动项的一个标准差冲击（称为脉冲）对 VAR 模型中所有内生变量当前值和未来取值的影响，揭示多个时间段内变量相互作用的动态变化（高铁梅，2009）。基于 VAR 模型中的广义脉冲函数，研究我国海洋资源开发与海洋经济增长之间的短期动态关系，并从动态反应中判断变量间的时滞关系，结果如图 7-2 所示。

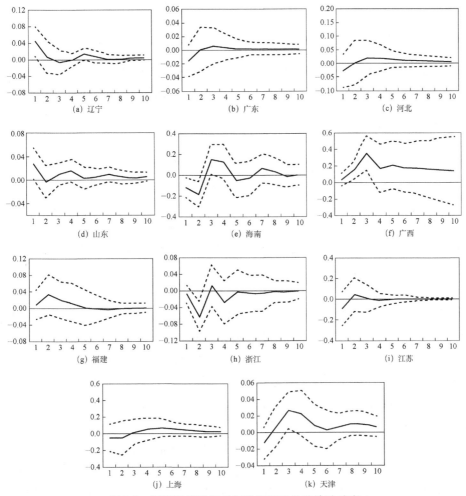

图 7-2　海洋经济增长对海洋资源开发的脉冲响应

实线为脉冲函数响应值，代表海洋经济增长对海洋资源开发综合指数冲击的响应；

虚线为正负两倍标准差的置信带；横轴为滞后期数，纵轴为响应程度

由图7-2可知,我国海洋资源开发对海洋经济增长的影响在滞后前期较为明显,随着时间的推移影响逐渐减弱。在海洋经济增长的初期,海洋经济的增长主要通过外延扩大再生产进行,随着增长阶段的转换,逐步转变为内涵扩大再生产。经济增长的方式由增加海洋资源的投入转变为通过技术的进步和科学化的管理提高资源开发的质量和利用效益,海洋资源开发对海洋经济增长的影响逐渐减弱。两者关系的响应趋势存在明显差异,依据脉冲响应的波动类型可将沿海省份分为波动型响应和平滑型响应两大类,针对我国沿海地区海洋资源开发对海洋经济增长影响的不同波动类型,沿海各省份海洋资源开发策略的制定应有所侧重。

(1)波动型响应:包括天津、辽宁、浙江、山东、广西和海南。这类省份海洋资源开发对海洋经济增长的作用持续时间较长,响应作用呈现持续波动状态,在海洋资源开发及海洋经济发展战略相关政策的制定上要以长期政策为主,辅以短期政策,在保证正向效应持续性的基础上,削弱短期负向冲击带来的影响。

天津海洋资源开发对海洋经济增长的影响在滞后1期表现为负向影响,滞后2期转变为正向影响,并在滞后3期达到最大值0.027,随后迅速下降,滞后7期后稍有回升,海洋资源的开发在初期会对天津海洋经济的增长产生负向作用,但从长期来看,海洋资源的开发仍可促进海洋经济增长。因此,天津在海洋资源的综合利用中,应把握好海洋经济增长随海洋资源开发利用的响应趋势,适时调整海洋资源的开发力度和规模,充分发挥海洋资源开发对经济增长的促进作用。

辽宁海洋资源开发对其海洋经济增长的影响在滞后当期达到最大值0.04,随后影响迅速下降,在滞后5期稍有回升,但响应值在响应后期始终较小。由脉冲响应结果可知,海洋资源在开发初期直接促进辽宁海洋经济的增长,但后期海洋资源的开发对其海洋经济增长的促进作用相对较小。因此,辽宁应充分利用海洋资源对海洋经济增长作用的当期刺激效应,以最大化发挥海洋资源开发对海洋经济增长的促进作用。

浙江海洋资源开发对海洋经济增长的影响会在滞后1~2期迅速下降,在滞后3期明显回升,在滞后4~6期上下波动,随后趋于平缓,整个过程海洋资源开发对海洋经济增长基本表现为负向影响。浙江海洋资源丰富,但其海洋资源的开发利用已不能带来海洋经济的直接增长,在未来海洋经济的发展中应避免过分依赖海洋资源开发对海洋经济增长的带动作用,更加注重科技力量的投入和海洋经济结构的优化调整，以促进海洋经济的持续有效增长。

山东海洋经济增长对海洋资源开发的响应会在滞后 1～2 期有所下降，在滞后 3 期开始回升，之后响应值在 0.00～0.02 波动并逐渐趋于平缓。整个滞后期内，山东海洋资源开发对其海洋经济增长的脉冲响应值基本始终为正，海洋资源开发对海洋经济增长起积极促进作用，且在开发初期作用最为明显。因此，山东应把握海洋资源开发利用初期对海洋经济增长的强烈刺激作用，充分利用其丰富的海洋资源优势，发挥海洋资源开发对海洋经济增长的拉动效应。

广西海洋资源开发对海洋经济增长的影响在滞后 1 期迅速提升，在滞后 3 期达到峰值 0.35，随后出现下降，在滞后 4 期后基本保持不变。整个滞后期内，海洋资源开发对海洋经济发展的脉冲响应始终为正，说明海洋资源开发可长期明显促进广西海洋经济增长。因此，未来海洋资源开发活动应加大海洋资源投入力度，同时更加注重提高海洋资源的利用效率，以使海洋资源开发长期有效促进广西海洋经济增长。

海南海洋经济增长对海洋资源开发的响应在初期稍有下降，在滞后 3 期转变为正向影响，并达到最大值 0.17，在滞后 4～5 期迅速回落，随后小幅回升，海洋资源的开发对海洋经济增长作用显著，且持续时间长。海南海洋资源丰富，但资源优势尚未完全转化为产业优势，应在充分利用海洋旅游资源优势的基础上，适时调整海洋资源的开发力度和规模，以最大化发挥海洋资源对海洋经济增长的促进作用。

（2）平滑型响应：包括河北、上海、江苏、福建和广东。这类省份海洋资源开发对海洋经济增长的作用主要出现在滞后前 4 期，后期海洋资源开发的作用不明显，在海洋资源开发及海洋经济发展战略相关政策的制定上要以短期政策为主，控制在 5 年规划为宜，在削弱短期负向冲击影响的同时，把握海洋资源开发对海洋经济增长效用峰值这一关键时期，最大化发挥海洋资源开发对海洋经济增长的促进作用。

河北海洋资源开发对海洋经济增长的响应在初期为负，海洋资源开发对海洋经济增长在初期产生负向影响，在滞后 2 期转变为正向，在滞后 3 期达到峰值 0.02，随后缓慢收敛。总体上，河北海洋资源开发对海洋经济增长产生促进作用，但作用不明显，海洋经济增长中资源开发利用的作用占比较小。河北在未来海洋经济的发展中，应重点关注海洋资源利用效率的提高，并在此基础上，加大对海洋产业结构调整和科技人才等海洋经济增长要素的投入力度，以发挥多要素对海洋经济发展的综合促进作用。

上海海洋经济增长对海洋资源开发的响应在初期为负，在滞后2期出现缓慢增长，呈现弧形变化趋势，变化幅度较小，整体来看海洋经济增长对海洋资源的促进作用较强。上海应进一步发挥海洋旅游业和海洋运输业等海洋第三产业的优势，同时提高科技创新在海洋经济增长中的促进作用，开发海洋电力、海洋生物医药、海洋能资源等战略性新兴产业，以创新产业驱动海洋经济的发展，提高海洋经济增长的质量与效益。

江苏海洋经济增长对其海洋资源开发的响应在滞后1～2期快速上升，在滞后2期响应值转变为正，并达到最大值0.05，后期响应值变化不明显，在0值附近小幅波动。海洋资源开发对海洋经济发展的作用在滞后前两期作用较明显，后期海洋资源的开发对于海洋经济增长的作用不大。因此，在未来海洋经济发展过程中，江苏应将海洋资源开发范围由浅海向深、远海拓展，延长海洋资源开发产业链，提高海洋资源利用效率，将海洋资源优势有效转化为海洋产业优势。

福建海洋经济增长对海洋资源开发的响应在滞后2期达到峰值0.033，随后缓慢下降，整个滞后期内海洋资源开发对海洋经济增长始终保持正向响应。海洋资源开发在较短期内会对海洋经济产生积极影响，在滞后5期后作用明显减弱。因此，应加大海洋资源开发相关领域的资金和技术投入力度，进一步提高海洋资源的集约利用水平，把握开发初期海洋资源对海洋经济的促进作用。

广东海洋资源开发对海洋经济增长的影响从滞后1期开始小幅上升，随后保持稳定，响应值在0值附近小幅波动，海洋资源的开发对海洋经济增长的影响较小。广东海洋资源开发利用综合水平较高，海洋经济规模较大，应通过延长海洋资源利用产业链获得高附加值海洋产品，实现海洋资源的集约高效利用，同时提升科技教育、人力资源及产业结构调整等因素在广东海洋经济发展中所占比重，提高海洋经济增长活力。

3. 海洋资源开发与海洋经济增长关系的空间特征

地理学中关系的空间特征，反映了地理现象和环境之间的复杂关联，目前已被广泛应用于城市化、能源效率、水资源利用、就业地区位选择等经济社会实际问题研究中。我国沿海各省份海洋资源禀赋及开发利用程度地域差异显著，将地理学关系的空间格局研究引入海洋资源开发与海洋经济增长关系的研究中，对沿海各地区资源开发及海洋经济发展道路的选择具有更加明确的实际指导意义。

为直观反映海洋经济增长对海洋资源开发的响应程度，本章选取我国沿海省份脉冲响应极值的差异幅度反映响应的剧烈程度，运用 ArcGIS 自然间断点分裂法进行类型划分，如表 7-6 所示。

表 7-6　海洋经济增长对海洋资源开发的响应分布

项目	天津	河北	辽宁	上海	江苏	浙江	福建	山东	广东	广西	海南
响应程度	0.041	0.049	0.052	0.120	0.150	0.075	0.037	0.031	0.022	0.320	0.340
状态	弱响应	较弱响应	较弱响应	较强响应	较强响应	较弱响应	弱响应	弱响应	弱响应	强响应	强响应

4. 总体空间特征

中国海洋经济增长与海洋资源开发关系以山东、广东响应程度低值中心为两极，响应程度向南北方向递增。两者响应程度与海洋经济发展水平在空间分布上具有一致性，响应程度弱的地区主要分布于海洋经济较发达的广东、山东等省份，响应强烈的地区主要分布于海洋经济发展水平较低的广西、海南等省份。海洋经济发达省份凭借其优越的经济发展条件对人才、技术及资金的引力作用强，海洋资源的开发更高效，资源利用产业链延伸更深入，因而海洋经济发展对海洋资源的依赖较弱。而海洋经济发展相对落后的省份，其海洋资源利用结构相对单一，以初级产品为主，海洋经济的发展主要依靠海洋资源的大规模开发利用，对其他产业部门的物质资本、人力资源及技术投入形成"挤占"，在一定程度上造成了海洋经济的"资源诅咒"现象（Wang et al.，2018）。此外，海洋经济增长对投资规模和物质投入的过分依赖加剧了资源、环境与经济发展的矛盾，进而影响海洋经济的发展质量和速度。我国沿海省份海洋经济发展状况、海洋资源禀赋及开发程度存在巨大差异，南部沿海地区省域差距表现得尤为明显。在促进各省份海洋资源高效利用和海洋经济高质量发展的过程中，要采用非平衡开发策略，通过海洋经济发达省份的优先发展来辐射周围区域的发展，通过知识性溢出、产业关联性溢出、市场性溢出效应（赵领娣等，2013），促使相对过剩的要素在地区间转移，充分释放海洋资源的供给潜力，推动海洋经济发展水平整体跃升。

5. 各响应类型的空间特征

中国海洋经济增长与海洋资源开发关系不同响应程度类型之间在空间上呈部分连片集中、各类型交替不连续分布的特征。11 个沿海省份中，弱响应关系省份包括广东、山东、福建和天津，响应程度在 0.022～0.041，占比为 36.36%。

这类省份海洋资源开发综合指数较高,海洋经济的发展逐渐由海洋资源开发向海洋服务转变,伴随海洋经济增长方式的转变,海洋资源消耗对经济增长的促进作用逐渐下降,海洋资源的开发在海洋经济增长过程中发挥的刺激作用渐弱。因此,应更加注重海洋战略性新兴产业在海洋经济发展中的贡献作用,推进强势领域高端发展,深层次放大海洋资源优势。较弱响应关系省份包括河北、辽宁、浙江,响应程度在0.049~0.075,占比为27.27%。这类省份海洋资源开发综合条件较好,海洋经济发展可提升空间较大,但海洋资源的开发效率不够高,随着海洋经济规模的扩大和海洋产业结构的升级调整,海洋资源开发对海洋经济发展的刺激作用较弱,应注重海洋经济发展向质量效益型转变,加快海洋传统产业向高新技术产业的过渡。较强响应关系省份包括上海、江苏,响应程度为0.120和0.150,占比为18.18%。这类省份海洋资源禀赋及开发处于弱势,纵然资本和劳动投入形成了替代效应,促使海洋经济快速增长,但海洋资源对海洋经济发展的制约作用明显,海洋经济增长对海洋资源的刺激响应仍较强,在今后的发展中要将海洋资源开发向"深、远"海延伸,开拓海洋资源利用新空间,进而拓展海洋经济发展空间。强响应关系省份包括广西、海南,响应程度为0.320和0.340,占比为18.18%。这类省份海洋经济发展规模和质量均有待提高,仍为对资源开发"高投入、高消耗"的发展模式,使得海洋经济增长形成一种特殊的"路径依赖",加大了与其他沿海省份海洋经济发展的差距,今后应避免过分依赖海洋资源开发对海洋经济增长的带动作用,建立海洋资源与海洋经济发展"此消彼长"的发展模式,同时要更加注重与邻近区域的协同合作,优势互补,缩小与其他沿海省份的差距。

7.5 结论与建议

7.5.1 结论

基于海洋资源的内涵,从海洋生物资源、海洋矿产资源、海洋空间资源和海洋旅游资源4个方面构建包含7个综合指标在内的海洋资源开发综合指数评价指标体系,利用基于熵权的模糊相对隶属度模型测度我国沿海11省份海洋资源开发综合指数,在此基础上引入VAR模型对我国海洋资源开发与海洋经济增长之间的关系进行测度,并从整体和不同响应程度两个层面分析了两者关系的空间特征,主要结论如下:

（1）2001～2015 年，我国海洋资源开发不断深化，海洋资源开发综合指数呈现明显上升趋势。广东和山东属于海洋资源综合开发高水平层次，在海洋资源禀赋上具备开发利用优势，各类海洋资源较丰裕，资源开发状况良好；浙江、福建、辽宁属于海洋资源综合开发较高水平层次，海洋资源开发综合水平较高，综合指数得分在 4.0～5.0，各类海洋资源开发利用相对均衡，存在地区优势海洋资源；天津、海南、江苏、河北属于海洋资源综合开发较低水平层次，海洋资源开发综合指数较小，综合指数得分在 2.0～3.0，具有一定的海洋资源开发优势，但同时也存在明显的海洋资源开发短板；上海、广西属于海洋资源综合开发低水平层次，海洋资源开发综合指数水平低，海洋资源开发利用水平对地方海洋经济发展优势较弱。

（2）我国海洋资源开发与海洋经济增长存在显著的相关性，海洋经济增长对海洋资源开发响应的波动趋势、滞后期存在明显差异。天津、辽宁、浙江、山东、广西和海南属于波动型响应，海洋资源开发综合指数对海洋经济增长的作用持续时间较长，响应作用呈现持续波动状态；河北、上海、江苏、福建、广东属于平滑型响应，海洋资源开发对海洋经济增长的作用主要出现在滞后前 4 期，后期海洋资源开发的作用不明显。针对我国沿海省份海洋资源开发对海洋经济增长影响的不同波动类型，各沿海省份海洋资源开发策略的制定应有所侧重。

（3）我国海洋资源开发与海洋经济增长两者的空间响应呈部分连片集中，以山东、广东响应低值中心为两极向南北方向增加，各类型交替不连续分布。两者关系与海洋经济发展水平在空间分布上具有一致性，在海洋经济发展水平较高的省份，海洋经济对海洋资源开发的依赖程度较低；而在海洋经济发展水平较低的省份，海洋经济增长对海洋资源开发的依赖程度较高。广东、山东、福建和天津脉冲响应程度在 0.022～0.041，属于弱响应；河北、辽宁、浙江脉冲响应程度在 0.049～0.075，属于较弱响应；上海、江苏脉冲响应程度为 0.120 和 0.150，属于较强响应；广西、海南脉冲响应程度为 0.320 和 0.340，属于强响应。

7.5.2　建议

1. 集约利用海洋资源，拓展海洋经济发展空间

作为海洋经济增长的重要支撑条件，海洋资源开发在海洋经济发展过程中发挥了举足轻重的促进作用。但随着海洋经济的快速发展，对前中期海洋资源造成了大量的引致需求，固定的海洋资源势必日益稀缺，海洋资源枯竭问题愈

发严重，近海生物资源衰退、渔业资源锐减等海洋资源问题频繁发生，海洋资源的粗放式开发利用成为阻碍海洋经济可持续发展的因素。为避免海洋资源成为海洋经济发展的瓶颈，应打破海洋经济增长对海洋资源开发的过分依赖，加快粗放型经济增长方式向集约型的转变，构建海洋资源集约型发展模式，切实提高资源开发利用效益。同时，对海洋资源的开发要从浅海向深海推进，由近海向远海推进。坚持海洋资源深度开发、综合利用、生态保护统筹并举，建立海洋资源可持续利用、环境友好的发展机制，将海洋资源和生态环境优势持续转化为海洋经济发展的优势，拓展海洋经济发展空间。

2. 因地制宜，推进资源与经济协调发展

我国沿海各省份海洋经济发展水平不同，海洋资源禀赋和开发程度各异，海洋资源开发与海洋经济发展响应程度存在较大差距，南部沿海地区省域差距表现得尤为明显。对海洋资源开发与海洋经济增长关系的研究，不仅在全国尺度上需要一个总体的认识，更应该根据各省份实际，因地制宜、分类指导推进海洋资源开发与海洋经济协调发展，在把握各省份自身海洋资源海洋经济发展优势的基础上采用非平衡开发策略，实施海洋资源的差别化规划和开发。随着我国沿海各省份间信息共享、知识交流的紧密，产业关联性的增强，进一步加强政策引导和区域统筹能力，深化各沿海省份海洋资源开发合作的深度与广度，通过知识性溢出、产业关联性溢出、市场性溢出效应，达到海洋资源优势互补，积极开展跨区域合作，促进资源等因素优势互补，通过海洋经济发达省份的优先发展来辐射周围区域的发展，促进区域海洋经济协作共赢，充分释放海洋资源的供给潜力，推动海洋经济发展水平整体跃升。

3. 加快创新驱动，优化海洋资源开发利用结构

作为海洋经济增长的重要支撑条件，海洋资源开发在海洋经济发展中的作用随发展阶段不同而存在差异。在海洋经济增长的初级阶段，海洋经济增长主要通过外延扩大再生产进行，海洋资源是促进海洋经济增长的基础和主要动力，海洋经济的发展则为海洋资源开发提供资金和技术支持。随着海洋经济增长阶段的转换，海洋经济的增长方式逐步转变为内涵扩大再生产，产业结构、科学技术、人力资源质量等要素在海洋经济增长中的比重越来越大，海洋资源开发对海洋经济增长的影响逐渐减弱。传统海洋资源对海洋经济增长的促进作用不再显著，在依托科技创新实现海洋资源的高效利用和优化配置的同时，应

强化科技转化在海洋资源开发利用结构转型中的先导作用，提高科技贡献在海洋资源开发利用中的比重。构建海洋产业新体系，加快海洋生物医药、海洋新能源等海洋战略性新兴产业的开发利用，调整传统海洋资源产业开发利用比例，大力发展传统海洋资源的替代资源，调整优化海洋资源开发结构。以创新驱动海洋资源开发结构的优化升级，进一步促进海洋经济的可持续发展。

▶▶ 第 8 章　中国海洋经济增长与资源消耗的脱钩分析及回弹研究

　　海洋经济在国民经济中的地位显著提升，作用不断增强，已经成为我国国民经济快速发展的重要支柱。当前我国海洋经济正向增速"换挡期"过渡，深层次矛盾凸显，海洋经济发展不可持续的问题依然存在，资源被过度消耗。为适应海洋经济结构优化的新要求，实现海洋经济全面提质发展的新目标，有必要降低海洋资源消耗量，使海洋经济与海洋资源实现真正意义上的脱钩发展。

　　本章通过对国内外学者已有成果的梳理，以相关理论及海洋经济增长与资源消耗脱钩、海洋资源回弹效应等概念为理论支撑，依据物质流分析方法对中国沿海 11 省份海洋资源消耗量进行核算，以此为基础改进 Tapio 脱钩分析模型研究中国海洋经济增长与资源消耗的脱钩关系；构建海洋资源回弹效应模型，将海洋资源回弹效应分解为规模效应、强度效应和人口效应，在分析各效应对海洋资源消耗影响的基础上，提出相应的对策建议，这对于丰富和完善海洋经济理论、促进海洋经济学科发展具有一定的理论意义。

8.1　引言

　　海洋是人类生存与发展的基本环境和未来人类拓展发展空间的重要资源。因为当前人口日渐增多、陆地资源开采过度、环境污染日益加重，人类生存空间不断被压缩，海洋成为世界沿海国家发展目光的瞄准点，这些国家将深度开发和综合利用海洋资源作为发展经济的重中之重，并在世界范围内掀起了发展蓝色经济的"热潮"，通过制定一些重大决策和出台相关规划，以此指导海洋经济的发展，海洋成为增强国家实力和争夺长远战略优势的新高地（狄乾斌，2007）。海洋资源作为沿海国家和地区发展海洋经济的投入要素之一，都不可避免地被消耗，但有些海洋资源并非取之不尽、用之不竭，若这些海洋资源被过度消耗，将会带来海洋经济投入成本的增加（张琳等，2014）。当今各沿海国家为集聚蓝色动能，加快了开发海洋资源的步伐，利用海洋资源的规模也渐趋扩大，由此海洋资源对其经济社会持续健康发展表现出制约作用，且制约作用愈发明显。因此，找到海洋经济增长与资源消耗之间的平衡点，有助于将海洋资源开发尺度控制在合理的范围内，降低海洋资源对海洋经济增长的阻碍作用。

我国是海洋大国，海洋经济是我国国民经济的重要组成部分。

近年来，各沿海经济区的发展被相继提升到国家发展战略层面的高度，由此这些沿海经济区也将海洋经济作为地区经济发展的制高点和重要引擎，以此为契机来拓展我国海洋开发的广度和深度，使得我国海洋经济一直保持着可观的增长速度。尽管这些沿海区域发展规划的制定及实施为我国海洋经济发展注入了新的生机与活力，但也带来了海洋资源不合理开发、资源被过度浪费等一系列问题，导致一定时期内海洋经济增长超过了海洋资源的承载力范围，资源系统处于剧烈演变阶段，功能不断退化。当海洋经济增长速度保持在海洋资源承载力范围内时，海洋资源的利用会推动海洋经济的发展，反之就会制约海洋经济增长。海洋经济作为国民经济发展中的重要一环，其正常运行至关重要，对此要全面准确地认识我国海洋经济增长与资源消耗的关系，为实现资源高质化利用、经济社会持续稳定发展提供重要支撑和保障。

当前，我国海洋经济已进入结构调整的重要机遇期，结构调整意味着海洋经济增长动力的转换和开发方式的转变，海洋资源的高效利用变得尤为重要。但我国海洋资源承载压力不断加大等因素仍制约着海洋经济的健康发展，在此背景下，有必要使海洋资源消耗与海洋经济增长实现"脱钩"。海洋经济与海洋资源之间有着复杂的互动和关联关系，一方面海洋经济在发展过程中要消耗海洋资源，但由于资源的有限性，上一阶段海洋资源的消耗必然会对下一阶段海洋经济发展产生影响；另一方面在海洋经济发展的初级阶段，海洋产品产量的提高主要来自投入要素的大量增加，海洋资源消耗量加大成为必然结果；当经济增长超过一定临界值后，伴随海洋经济增长方式的转变以及技术进步和产业结构的优化，海洋资源压力得到缓解。通常认为，海洋经济增长带来的技术进步可以提高资源的产出效率，而资源产出效率的提高是减少海洋资源消耗的有效手段，但效率的改善也会使海洋资源比其他要素廉价而更多地被使用，同时海洋经济增长也会对海洋资源产生新的需求，从而部分抵消了所节约的海洋资源，即产生"回弹效应"，制约了海洋经济增长与资源消耗的脱钩发展。因此，全面分析海洋经济增长与资源消耗的脱钩关系，找到影响海洋资源回弹效应的关键因素是优化海洋资源配置和提升海洋经济发展质量的关键。

海洋经济与海洋资源的关系呈现复杂性、互动性和关联性的特点，有必要从理论层面深入了解两者之间的相互联系和相互影响，为海洋经济问题的剖析提供理论依据。目前，国内外关于海洋经济、海洋资源问题的研究多从承载力、耦合协调度、投入-产出等研究视角构建数学模型做定量研究，通过实证分析阐释海洋经济与海洋资源之间的单一作用机制或双向作用机理，鲜有研究涉及海洋经济增长与资源消耗的脱钩理论。为进一步丰富海洋经济与海洋资源方面的理论研究，本章在对脱钩、海洋资源回弹效应等相关概念进行界定的基础上，引入可以应用于海洋经济增长与资源消耗脱钩关系及回弹效应研究的经典理论，主要有脱钩理论、可持续发展理论、资源稀缺性理论、回弹效应理论等，构建海洋经济增长与资源消耗脱钩关系及回弹效应研究的理论框架，通过梳理相关经典理论形成、发展的脉络，实现各研究领域相关理论的优势互补，这对于丰富和完善海洋经济理论、促进海洋经济学科发展具有一定的理论意义。

本章的现实意义主要体现在以下两个方面。第一，在海洋经济发展前期，受经济发展水平和技术等条件制约，海洋产业结构单一，海洋经济规模较小，海洋资源压力增长缓慢；随着对海洋经济重视程度的提高，依靠传统粗放的生产模式海洋经济取得高速发展，但这种发展模式容易使我国海洋经济掉入资源问题的"魔咒"。伴随我国海洋经济发展步入新常态，海洋经济增速趋缓，从可持续发展角度看，我国要提高合理利用海洋资源的能力，加强海洋资源开发规划和指导；优化海洋产业结构，加快海洋产业绿色转型步伐，实现海洋资源高值化和高质化利用。从系统的角度看，海洋资源与海洋经济是相互联系、不可分割的，海洋资源合理有序的开发可以带来巨大的经济效益，而海洋经济的稳定增长也会为海洋资源开发提供资金支持，从而有利于海洋经济与海洋资源系统之间物质的良性循环。这对于新常态下实现我国海洋经济向质量效益型转变、海洋资源开发方式向循环利用型转变奠定了基础，更有利于全面深入地认识海洋、经略海洋，对于指导我国海洋强省建设和实现海洋强国的奋斗目标具有一定的现实意义。第二，海洋资源是海洋经济发展的物质基础，其具有区域性、分布不平衡性、复合性等特点，导致沿海各省份海洋资源禀赋不同，发展海洋产业的侧重点也不同，进而使各海洋产业在沿海各省份海洋经济系统中的地位和所发挥的作用不同。同时，由于各海洋产业对海洋资源的依赖程度存在一定的差异性，海洋渔业、海洋盐业、海滨砂矿业等传统产业对海洋资源依赖程度较高，在发展过程中相较于海洋电力、海水淡化等海洋战略性新兴产业，其消耗的海洋资源更多。若沿海地区以发展海洋资源依赖型产业为主，相较于以海洋技术依赖型产业发展为主导的地区，必然消耗更多的海洋资源，加之沿海各省份发展定位及海洋经济总量、增长速度不同，最终导致不同时期沿海各省份海洋经济与资源脱钩关系不同。为进一步了解沿海各省份海洋经济与海洋资源脱钩关系的差异，有必要在对我国海洋经济与海洋资源总体交互趋势分析的基础上，进一步研究沿海各省份海洋经济与海洋资源脱钩关系的时序及空间格局变化趋势，这不仅使研究问题更有针对性，同时也为沿海各省份在发展海洋经济时制定差别化的政策提供了现实依据。

8.2　理论基础

8.2.1　相关概念

1. 脱钩

"脱钩"一词最初来自物理学研究领域，指打破或阻断两个或两个以上物理量之间原本存在的响应关系，后来这一概念逐渐扩展到环境及资源研究领域（宋伟等，2009）。"脱钩"实质上是一个动态演变的过程，而环境库兹涅茨曲线可以用来表示这一过程的变化轨迹，从而使"脱钩"具象化。由 EKC 可知，在经济发展的初级阶段，生态环境压力呈现出随经济增长而增大的特点；但从经济发展的中期和长期来看，在经济结构调整、技术进步、政府环境政策等多种因素的综合作用下（夏勇和钟茂初，2016），环境压力达到某个最高点之后增长趋势减缓，而此时经济仍保持稳定增长，环境压力不随经济增长而增长甚至开始表现为下降趋势，经济增长与环境压力二者之间呈现强脱钩状态，脱钩效果趋于理想。在研究经济增长与资源消耗的关系时，脱钩即为突破经济增长对资源消耗的路径依赖，即经济增长时资源消耗并不同步增长甚至出现下降趋势，经济增长对资源的依赖性逐渐减弱。

2. 海洋经济增长与资源消耗脱钩

在海洋经济发展前期，其发展方式比较粗放，对海洋资源的依赖程度较高，二者之间表现出强关联的关系；但随着海洋经济发展水平及海洋技术的提高和海洋产业结构的优化调整，海洋经济增长更依赖于技术、劳动力等其他投入要素，对海洋资源的依赖程度相对降低，二者之间开始呈现弱关联关系。海洋经济增长与资源消耗的关联关系从强相关到弱相关，最后向反方向或不相关方向变化的过程，即为海洋经济增长与海洋资源消耗的脱钩，在这个变化过程中二者之间的关联关系逐渐减弱。在脱钩过程中，海洋经济保持持续稳定增长，但发展模式开始向循环效益型转变，此时海洋经济发展更加注重海洋资源利用的质量而不是数量，海洋资源利用总量也会由初期的快速增长向缓慢增长转变并进一步转向"零增长"，最终呈现为海洋资源消耗量下降的态势（吴丹，2014）。

3. 海洋资源回弹效应

在海洋经济增长与资源消耗脱钩的过程中，海洋技术效率的提高在一定程度上可以减少海洋资源消耗、促进海洋经济增长，因此海洋技术是实现海洋经济增长与资源消耗强脱钩的重要推动力。但仅仅依靠海洋技术进步并不能使海洋资源消耗量下降成为海洋经济增长过程中的必然趋势，当技术效率提高，而海洋资源消耗量在海洋经济增长过程中仍然持续增加时，便产生了海洋资源"回弹效应"（宋旭光和席玮，2011）。从技术效应看，技术进步及其效率提高使海洋资源被高质化利用，在海洋经济产业链中，降低了海洋资源的开发和生产成本，以海洋资源作为生产要素的产品的价格相应降低，引致对海洋资源消费需求的增加；而海洋资源开发和生产成本的降低也会直接引致对海洋资源消耗型产业投资需求的增加，投资的增加也会进一步带来更多的资源消耗；同时，海洋经济规模扩大、人口增加及消费水平提高等因素也会不同程度地增加对海洋资源开发和利用的需求，最终导致由技术效率提高所节约的海洋资源会被不同的引致需求增加的海洋资源消耗量部分甚至全部抵消。

8.2.2 相关理论

1. 脱钩理论与EKC理论

（1）脱钩理论。"脱钩"原指两种事物之间的脱离关系，最早出现在物理学领域，后来逐渐拓展到资源环境经济领域，形成了较为完善的脱钩理论。在经济发展初期，资源和环境压力随着经济增长呈同比或更高幅度增加，但当采取有效的政策和新技术后，资源和环境压力不再随经济增长而同步增长，并且开始呈现下降趋势，此时出现"脱钩"现象（张兰，2011）。比较有代表性的脱钩模型有两种：一是经济合作与发展组织（Organisation for Economic Co-operation and Development，OECD）提出的因子模型，选取不同的指标来表征环境压力和经济增长，通过因子模型测度二者之间的交互关系，当环境压力增长率不随经济增长率提高而提高，并且开始表现为下降趋势时，二者为"绝对脱钩"关系；当环境压力增长率随经济增长率增加而增加，但提高幅度较小，且未超过经济增长率提高幅度，二者为"相对脱钩"关系（刘盼，2015）。二是 Tapio 基于增长量弹性变化提出的脱钩模型，其指出交通量与 GDP 的脱钩弹性为一定时间内交通量的变化百分比除以 GDP 变化的百分比（王磊，2010）。OECD 脱钩模型对研究期基期具有高度敏感的特点，在计算时若将量纲变化考虑在内会产生一定的计算偏差。而 Tapio 脱钩模型弥补了 OECD 脱钩模型的缺点，且可以通过建立变量因果关系来考察不同因素变化对脱钩指标变化的影响，划分标准也更为精细，对经济增长与资源环境关系测度的准确性更高，对制定经济发展政策更有指导意义。

（2）EKC 理论。1993 年 Panayotou 首次明确提出了 EKC 的概念，用来表示环境质量与人均收入之间倒"U"形的关系，倒"U"形反映了二者之间的变化趋势。该曲线描述了经济增长与环境压力间脱钩关系的自然演变过程，即在经济发展初期，经济增长缓慢，人均收入和消费水平较低，给环境污染带来的压力较小；但随着经济水平提高，人均收入也相应增加，向环境中排放的污染物增多，环境压力在这一时期呈快速增长的态势；当经济增长稳定在某个水平以后，而人均收入继续稳步提高，环境压力上升趋势减缓甚至开始下降。从经济的规模效应来看，资源投入会随经济规模扩大而相应增加，尽管会提高经济产出，但产出提高的同时污染物排放也逐渐增加，导致环境状况恶化，因此粗放型的经济发展方式极有可能使环境遭受不可逆转的损害，为避免这一现象的产生，应在 EKC 到达顶点之前，转变经济增长方式，提高资源利用率，从而实现经济增长与环境压力的绝对脱钩（邱静，2015）。从经济的结构效应看，当经济结构从农业向资源密集型工业转变时污染物排放会增加，而当经济发展达到全面提质、结构优化的状态，经济增长由依赖资源向依赖技术转变时，污染物排放会逐渐降低，环境质量得到改善；经济的结构效应中也存在技术效应，技术进步有助于产业结构的升级和资源利用率的提高，通过清洁环保的新技术替代污染较为严重的技术，最终使环境污染状况得到改善（孙倩倩，2014）。

2. 资源稀缺性理论

人类的生存与发展必定要与特定的自然资源发生直接或间接的联系，对于人类来说，自然资源是重要的，也是稀缺的，这种稀缺性一般指相对稀缺，是相对于人们现时或潜在的需求而言是稀缺的。自然资源是制约经济发展的关键因素，自然资源的稀缺性决定了人类社会物质生活资料的稀缺性。在一定的时间与空间范围内自然资源总是有限的，利用自然资源进行物质生活资料生产的技术条件也是有限的，而人类的需求具有无限性和多样性。伴随经济的发展，人们追求更高的生活质量，会不断产生新的需求，同时人们在生产过程中也追求利润最大化，期望利用有限的自然资源生产更多的产品，从而获取更多的利润，此时相对不足的自然资源与人类绝对增长的需求就会造成资源的稀缺性。资源的稀缺性决定了人们要以最少的资源消耗获得最大的经济效果，因而在经济发展过程中，要正确处理好资源保护和经济发展的关系，实施可持续发展战略。一方面，运用市场与政府干预相结合的方式有效配置资源，以发挥资源的最大效益；另一方面，加强科技创新，提高资源利用率，实现经济社会和人口、资源、环境的协调发展。

3. 回弹效应理论

回弹效应是指随着某种资源利用的技术进步和该种资源利用效率的提高，某种特定资源的消耗量不断增加，枯竭速度不断加快。Stabley Jevons 在"煤炭问题"中最早提出"回弹效应"，即技术进步使耗煤量下降，降低了炼铁成本，导致煤炭需求量相较原来增加了十倍（商清汝，2014）。Khazzoom（1987）认为能源效率的提高不是导致能源需求下降的必然原因，Saunders（2008）从技术和能源利用率的关系层面提出了能源回弹效应的定义，技术效率的提高在特定时期内会带来一定能源消耗量的减少，但由技术效率提高所引致的经济增长、投资增加、消费需求上升等因素又会增加能源消耗，减少的能源消耗量最终被引致需求带来的额外能源消耗量部分甚至全部抵消。资源回弹效应具有不同的产生机理，有直接引起的资源消耗量的增加，即直接回弹效应，直接回弹效应通常体现在单个产品或特定的资源部门和服务上，资源利用率的提高使得由该资源生产的产品或提供的服务的价格降低，增加了资源消耗量；间接引起的资源消耗量的增加称为间接回弹效应，当以某种资源作为投入要素生产某种产品时，该产品价格的上升会引起以同种资源作为原料生产的替代品需求量的增加，间接增加资源消耗量，产生间接回弹效应；资源利用效率的改善使得由该资源生产的中间和最终产品或提供的服务的价格降低，导致整个行业及相关行业对资源需求增加，引发经济系统层面的回弹效应（Greening et al.，2000）。

8.2.3　海洋经济与海洋资源的相互作用机理

1. 海洋经济增长对海洋资源的影响

实现海洋经济与海洋资源的协调发展，有必要正确认识二者之间的关系。海洋经济的健康稳定发展是实现海洋资源合理有序开发的重要保障，海洋经济发展动力不足或盲目追求海洋经济发展速度都会带来资源问题。一方面，海洋经济发展不足表现在海洋产业体系存在"供给老化"，海洋科技成果转化率低，集聚蓝色动能的动力不足，在海洋开发关键技术方面自主创新能力薄弱，不能为深海资源勘探、海洋生物资源综合利用提供技术支撑，使得沿海地区开发活动绝大多数集中在近海，提供高附加值海洋产品和服务的水平不高，抑制了海洋资源供给潜力的释放；另一方面，盲目追求海洋经济增长速度，导致近海生物资源存量日益减少，海洋资源枯竭问题凸显，资源的承载能力和再生能力不能匹配海洋经济发展速度，破坏了海洋经济的正常运行规律。因此，要实现海洋经济的健康有序发展，就要以海洋技术作为抓手，从开发源头上降低对海洋不可再生资源的浪费；同时，要依靠科技走向深远海，还要加强对海洋资源开发的统筹规划和合理配置，使海洋资源的利用规模、开发强度与其承载能力相适应。对可再生资源的利用要坚持不破坏其再生机制的原则，以科技为引领提高资源集约利用能力，进而增加海洋资源存量。

2. 海洋资源对海洋经济增长的影响

海洋资源作为海洋经济发展的物质储备，是实现海洋经济高质量发展的关键。海洋资源合理有序开发及高效利用对海洋经济增长会起到积极的促进作用，反之海洋资源被不合理地过度消耗，就会打破海洋经济系统的平衡，对海洋经济增长产生抑制作用。考虑到有些海洋资源如海洋油气、海滨砂矿等资源并非取之不尽、用之不竭，因此对海洋资源的开发要遵循适度性原则，在利用过程中要遵循公平性和持续性的原则，既要考虑资源在区际的均衡发展，又要注重资源在代际间分配和利用的公平，对这些资源的开发不能以损害后代人的发展利益为代价，同时要兼顾资源和海洋生态环境的承载能力，遵循海洋自然生态规律（程娜，2013）。随着绿色发展观念的深入人心，海洋经济发展也要践行绿色生产方式，由过去注重海洋经济发展总量和增长速度向追求海洋经济发展质量转变；要重新认识海洋资源的管理问题，沿海各地区要优化配置海洋资源，使其功能充分发挥；对涉海项目要加强监管，有效保护海洋资源，真正让海洋资源的持续利用支撑海洋经济的稳定健康发展，实现海洋经济效益的最大化。

8.3   研究方法与数据来源

8.3.1   研究方法

1. 脱钩弹性系数测算

Tapio（2005）在研究欧洲交通运输业与经济增长量的关系时，指出在一定时间内交通运输量受经济增长的影响，会产生一定的变化百分比，这个变化百分比是由 GDP 变化引起的；而当 GDP 引起交通运输量每变化一个百分点时，GDP 也会产生一定的变化量，交通运输量变化百分比与GDP变化百分比的比值即交通运输量与经济增长量之间的脱钩弹性值，据此构建了用于研究交通容量与GDP脱钩问题的脱钩模型，如式（8-1）所示：

$$r_{V,GDP} = (\Delta V/V) / (\Delta GDP/GDP) \tag{8-1}$$

式中，r 表示交通运输量与经济增长量之间的脱钩弹性值，用来反映经济增长所引起的交通运输量的变化情况；V 表示交通运输量。

对脱钩的分类常见的有以下几种，一是包括绝对脱钩和相对脱钩的两类划分法；二是在两类划分法的基础上增加了未脱钩；三是涵盖强脱钩、弱脱钩、衰退性脱钩、强负脱钩、弱负脱钩和扩张性负脱钩的六类划分法；四是在六类划分法的基础上增加了扩张性耦合和衰退性耦合，并用负脱钩来代替复钩（于洋，2014）。而在实际经济发展中，研究对象从绝对脱钩到耦合再现的情况极少涉及，因此六类划分法对脱钩类型的划分更符合经济发展的实际情况。常见的脱钩模型包括OECD提出的因子模型和Tapio脱钩模型，因子模型对研究期基期选择具有高度敏感性的特点，容易受时间尺度变化的影响，在计算时会因量纲变化而产生计算偏差。而Tapio脱钩模型弥补了因子模型的这些缺点，不受研究期基期选择的局限（苑清敏等，2014），并将单个变量的变化和两个变量间的相对变化综合考虑在内，建立了变量之间的因果联系以此考察不同因素变化对脱钩弹性值变化产生的影响，划分标准也更为精细，对脱钩的评价结果更为准确和客观。鉴于此，本章在 Tapio 脱钩模型的基础上进行改进，建立了海洋经济与海洋资源间的脱钩模型，如式（8-2）所示：

$$\varepsilon = \frac{\Delta E / E}{\Delta \mathrm{GDP} / \mathrm{GDP}} = \frac{(E_{\mathrm{end}} - E_{\mathrm{start}}) / E_{\mathrm{start}}}{(\mathrm{GDP}_{\mathrm{end}} - \mathrm{GDP}_{\mathrm{start}}) / \mathrm{GDP}_{\mathrm{start}}} \tag{8-2}$$

式中，ε 表示脱钩弹性系数，是海洋资源消耗量变化率与海洋生产总值变化率之比；ΔE 为第 i 时期海洋资源消耗的改变量；E 为第 i 时期初始年份的海洋资源消耗量，即 E_{start}；$\Delta \mathrm{GDP}$ 为第 i 时期海洋生产总值的改变量；GDP 为第 i 时期初始年份的海洋生产总值，即 $\mathrm{GDP}_{\mathrm{start}}$；$E_{\mathrm{end}}$、$\mathrm{GDP}_{\mathrm{end}}$ 分别为第 i 时期末年的海洋资源消耗量和海洋生产总值。

如图 8-1 所示，基于 Tapio 脱钩模型将海洋经济增长与海洋资源之间的脱钩关系分为：强脱钩、弱脱钩、衰退性脱钩、扩张性负脱钩、弱负脱钩、强负脱钩。其中强脱钩代表海洋经济与海洋资源之间脱钩效果是最理想的；而强负脱钩则代表海洋经济与海洋资源之间的脱钩最不理想。当海洋生产总值随时间推移一直呈现增长状态时，即海洋生产总值的变化量始终大于零，而随着海洋生产总值的增长，海洋资源消耗的增长量变化越小，海洋经济增长与资源消耗的脱钩效果越理想。

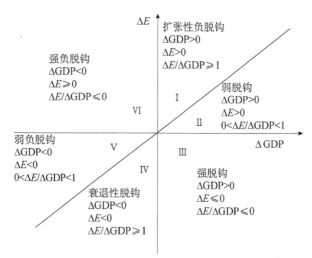

图 8-1　海洋经济增长与海洋资源之间的脱钩关系

在不同时期内，海洋经济与海洋资源消耗呈现出不同的变化趋势，因此除了用脱钩弹性系数来判定海洋经济与海洋资源在某一时期的脱钩关系，还需要将二者变化趋势对脱钩关系的影响考虑在内。

根据变量综合分析法，将海洋资源消耗量、海洋经济增长及单位海洋生产总值所产生的资源消耗的变化量均考虑在内，综合海洋资源消耗量的变化量和海洋生产总值的变化量分别大于0和小于0的情况，以0和1为分界点划分脱钩弹性系数可将脱钩关系分为：强脱钩、弱脱钩、衰退性脱钩、扩张性负脱钩、弱负脱钩、强负脱钩。进一步地，将脱钩弹性系数值分成若干个区间来反映脱钩关系动态变化的过程，并赋值排序，在强负脱钩关系中，$\varepsilon=(-\infty, -0.75) \cup [-0.75, -0.50) \cup [-0.50, -0.25) \cup [-0.25, 0)$，各区间分别赋值1、2、3、4，以此类推，强脱钩关系分别赋值21、22、23、24。赋值越大表示海洋经济增长与海洋资源消耗脱钩越理想，即海洋经济与海洋资源之间发展越协调，评价标准如表8-1所示。

表 8-1　海洋经济与海洋资源脱钩关系判定标准

脱钩状态	判别条件			含义	脱钩关系评价值	
	ΔE	ΔGDP	ε		ε	脱钩指数
强脱钩	<0	>0	$\varepsilon<0$	经济增长，资源压力下降	$(-\infty, -0.75)$	24
					$[-0.75, -0.50)$	23
					$[-0.50, -0.25)$	22
					$[-0.25, 0)$	21
弱脱钩	>0	>0	$0 \leqslant \varepsilon < 1$	经济增长，资源压力缓慢增长	$[0, 0.25)$	20
					$[0.25, 0.50)$	19
					$[0.50, 0.75)$	18
					$[0.75, 1.00)$	17
衰退性脱钩	<0	<0	$\varepsilon>1$	经济缓慢衰退，资源压力大幅下降	$[1.75, +\infty)$	16
					$[1.50, 1.75)$	15
					$[1.25, 1.50)$	14
					$[1.00, 1.25)$	13
扩张性负脱钩	>0	>0	$\varepsilon>1$	经济缓慢增长，资源压力大幅增长	$[1.00, 1.25)$	12
					$[1.25, 1.50)$	11
					$[1.50, 1.75)$	10
					$[1.75, +\infty)$	9
弱负脱钩	<0	<0	$0 \leqslant \varepsilon < 1$	经济衰退，资源压力缓慢下降	$[0.75, 1.00)$	8
					$[0.50, 0.75)$	7
					$[0.25, 0.50)$	6
					$[0, 0.25)$	5

续表

脱钩状态	判别条件			含义	脱钩关系评价值	
	ΔE	ΔGDP	ε		ε	脱钩指数
强负脱钩	>0	<0	$\varepsilon<0$	经济衰退，资源压力增长	[-0.25，0)	4
					[-0.50，-0.25)	3
					[-0.75，-0.50)	2
					(-∞，-0.75)	1

2. 物质流分析模型

物质流分析模型是反映经济系统物质投入和产出的动态模型，包括自然资源输入经济系统经过一系列生产活动形成存量并在系统内部累积的过程，在衡量物质投入量和产出量时，以质量作为衡量标准，通过将经济活动不同阶段用于生产和消费的物质质量进行加总，得到投入物质的消耗总量，用于评价和分析经济系统的物质输入、输出及内部循环和转化的特点，被广泛应用于资源、循环经济等研究领域。其中，直接输入到经济系统中用于生产和消费的物质流量用直接物质输入（direct material input，DMI）指标来表示，表征生产活动中自然资源的消耗（王亚菲，2011；Eurostat，2001；Adriaanse et al.，1997；Ayres，1994）。图 8-2 为总物流分析模型，模型的左侧是投入到经济系统中的资源量，模型的右侧是经济系统的产出项。

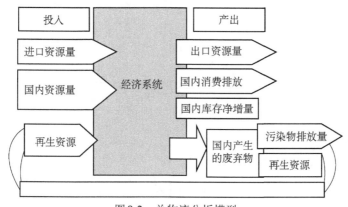

图 8-2　总物流分析模型

3. 回弹效应模型构建

1）乘法关系

乘法关系可以概括为：联合产生与平等分配（Sun，1998）。如果 X_i

（$i=1$，2，$\cdots$，n）是影响研究问题的因素，Y 是将影响因素扩展之后产生的效应。当时间从 0 变化到 t 时，X_i^0 变化到 X_i^t，$X_i^t = X_i^0 + \Delta X_i$（$i=1$，2，$\cdots$，$n$），$\Delta X_i$ 表征 X_i 的增加值；Y^0 变化到 Y^t，ΔY 表征 Y 的增加值，若分解效应增加值可以由影响因素增加值通过连乘得到，即 $\Delta Y = \prod_i^n \Delta X_i$，则 Y 改变时，$\Delta Y / n$ 便决定了 X_i 改变对 Y 改变所产生的影响。

如图 8-3 所示，研究变量 $V = x \times y$，时间由 0 变化到 t，V 由 V^0 变化到 V^t。

$$\Delta V = V^t - V^0 = x^0 \Delta y + y^0 \Delta x + \Delta x \Delta y \tag{8-3}$$

在式（8-3）中，$x^0 \Delta y$ 中 y 的改变量作为一乘法因子存在，$y^0 \Delta x$ 中 x 的改变量也作为一乘法因子存在，$\Delta x \Delta y$ 是 x 改变量和 y 改变量的乘积。因此，x 改变量和 y 改变量共同决定了研究变量 V 的改变量，若 x 变化值为零或 y 变化值为零，则有 x 和 y 变化值存在的那一项也为零。这说明，研究变量 V 的变化既受 x 或 y 单独变化的影响，也受 x 和 y 共同变化的影响，所以应该平等分配 x 和 y 对 ΔV 的贡献值。

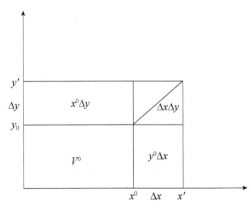

图 8-3　两相关变量的乘法关系图

2）无残差完全分解模型

当 n 个因素共同影响研究变量 V 时，则

$$V = \prod_{i=1}^n X_i \tag{8-4}$$

X_i 表示第 i 个影响因素，时间从 0 变化到 t 时，第 i 个因素导致研究变量发生变化，即

$$X_i^0 \rightarrow X_i^t = X_i^0 + \Delta X_i \quad i = 1, 2, \cdots, n \tag{8-5}$$

式中，ΔX_i 表示研究变量受 X_i 变化而产生的变化量。则 ΔV 表示为

$$\Delta V = V^t - V^0 = \prod_{i=1}^{n} X_i^t - \prod_{i=1}^{n} X_i^0 = \prod_{i=1}^{n}(X_i^0 + \Delta X_i) - \prod_{i=1}^{n} X_i^0 \qquad (8\text{-}6)$$

依据"共同导致，平等分配"的原则和 Sun 提出的无残差完全分解模型，需要将各影响因素变化所产生的效应进行加总才能得到 ΔV，即

$$\Delta V = V^t - V^0 = \sum_{i=1}^{n} X_{i\text{-effect}} \qquad (8\text{-}7)$$

其中：

$$X_{i\text{-effect}} = \left[(X_i^t - X_i^0)\frac{\prod_{i=1}^{n} X_i^0}{X_i^0}\right] = \frac{\Delta X_i \prod_{i=1}^{n} X_i^0}{X_i^0} = \frac{V^0}{X_i^0}\Delta X_i \qquad (8\text{-}8)$$

上述结果与无残差完全分解模型相近，但式（8-6）和式（8-7）所得出的结果并不相同，式（8-6）和式（8-7）含有不同的项数，式（8-6）中含有（2n-1）项，式（8-7）比式（8-6）少（n-1）项。式（8-6）只考虑了每个变量所产生的单独效应对研究变量的影响，而未考虑各影响因素间的相互作用，式（8-7）考虑了各影响因素间相互作用所产生的综合效应。各影响因素间的相互作用受研究所选取的时间样本的影响，时间越长，这种相互作用越易表现出来，若不考虑各影响因素间的相互作用对研究目标值所产生的综合效应，就会产生一定的计量偏差。因此，为减小计算误差，将综合效应考虑在内，得到修正后的 ΔV：

$$\Delta V = n\Delta X_i(i=1,2,\cdots,n) + \frac{n(n-1)}{2}\Delta X_i \Delta X_j (i \neq j)$$
$$+ \frac{n(n-1)(n-2)}{3!}\Delta X_i \Delta X_j \Delta X_r (i \neq j \neq r) + \cdots \qquad (8\text{-}9)$$
$$+ \cdots + \frac{n(n-1)(n-2)\cdots \times 2 \times 1}{n!}(\Delta X_1 \Delta X_2 \cdots \Delta X_{n-1} \Delta X_n)$$

式（8-9）中第一个 n 项表示每个影响因素单独产生的效应，其余各项均表示各影响因素间相互作用所产生的综合效应。

对式（8-9）进行整理，得

$$X_{i\text{-effect}} = \frac{V^0}{x_i^0}\Delta x_i + \sum_{j \neq i}\frac{V^0}{2x_i^0 x_j^0}\Delta x_i \Delta x_j + \sum_{j \neq i \neq r}\frac{V^0}{3x_i^0 x_j^0 x_r^0}\Delta x_i \Delta x_j \Delta x_r$$
$$+ \cdots + \frac{1}{n}\Delta x_1 \Delta x_2 \Delta x_3 \cdots \Delta x_n \qquad (8\text{-}10)$$

3）海洋资源回弹效应分解模型

（1）三因素分解模型。假设 $V = x \cdot y \cdot z$，在时间段 $[0, t]$ 内，ΔV 可以根据式

（8-11）计算得到：

$$\Delta V = V^t - V^0 = x^t \cdot y^t \cdot z^t - x^0 \cdot y^0 \cdot z^0 = \Delta x \cdot y^0 \cdot z^0 + \Delta y \cdot x^0 \cdot z^0$$
$$+ \Delta z \cdot x^0 \cdot y^0 + \Delta x \cdot \Delta z \cdot y^0 + \Delta x \cdot \Delta y \cdot z^0 + \Delta y \cdot \Delta z \cdot x^0 + \Delta x \cdot \Delta y \cdot \Delta z \tag{8-11}$$

式（8-11）中单个影响因素的改变量 Δx、Δy、Δz 对 ΔV 的贡献分别为 $\Delta x \cdot y^0 \cdot z^0$、$\Delta y \cdot x^0 \cdot z^0$、$\Delta z \cdot x^0 \cdot y^0$；$x$、$y$ 共同变化对 ΔV 的贡献是 $\Delta x \cdot \Delta y \cdot z^0$；$x$、$z$ 共同变化对 ΔV 的贡献是 $\Delta x \cdot \Delta z \cdot y^0$；$y$、$z$ 共同变化对 ΔV 的贡献是 $\Delta y \cdot \Delta z \cdot x^0$；$\Delta x \cdot \Delta y \cdot \Delta z$ 是分解剩余项。目标量变化值为

$$\Delta V = V^t - V^0 \tag{8-12}$$

x、y、z 的贡献分别为

$$X_{\text{effect}} = \Delta x \cdot y^0 \cdot z^0 + 1/2 \cdot \Delta x \cdot \left(y^0 \cdot \Delta z + z^0 \cdot \Delta y\right) + 1/3 \cdot \Delta x \cdot \Delta y \cdot \Delta z \tag{8-13}$$

$$Y_{\text{effect}} = \Delta y \cdot x^0 \cdot z^0 + 1/2 \cdot \Delta y \cdot \left(x^0 \cdot \Delta z + z^0 \cdot \Delta x\right) + 1/3 \cdot \Delta x \cdot \Delta y \cdot \Delta z \tag{8-14}$$

$$Z_{\text{effect}} = \Delta z \cdot x^0 \cdot y^0 + 1/2 \cdot \Delta z \cdot \left(y^0 \cdot \Delta x + x^0 \cdot \Delta y\right) + 1/3 \cdot \Delta x \cdot \Delta y \cdot \Delta z \tag{8-15}$$

式中，X_{effect}、Y_{effect} 和 Z_{effect} 分别为 x、y 和 z 对 ΔV 的贡献值。

（2）海洋资源回弹效应模型。基于上述分解模型对海洋资源的回弹效应进行分解，在等式 $I=P \cdot A \cdot T$ 中，I 表示海洋资源压力，用海洋资源消耗量来表示；P 表示沿海地区人口总量，由该因素产生的效应称为人口效应 P_{effect}，主要反映了沿海地区人口增长对海洋资源消耗变化量的影响；A 表示人均海洋生产总值，即 GDP/P，由该因素产生的效应为规模效应 A_{effect}，用于反映海洋经济规模扩张对海洋资源消耗变化量的影响；T 表示海洋技术效率，可以用单位海洋生产总值所产生的海洋资源消耗量来表示，即 $T=I/\text{GDP}$，由该因素产生的效应为强度效应 T_{effect}，主要反映了海洋技术效率的变化对海洋资源消耗变化量的影响。综上可知：

$$I = P \cdot A \cdot T = P \cdot (\text{GDP} / P) \cdot (I / \text{GDP}) \tag{8-16}$$

由式（8-16）可以看出人口效应、规模效应和强度效应共同影响着海洋资源消耗量。依据三因素分解模型可以将海洋资源消耗的回弹效应分解为

$$P_{\text{effect}} = \Delta P \cdot A^0 \cdot T^0 + 1/2 \cdot \Delta P \cdot \left(A^0 \cdot \Delta T + T^0 \cdot \Delta A\right) + 1/3 \cdot \Delta P \cdot \Delta A \cdot \Delta T \tag{8-17}$$

$$A_{\text{effect}} = \Delta A \cdot P^0 \cdot T^0 + 1/2 \cdot \Delta A \cdot \left(P^0 \cdot \Delta T + T^0 \cdot \Delta P\right) + 1/3 \cdot \Delta P \cdot \Delta A \cdot \Delta T \tag{8-18}$$

$$T_{\text{effect}} = \Delta T \cdot P^0 \cdot A^0 + 1/2 \cdot \Delta T \cdot \left(P^0 \cdot \Delta A + A^0 \cdot \Delta P\right) + 1/3 \cdot \Delta P \cdot \Delta A \cdot \Delta T \tag{8-19}$$

式中，P^0、A^0、T^0 分别表示基期的沿海地区人口总数、人均海洋生产总值和单位海洋生产总值所产生的海洋资源消耗量；ΔP、ΔA、ΔT 分别表示末期相对于基

期的沿海地区人口总数变化量、人均海洋生产总值变化量和单位海洋生产总值所产生的海洋资源消耗量的变化量。

8.3.2　数据来源

本章研究区域涉及天津、河北、辽宁、上海、江苏、浙江、福建、山东、广东、广西、海南，共 11 个沿海省份。本章研究涉及的数据均来源于历年《中国海洋统计年鉴》、《中国海洋年鉴》、《中国统计年鉴》和《中国区域经济统计年鉴》。

8.4　实证研究

8.4.1　物质流分析方法指标选取

海洋经济的发展是以海洋资源数量为基础的，海洋资源数量在一定程度上会对海洋经济增长速度和发展规模产生重要影响，而海洋资源数量是影响海洋经济发展的静态量。根据总物流分析模型，海洋经济系统是一个海洋资源能够输入和输出的动态系统，海洋资源输入和输出之间的过程就是海洋资源消耗的过程，而海洋资源的消耗与海洋捕捞、海水养殖、海滨砂矿及海洋油气开采、海盐及海洋化工产品的销售和生产自用等人类开发活动密不可分，人类行为在海洋资源开发中具有能动作用，而这种能动作用决定了海洋资源消耗量的多少。因此，在计算海洋资源消耗量时，从影响海洋资源消耗的决定因素出发，将沿海各省份海洋捕捞及海水养殖量、海洋原盐及海洋化工产品销售和生产自用量、海滨砂矿及海洋油气开采量等动态变化的量综合考虑在内，来反映沿海各省份海洋经济增长过程中的海洋资源消耗量。

海洋经济增长指标用沿海 11 省份海洋生产总值来表示，海洋资源消耗指标用 DMI 指标来表示，主要核算的物质包括海洋渔业资源（海洋捕捞及海水养殖量）、海洋原油、天然气、海滨砂矿、海洋原盐、海洋化工产品，借鉴国内资源消耗量的计算公式：国内消耗量=国内资源量+进口资源量−出口资源量（王鹤鸣等，2011），通过计算这些物质的消耗量进行加总得到沿海 11 省份海洋资源消耗量，如表 8-2 所示，其中指标的选取考虑了数据可得性、指标质量等因素。本章未考虑隐藏流问题，由于只分析我国海洋资源消耗量与海洋经济增长的脱钩情况，所以只针对资源投入量进行数据收集工作。

表 8-2　1998~2014 年沿海 11 省份海洋资源消耗量　（单位：万 t）

省份	1998年	2000年	2002年	2004年	2006年	2008年	2010年	2012年	2014年
天津	617.43	734.94	1191.70	1645.46	1981.96	2096.12	3423.99	3191.36	3502.28
河北	378.61	511.74	544.68	478.56	788.68	722.78	745.49	780.43	912.07
辽宁	311.25	615.12	603.45	702.95	778.47	697.89	558.77	606.29	691.20
上海	192.92	85.62	92.67	89.86	93.22	80.20	46.65	79.88	84.71
江苏	295.18	288.84	332.42	455.86	314.00	257.56	416.25	434.26	482.17
浙江	411.40	460.70	443.00	6676.01	4624.58	4476.57	2926.06	3240.13	2775.31
福建	476.00	619.91	707.55	1088.91	788.93	168.85	791.34	963.20	1146.38
山东	1296.79	1883.62	2085.17	1994.82	3449.25	3826.98	4220.54	5035.53	6006.83
广东	1977.95	2002.41	1877.43	2282.22	2187.37	2298.47	2353.76	2329.62	2507.51
广西	173.67	174.52	182.25	200.50	223.20	284.45	193.33	216.48	629.16
海南	72.70	94.58	127.10	177.78	251.21	302.69	374.43	442.44	359.92

注：受篇幅限制，本章只列出偶数年份海洋资源消耗量

8.4.2　中国海洋经济增长与资源消耗的脱钩分析

1. 中国海洋经济增长与资源消耗总量的时间演化趋势分析

以 1997 年为基期，计算研究期内海洋经济增长量与海洋资源消耗量的变化率，总体变化趋势如图 8-4 所示。1997~2006 年我国海洋生产总值与 DMI 呈现同向变化的关系，DMI 随着海洋生产总值的增加而增加。其中，1997~2003 年海洋生产总值和 DMI 增长趋势平缓，2003~2006 年两者均出现快速增长的态势，2006~2015 年海洋生产总值增长迅速，DMI 呈下降趋势且变化趋于平稳，说明随着海洋经济的增长，海洋资源压力呈减缓趋势，资源消耗正逐步实现与海洋经济增长的脱钩。

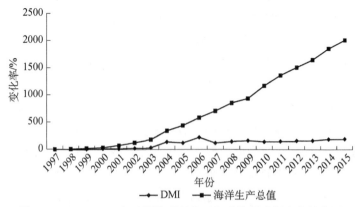

图 8-4　1997~2015 年我国海洋经济及海洋资源消耗变化趋势图

　　1997～2003 年我国海洋经济处在发展的初级阶段，海洋产业结构和开发布局不尽合理，这一时期海洋经济发展以资源消耗为主导，通过单项资源的浅层次开发和初级海洋产品的加工生产来获得海洋经济总量的增长。可开发的重要资源受海洋技术条件薄弱等因素的限制，资源利用方式单一、效能低下；而海洋渔业、海洋油气业及海洋盐业等资源消耗型产业在生产过程中资源投入量高，但产出效率较低，在一定程度上导致海洋经济发展的总体效益被制约，因此这一时期我国海洋经济总量偏小且增长缓慢。2003～2006 年我国海洋经济开始呈现快速增长的趋势，这一时期我国制定并实施了《全国海洋经济发展规划纲要》，该纲要的实施为沿海各省份发展海洋经济提供了政策导向，沿海各省份据此加快了海洋经济发展的步伐，同时加大了海洋资源开发力度，通过调整渔区结构，重点发展远洋捕捞，开辟了新的捕捞资源；为适应相关海洋产业快速发展的需求，海洋盐业资源、海洋矿产资源、海洋油气资源及海水化学资源得到深度开发，海洋资源消耗量由前期的缓慢增长向快速增长转变。2006～2015 年，我国海洋经济增长的幅度较前期进一步扩大，这一时期我国海洋三次产业结构比例调整为 5.1∶42.5∶52.4，产业层级不断提升，在海洋技术的支撑下新兴业态蓬勃发展，为海洋经济新动能的集聚和海洋资源的高效利用注入了新的生机与活力。海洋渔业资源、油气资源、矿产资源、海盐资源的利用依托海洋科技创新向产品价值链高端发展，由过去仅满足"量"的需求向更加追求"质"的需求转变，资源利用方式多样化，利用效能进一步提高，而海洋资源消耗量开始呈现下降趋势，海洋产业协调化与高度化发展趋势日益凸显；同时，伴随海水利用、海洋电力、生物医药等海洋战略性新兴产业的突破发展，我国海洋经济发展的科技含量更高，对传统海洋资源的依赖度降低，海洋资源压力呈现出减缓甚至下降的趋势。

2. 中国海洋经济增长与资源消耗的脱钩关系分析

　　1997～2015 年我国海洋经济增长与资源消耗的总体脱钩关系如表 8-3 所示。可以将该研究阶段的总体脱钩关系划分为三个阶段，1997～2003 年我国海洋经济增长与资源消耗经历了"扩张性负脱钩→强脱钩→弱脱钩→强脱钩→弱脱钩"的变化过程，脱钩指数呈先上升后下降再上升再下降的趋势。这一时期中国海洋经济处在"高投入、高消耗"的发展模式中，对海洋资源的依赖性较强，海洋水产业、海洋盐业、海滨砂矿业等传统海洋产业是海洋经济发展的主体，海洋经济的增长来源于海洋资源的高投入与高消耗。海洋捕捞量、海洋原盐、海滨砂矿、油气开采量的增加导致资源消耗增长率远大于海洋经济增长率。

表 8-3 1997～2015 年我国海洋经济增长与资源消耗的总体脱钩关系

年份	海洋经济增长率/%	资源消耗增长率/%	脱钩弹性系数	脱钩指数	脱钩状态
1997	10.36	13.13	1.27	11	扩张性负脱钩
1998	5.33	−6.09	−1.14	24	强脱钩
1999	11.66	9.75	0.84	17	弱脱钩
2000	13.21	9.74	0.74	18	弱脱钩
2001	31.55	−0.47	−0.01	21	强脱钩
2002	28.99	10.09	0.35	19	弱脱钩
2003	24.51	6.84	0.28	19	弱脱钩
2004	56.92	80.55	1.42	11	扩张性负脱钩
2005	22.26	−7.62	−0.34	22	强脱钩
2006	26.65	45.86	1.72	10	扩张性负脱钩
2007	18.04	−32.02	−1.77	24	强脱钩
2008	18.30	12.07	0.66	18	弱脱钩
2009	8.93	7.85	0.88	17	弱脱钩
2010	22.60	−8.21	−0.36	22	强脱钩
2011	14.97	3.36	0.22	20	弱脱钩
2012	10.00	4.40	0.44	19	弱脱钩
2013	8.53	0.54	0.06	20	弱脱钩
2014	11.76	9.67	0.82	17	弱脱钩
2015	7.97	1.68	0.21	20	弱脱钩

2003～2006 年，海洋经济增长与资源消耗之间以扩张性负脱钩为主，沿海各省份传统海洋产业的快速发展使得海洋资源消耗量快速增加，海洋资源压力大幅增长；这一时期受海洋开发方式、产业结构不合理等的限制，海水利用业、新能源开发、海洋生物制品业等新兴产业发展相对缓慢，传统产业与新兴产业发展不平衡导致海洋经济增长动力不足。

2007～2015 年，海洋经济增长与资源消耗之间以弱脱钩为主，为满足海洋经济新旧动能转换的需求，沿海各省份开始在海洋生物医药、海洋电力等海洋新兴产业上发力，这些产业产值的增加使我国海洋经济总量迅速增加。海洋产业结构也进入深度调整时期，海洋第一产业比重持续下降，第二、第三产业比重稳步上升，第二、第三产业对海洋自然资源直接依赖性较小使得海洋资源消耗增速趋缓。这一时期沿海各省份海洋经济发展方式从粗放型向集约型转变，通过建立海洋渔业资源养护机制、实施海水制盐业限产压库政策等降低海洋捕捞量及海盐资源消耗量。与此同时，依托深海油气勘探、海滨砂矿开采技术的进步提高海洋资源利用率，使得单位 GDP 的海洋资源消耗总量减少，海洋资源减量化取得一定成效。

3. 沿海 11 省份海洋经济增长与资源消耗脱钩关系的时序变化分析

结合脱钩模型及脱钩程度判定标准，计算得到沿海 11 省份 1997~2015 年海洋经济增长与资源消耗的脱钩指数值，如表 8-4 所示。

表 8-4　1997~2015 年沿海 11 省份海洋经济增长与资源消耗脱钩指数值

年份	天津	河北	辽宁	上海	江苏	浙江	福建	山东	广东	广西	海南
1997	9	17	17	9	19	19	18	10	10	9	21
1998	6	16	9	18	24	12	13	12	6	11	9
1999	19	1	9	9	3	19	20	9	21	12	11
2000	19	18	9	24	17	11	9	9	20	9	17
2001	19	20	20	9	19	20	20	17	21	11	19
2002	19	19	12	21	19	20	20	11	20	10	9
2003	18	19	23	22	20	19	20	21	20	9	4
2004	20	22	20	19	19	9	10	21	19	20	24
2005	19	17	19	21	24	24	16	17	21	21	9
2006	1	20	20	20	21	6	21	18	7	20	9
2007	19	19	24	22	19	24	12	19	21	9	24
2008	20	24	12	24	24	9	19	20	9	20	19
2009	17	3	19	13	20	18	24	10	21	21	9
2010	12	21	24	24	10	24	20	21	20	24	20
2011	22	21	20	9	24	18	17	17	22	21	20
2012	21	18	9	9	9	20	19	18	9	18	17
2013	21	24	21	22	24	24	18	17	18	9	24
2014	20	17	17	9	18	22	18	18	9	12	9
2015	19	17	19	23	19	20	22	24	20	10	11

天津 1997~1998 年海洋生产总值呈下降趋势，海洋油气、海洋原盐及海洋化工产品等消耗量减少，海洋经济与资源消耗之间呈弱负脱钩状态；1999~2005 年海洋资源消耗量随经济增长而增长，但同一时期海洋经济增长速度更快；2006 年脱钩指数最低，由于天津实施围海造陆工程作为临港工业区用地，用于建设炼油、乙烯等项目，海洋油气开采量大幅增加，资源压力增长；2007~2009 年呈弱脱钩状态，海洋经济受金融危机的影响增速放缓；2011~

2015年脱钩指数较高且变化平稳，海洋经济增长与资源消耗脱钩效果趋于理想，这一时期海洋渔业、海洋油气业、海洋化工业等资源消耗型产业加快转型，海洋经济增长的同时资源消耗量呈下降趋势。

河北1997~1999年脱钩指数呈下降趋势，资源消耗增长率远高于海洋经济增长率；2000~2008年海洋经济增长与资源消耗之间呈强弱脱钩交替变化，由于海洋油气资源、海滨砂矿资源、海水化学资源开发利用能力相对滞后，资源压力增长相对缓慢；2009年受金融危机滞后效应的影响，海洋生产总值出现大幅下降，但海洋油气资源、海盐资源及海洋化工产品消耗量却呈上升趋势，海洋经济增长与资源消耗之间呈强负脱钩状态；2010~2015年脱钩指数较高，这一时期河北围绕科技兴海，在海水养殖、海盐加工、近海油气资源勘探等重点领域组织技术推广和应用，在一定程度上提高了海洋资源利用率。

辽宁1997~2000年海洋经济增长与资源消耗之间经历了"弱脱钩→扩张性负脱钩"的变化过程，海洋传统产业主要依靠资源消耗来推进；2001~2007年海洋经济增长与资源消耗之间以弱脱钩为主，海洋渔业比重呈下降趋势，海洋经济增长引起海洋油气、海盐业、海洋化工等第二产业结构变化，海洋产业逐渐转向以海洋技术为依托的现代海洋加工业，资源压力缓慢增长；2008~2015年在沿海经济带开发战略的推动下，辽宁加快转变海洋经济发展方式，依托海洋技术实现了资源高质化利用。

上海1997~2001年海洋经济增长与资源消耗之间以扩张性负脱钩为主，这一时期海洋资源利用率低，海洋经济增长缓慢。2002~2008年海洋经济增长与资源消耗之间以强脱钩为主，一方面上海加快转变以资源消耗为主的海洋捕捞及养殖方式，另一方面重点发展滨海旅游业等海洋第三产业，海洋经济对资源的依赖性减弱；2009年受金融危机的影响，主要海洋产业海洋油气业、海洋水产加工等增长乏力，资源消耗增速趋缓；2010~2015年海洋经济增长与资源消耗之间以强脱钩为主，上海通过集聚人才、资源优势推动资源密集型产业转型升级，积极培育海洋战略性新兴产业，海洋经济增长的同时资源压力进一步下降。

江苏1997~1999年海洋经济增长与资源消耗经历了"弱脱钩→强负脱钩"的变化过程，这一时期江苏海洋产业发展处于起步阶段，海洋资源开发利用结构层次偏低，资源消耗增长率远高于海洋经济增长率；2000~2009年海洋经济增长与资源消耗之间呈强弱脱钩交替变化，江苏大力发展以海水养殖、海洋食品、海洋药品为重点的海洋特色产业，优化调整海洋产业发展结构，资源减量化取得一定成效；2010~2015年脱钩指数在波动中呈上升趋势，江苏以沿海地区发展规划上升为国家战略为契机，海洋资源有效利用和保护性开发效果明显，海洋资源消耗压力下降。

浙江1997～2000年海洋经济增长与资源消耗之间弱脱钩和扩张性负脱钩状态交替出现；2001～2003年脱钩指数变化平稳，主要集中于弱脱钩关系；2004～2008年脱钩指数波动较大；2009～2015年海洋经济增长与资源消耗之间的脱钩关系呈强弱脱钩交替变化，资源消耗压力呈减缓趋势。伴随海洋经济的快速发展，浙江依据海洋渔业发展现状，以建设和恢复渔场渔业资源为主，科学发展海洋渔业；引进先进开采技术提升海滨砂矿资源开发的层次与效益；发挥临港产业优势，有选择地发展海洋盐化工业，实现了海洋资源的合理配置。

福建1997～2000年脱钩指数在波动中呈下降趋势，这一时期海洋捕捞、海滨砂矿开采普遍存在"无度、无序、无偿"现象，资源压力大幅增长。2001～2003年海洋资源消耗的弹性特征集中于弱脱钩状态；2004～2015年脱钩指数在波动中呈上升趋势，这一时期福建优化海洋开发布局，对海洋生物、矿产等海洋资源实施科学开发，资源压力增长趋势减缓。

山东1997～2002年海洋经济增长与资源消耗之间主要呈扩张性负脱钩状态，发展前期海洋渔业、盐业所占比重较大，主要满足"量"的需求，资源压力大幅增长；2003～2008年主要呈强弱脱钩交替变化，这一时期山东深入贯彻国家海洋捕捞"负增长"政策，控制近海捕捞强度，海洋捕捞量呈下降趋势；着力提高海洋盐卤资源、海洋油气、海洋化工产品深加工程度，资源利用率不断提高。2009～2015年资源消耗压力增速趋缓，山东加快推进海洋渔业资源、海盐资源深加工；通过引进世界先进技术，提高海洋油气采收率；依托涉海骨干企业，加快技术研发，海洋资源利用向集约型转变。

广东1997～1998年海洋经济增长与资源消耗经历了"扩张性负脱钩→弱负脱钩"的变化过程，这一时期以海洋资源开发为主的海洋渔业、海洋油气业等海洋产业发展迅速，但海洋资源开发仍停留在粗放利用阶段，资源消耗增长率较高。1999～2006年海洋经济增长与资源消耗之间呈强弱脱钩交替变化。2007～2015年海洋经济增长与资源消耗之间以弱脱钩为主，这一时期广东以优化资源开发为导向，深化科技兴海战略，着力促进资源密集型产业优化升级，使资源优势加速转化为经济优势，实现了海洋资源的高值利用。

广西1997～2003年海洋经济增长与资源消耗之间以扩张性负脱钩为主，这一时期开发活动集中在近岸海域，可利用的滩涂与浅海基本饱和，资源压力呈上升趋势；2004～2006年广西通过实施海洋功能区划制度，重点保证海洋生物资源、海滨砂矿、油气勘探开发的用海需要，资源消耗压力趋缓；但在2007年随着一批重大临海工业项目的建设，海洋油气资源、矿产资源等海域资源需求增加，海洋资源压力增长；2008～2010年伴随北部湾经济区发展规划的实施，广西加快调整海洋渔业结构，压缩近海捕捞；重点发展以海洋功能食品等为重点的海洋生物产业和以精细化工产品等为重点的海洋化工，海洋资源利用率有所提高。2011～2015年脱钩指数呈下降趋势，海洋资源压力有上升趋势。

海南1997～2009年海洋资源消耗弹性特征集中于扩张性负脱钩类型，这一时期海洋渔业捕捞结构以近海捕捞为主，油气资源勘探方式粗放，资源效能低下；海洋盐业受技术和设备的限制生产规模较小、产品种类单一；海滨砂矿业的发展以出售低值原矿产品为主，资源利用率低下。2010～2013年以弱脱钩状态为主，这一时期海南为保护近海渔业资源，实行渔船"双控"制度，使海洋捕捞业由"数量型"转变为"质量效益型"；采取以盐为主、多种经营的方针，大力开发海盐高附加值产品；以发展绿色矿产业为出发点，精深加工海滨砂矿资源；依托良好的南海油气资源，推动油气资源的综合开发，资源利用率有所提高；但2014～2015年海洋资源压力又呈现增长趋势。

4. 沿海11省份海洋经济增长与资源消耗脱钩关系的空间分异分析

结合脱钩程度判定标准和沿海11省份海洋经济增长与资源消耗脱钩指数的计算结果，绘制了脱钩关系的折线图，如图8-5所示。1997年，天津、山东、上海、广东、广西海洋经济增长与资源消耗之间呈扩张性负脱钩关系，河北、辽宁、江苏、浙江、福建为弱脱钩关系，海南为强脱钩关系；2003年，脱钩指数增长较快的省份包括天津、山东、上海、广东，其中呈弱脱钩关系的省份包括天津、河北、江苏、浙江、福建、广东，辽宁、山东、上海为强脱钩关系，而海南脱钩指数大幅下降，呈强负脱钩关系；2008年，除辽宁、浙江海洋经济增长与资源消耗之间呈扩张性负脱钩关系，其余省份均呈强脱钩或弱脱钩关系；2015年，天津、河北、辽宁、江苏、浙江、广东海洋经济增长与资源消耗之间呈弱脱钩关系，上海、福建、山东则表现为强脱钩关系，海洋经济增长对海洋资源的依赖性逐渐减弱，而广西、海南则呈扩张性负脱钩关系，海洋资源压力有所上升。

总体来看，1997年呈现强脱钩和弱脱钩关系的省份仅有六个，到2015年实现强脱钩和弱脱钩的省份数量上升为九个，脱钩指数高值区域的数量增长较快。在空间格局上，1997年海洋经济增长与资源消耗之间呈扩张性负脱钩与弱

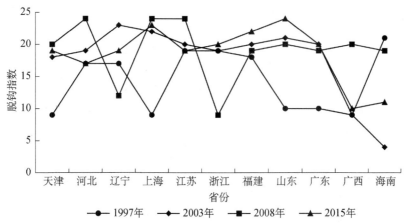

图 8-5　沿海 11 省份海洋经济增长与资源消耗脱钩关系的空间格局演变

脱钩的省份分布较为分散，各省份脱钩程度差距较大；2003 年辽宁、河北、天津和山东海洋经济增长与资源消耗之间呈强脱钩和弱脱钩交替分布的空间特征，而江苏、浙江、福建、广东则形成以弱脱钩关系为主的集中连片分布；2008 年天津、河北、山东和江苏为脱钩指数高值区域，福建、广东、广西和海南脱钩关系也呈现较高水平的均衡布局，以弱脱钩集聚分布为主，而扩张性负脱钩关系仅在辽宁和浙江有零星分布；到 2015 年脱钩指数高值区域空间集聚的态势更为显著，整体以强脱钩和弱脱钩区域集中分布为主，除广西、海南为扩张性负脱钩关系外，脱钩程度的地区差异缩小。

　　沿海各省份海洋经济增长与资源消耗之间脱钩关系的空间分异与各省份海洋资源禀赋差异、海洋经济发达程度、资源合理利用程度等多种因素密切相关。海洋资源为沿海各省份海洋经济发展提供丰厚的物质资本，由于沿海各省份地理区位不同，海洋资源禀赋存在很大的差异，海洋资源在沿海地区间呈现分布不平衡的特点。当海洋资源禀赋不同时，沿海各省份需要重点开发的海洋资源和重点发展的海洋产业也会不同，而不同海洋产业所消耗的海洋资源量具有差异性，海洋渔业、盐业、海洋油气业等传统海洋产业对资源的依赖度较高，而海洋电力、海洋新能源、海水淡化等海洋战略性新兴产业对海洋技术的依赖度较高，对传统海洋资源的依赖度较低。若沿海地区海洋产业发展以资源为主导，则海洋资源消耗量相对较高；若海洋产业以技术、劳动、资本等投入要素为主导，则海洋资源消耗量相对较低，主导海洋产业不同最终导致海洋资源消耗量不同。同时，沿海各省份海洋经济发展程度不同，在海洋经济总量、增长速度、发展规模等方面不同省份存在很大的差异性，而这些因素会直接影响到海洋资源的开发强度和利用效率，并进一步影响海洋经济与海洋资源的脱钩关系。对于海洋经济发达省份而言，可以依托劳动力、技术、资本等丰富的生产要素进行海洋资源的有序开发和高效利用，避免在生产过程中对海洋资源造成浪费，海洋资源消耗量也会相对降低；对于海洋经济欠发达的省份而言，支持海洋经济发展的资金链还不够完善，海洋开发技术及相关科技人才缺乏，导致海洋资源利用率低，海洋经济增长的同时资源压力较大，海洋经济与资源脱钩的效果不理想。除此，海洋经济增长与陆域经济关联度较高，在海洋捕捞、海水养殖、海洋油气及矿产开采、海水利用等海洋开发活动中，需要在海域完成一些生产环节，并在沿海陆地完成其余生产环节。对于海陆统筹发展较好的地区而言，可以实现产业链条的紧密衔接和海洋资源价值的最大化，以尽量少的资源消耗去生产更多的海洋产品，从而降低海洋资源消耗量；对于海陆经济发展不平衡的地区而言，陆域产业若不能很好地承接海洋产业的某些生产环节，就会导致海洋资源不能充分利用甚至造成资源的过度消耗，海洋资源消耗量相对较高。

8.4.3 中国海洋经济增长中海洋资源消耗的回弹效应分析

1. 沿海11省份海洋资源回弹效应的评价结果

如表8-5所示，沿海11省份人口效应和规模效应对海洋资源消耗的贡献值全部为正值，说明沿海各省份海洋资源消耗量与人口数量、海洋经济规模呈同向变化，即海洋资源消耗量会随海洋经济规模扩张和人口增加而增加；而强度效应对海洋资源消耗的贡献值为负值，即海洋技术效率与海洋资源消耗量呈反向变化的关系，海洋资源消耗量随海洋技术效率的提高而减少。由计算结果可知，上海、江苏海洋资源消耗的回弹量相对较低，天津、浙江、山东、广东海洋资源消耗的回弹量相对较高，其余省份则处于中间水平。综合考虑人口效应、规模效应和强度效应对海洋资源消耗的影响，在研究时段内，上海、江苏海洋技术效率的提高所带来的海洋资源减量化的成效较为明显，且其人口增长和海洋经济规模的扩张对海洋资源消耗的正向拉动作用较弱；而对于天津、浙江、山东、广东而言，尽管其海洋技术效率的提高也带来了海洋资源消耗量的大幅下降，但人口增长和海洋经济规模扩张对其海洋资源消耗量的正向作用更强，由强度效应的产生而减少的那部分海洋资源消耗量并未完全抵消由人口效应和规模效应所引致的海洋资源消耗量，海洋资源消耗最终呈现增加状态。总体而言，沿海各省份海洋资源回弹效应的值均为正值，在海洋经济发展过程中产生了不同程度的海洋资源回弹量，说明强度效应对海洋资源消耗的抑制作用均小于人口效应和规模效应对海洋资源消耗的正向作用，我国海洋资源减量化的整体水平还有待提高。在一定时期内，海洋技术效率提高所带来的海洋资源消耗量的减少是有一定限度的，为降低海洋资源消耗压力，沿海各省份需要将技术、人口和海洋经济规模对海洋资源消耗所产生的综合效应考虑在内，既要进一步提高海洋技术效率，加快形成以海洋科技创新为引领和支撑的海洋经济发展新动能；又要将沿海地区人口数量控制在海洋资源承载力范围内，同时还要保持合理的海洋经济增长速度和发展规模，使海洋经济增长的同时，资源压力进一步下降。

表 8-5　各效应对沿海 11 省份 DMI 的影响

省份	人口效应	规模效应	强度效应	回弹效应
天津	11 327.91	2 830.52	−11 047.07	3 111.36
河北	3 515.29	2 679.83	−5 935.78	259.35
辽宁	2 782.20	602.87	−3 217.79	167.28
上海	160.13	35.26	−88.42	106.98
江苏	2 700.20	2 821.92	−5 395.89	126.24
浙江	3 125.09	1 412.82	−1 768.48	2 769.43
福建	2 598.23	1 830.16	−3 772.73	655.66
山东	10 413.44	5 606.90	−12 098.79	3 921.55
广东	13 363.90	2 464.91	−15 057.17	1 041.64
广西	888.39	284.28	−637.35	535.31
海南	514.61	184.75	−381.78	317.57

2. 各分解效应对海洋资源消耗的影响分析

依据表 8-5 沿海各省份人口效应、规模效应和强度效应所产生的海洋资源回弹量，进一步计算了各分解效应对海洋资源消耗量的贡献度，如表 8-6 所示。

表 8-6　各效应对沿海 11 省份 DMI 的贡献度　　　　　（单位：%）

省份	人口效应（绝对量）	规模效应（绝对量）	强度效应（绝对量）
天津	44.94	11.23	43.83
河北	28.98	22.09	48.93
辽宁	42.14	9.13	48.73
上海	56.42	12.42	31.15

续表

省份	人口效应（绝对量）	规模效应（绝对量）	强度效应（绝对量）
江苏	24.73	25.85	49.42
浙江	49.55	22.40	28.04
福建	31.68	22.32	46.00
山东	37.03	19.94	43.03
广东	43.76	7.91	48.33
广西	49.08	15.71	35.21
海南	47.60	17.09	35.31

（1）人口效应对海洋资源消耗的影响。人是海洋开发活动的主体和海洋经济发展的基础，具有两重性。在一定条件下，人口可以成为推动海洋经济发展的重要因素，是海洋物质财富的创造者；但在海洋物质财富的生产过程中，会有一定量的海洋资源的消耗，因此人又是海洋资源的消费者，当海洋资源被"过度消费"时，人口增加将会成为海洋经济增长的制约因素。沿海地区人口数量对海洋资源的影响表现在：一方面，沿海地区常住人口数量的自然增长必然会消耗更多的海洋资源；另一方面，沿海地区由于其区位、经济等优势，通常是人口流入的主要地区，会吸纳更多的从业人员，人口密集化程度较高，而人口流入也必然会带来更多的海洋资源消耗。需要消耗多少海洋资源用于海洋生产活动才可以支持人的生存与发展，需要将生产活动控制到何种程度，才可以相应减少海洋资源的消耗量，这些都取决于人口数量的多少。

由人口效应对DMI的贡献度可知，天津、上海、浙江、广西、海南人口数量的增长对海洋资源的消耗起主导作用，人口效应对DMI的贡献度超过或接近50%，即人口效应对海洋资源消耗的正向拉动作用更显著，明显强于规模效应和强度效应对海洋资源消耗的影响；河北、辽宁、福建、山东、广东人口数量的增长对海洋资源消耗起非主导作用，这些省份海洋技术效率的提高对海洋资源的影响更显著；江苏人口效应对海洋资源消耗的贡献度在11个省份中是最低的，为24.73%。尽管沿海各省份人口效应对海洋资源消耗的贡献度不同，但人口数量的增长必然会带来更多的海洋资源消耗量，因此沿海各省份要将人口增长率控制在海洋资源的承载能力范围内，人口数量与海洋资源的开发利用相适应，从而减少海洋资源消耗量。

（2）规模效应对海洋资源消耗的影响。海洋资源与海洋经济之间相互影响、相互制约，海洋经济发展所需的物质资本来自海洋资源，而海洋经济的平稳运行又能够为海洋资源的有序开发提供保障。但在海洋经济发展过程中，往往存在规模扩张的问题，引致消费和投资需求的盲目上升，带来海洋资源的浪费和过度消耗，致使海洋资源与海洋经济发展的矛盾突出，破坏了海洋经济正常的运行规律。若海洋经济发展遵循规模适度的原则，在一定程度上会促进海洋经济的增长，而海洋经济增长又会为海洋资源开发提供物质、资金及技术保障，将资源优势变为经济优势，让海洋资源真正成为海洋经济发展的增长点。

由规模效应对 DMI 的贡献度可知，沿海各省份海洋经济规模的扩大带来了不同程度海洋资源消耗量的增加，广东和辽宁规模效应对 DMI 的贡献度较低，分别为 7.91% 和 9.13%，说明其海洋经济规模扩大时，海洋资源消耗量不会呈现大幅增加的态势；浙江和江苏规模效应对 DMI 的贡献度相对较高，分别为 22.40% 和 25.85%，海洋经济规模扩张对海洋资源消耗的正向作用较强。综合来看，除江苏外，其余各省份规模效应对 DMI 的贡献度均小于强度效应和人口效应对 DMI 的贡献度，规模效应不是影响海洋资源消耗的主导因素，说明海洋经济规模扩张对海洋资源消耗的正向作用呈逐渐弱化的趋势，在一定程度上会减缓海洋经济增长对海洋资源消耗的压力。但对于沿海各省份而言，海洋经济规模的扩张也必然会带来海洋资源消耗量的增加，从海洋经济可持续发展的角度出发，海洋经济规模的扩大必须要考虑海洋资源的可持续供给能力，在扩大海洋经济生产规模的同时要注重海洋经济发展与海洋资源利用之间的协调，找到海洋经济发展规模与海洋资源消耗之间的平衡点，使海洋资源的开发利用真正保障和服务于海洋经济的发展。

（3）强度效应对海洋资源消耗的影响。海洋资源的丰富性和多样性、海洋开发环境的艰巨性和复杂性等因素，决定了海洋资源的开发和利用必须建立在海洋技术进步的基础上。海洋技术效率的提高会增强海洋物质原料向海洋产品的转换能力，并依托海洋资源供应链的产业优势提高海洋资源的利用效率，在一定程度上减少海洋资源消耗量，因此海洋技术效率的提高是解决海洋经济增长所带来的海洋资源枯竭等问题的关键。但海洋技术的进步是一把"双刃剑"，短期内海洋技术效率的提高增加了海洋资源的产出效率，但从海洋经济的长期发展来看，会导致海洋资源比其他要素廉价而更多地被使用，同时海洋技术的进步增强了人类对海洋资源开发利用的能力，海洋资源开采和消耗力度会进一步加大。因此，要正确认识海洋技术的作用，在海洋资源开发和利用的过程中合理运用海洋技术，避免海洋技术效率提高所带来的负面影响，从而更好地开发海洋、利用海洋和保护海洋。

由强度效应对DMI的贡献度可知，河北、辽宁、江苏、福建、山东、广东强度效应对DMI的贡献度相对较高，均超过40%，且都高于其人口效应和规模效应对DMI的贡献度，说明在研究期内，这些省份海洋资源消耗量的变化主要受强度效应的影响，即海洋技术效率提高可以带来海洋资源消耗量的大幅下降；而天津、上海、浙江、广西、海南强度效应对DMI的贡献度相较于人口效应对DMI的贡献度而言较低，即海洋技术效率对海洋资源消耗量的影响明显小于人口数量增长对海洋资源消耗的影响。总体而言，沿海各省份强度效应对DMI的贡献度低于人口效应和规模效应对DMI的贡献度之和，表明由海洋技术效率提高所减少的海洋资源消耗量远少于海洋经济规模扩张及人口数量增长所增加的海洋资源消耗量，从而导致沿海各省份海洋资源回弹量的产生。因此，沿海各省份发展海洋经济要瞄准海洋科技面临的重大问题，梳理海洋技术创新链和创新点，在海洋核心技术上加大研发力度，并形成创新体系进一步推广和应用，在提高海洋不可再生资源利用效率的同时，重点发展海洋可再生资源，通过技术效率的提高降低海洋资源消耗强度，缓解海洋资源压力。

8.5 结论与建议

8.5.1 结论

海洋经济与海洋资源之间相互作用、相互联系，实现海洋经济的可持续发展应更加注重两者之间的协调性。综合以上研究内容，现将具体结论总结如下：

（1）1997～2006年，我国海洋经济增长与资源消耗之间关联关系较强，海洋资源消耗量随海洋经济增长而增加，但二者增长趋势相对缓慢；2007～2015年海洋经济增长与资源消耗之间关联关系减弱，海洋经济增长迅速，而海洋资源消耗量呈下降趋势且变化平稳，说明随着海洋经济的增长，我国海洋资源压力呈减缓甚至下降趋势。

（2）通过构建海洋经济与资源间的脱钩模型对我国海洋经济增长与资源消耗的总体脱钩关系进行评价，结果表明1997～2015年我国海洋经济与资源消耗之间扩张性负脱钩、强脱钩、弱脱钩关系的占比分别是15.79%、26.32%和57.89%，海洋经济增长与资源消耗之间以弱脱钩为主。

（3）利用脱钩模型对沿海11省份海洋经济与资源消耗的脱钩关系进行测度，其时空分异特征表明广东、山东、浙江、江苏、天津、福建、辽宁、河北海洋经济增长与资源消耗之间以弱脱钩为主，上海以强脱钩为主，海南、广西以扩张性负脱钩为主。在空间格局上，1997 年海洋经济增长与资源消耗之间呈扩张性负脱钩与弱脱钩的省份分布较为分散，各省份脱钩程度差距较大；到 2015 年脱钩指数高值区域呈现空间集聚的特征，整体以弱脱钩和强脱钩区域集中分布为主，除广西、海南为扩张性负脱钩关系外，脱钩程度的区域差异缩小。

（4）通过构建海洋资源回弹效应模型将沿海 11 省份海洋资源回弹效应分解为人口效应、规模效应和强度效应，研究发现人口效应和规模效应对海洋资源消耗具有促进作用，而强度效应对海洋资源消耗具有抑制作用；总体而言，强度效应对海洋资源消耗的抑制作用小于人口效应和规模效应对海洋资源消耗的促进作用，沿海各省份在海洋经济增长过程中产生了不同程度的海洋资源回弹量，海洋资源减量化水平还有待提高。其中，河北、辽宁、江苏、福建、山东、广东海洋资源消耗的主导因素是强度效应，而天津、上海、浙江、广西、海南海洋资源消耗的主导因素是人口效应，规模效应在沿海各省份中起非主导作用，其对海洋资源消耗的促进作用弱化。因此，沿海各省份要将人口数量控制在海洋资源承载能力范围内，并合理分配区域人力资源，同时找到海洋经济发展规模与海洋资源消耗之间的平衡点，并通过海洋技术创新来降低海洋资源消耗。

8.5.2　建议

1. 适度控制沿海地区人口规模，合理分配区域人力资源

沿海地区是人口密集度较高的区域，由于其区位、产业等优势吸引了许多外来人口并拥有巨大的流动人口群，而人口数量的过快增长对海洋资源消耗具有正向作用，会带来海洋资源消耗量的增加。尽管海洋能够提供人类生存和发展所需的渔业资源、矿产资源、海水化学资源等，但这些海洋资源所能承载的人口数量是有限的，因此在发展海洋经济时要兼顾海洋资源的承载能力，即沿海地区人口数量要保持在海洋资源正常的承载能力范围内。同时，要引导人们正确地认识海洋，通过海洋知识的宣传教育提高人们的海洋科普知识水平，加强海洋资源节约方法的普及，让人们更多地了解海洋资源保护的重要性，从而帮助人们树立合理利用海洋资源的观念。要着力提高涉海从业人员的科技素质，同时创新海洋人才的培养、使用模式，合理分配和利用沿海地区的人力资源，依托海洋高新技术产业基地、涉海企业高新技术工程中心等机构，培养一

批具有自主创新能力、掌握海洋核心技术的高级研发人员、技术专家等；鼓励高等院校开设与海洋科技相关的课程，大力发展海洋技术方面的教育，为海洋高新技术企业培养高技能人才；同时积极培养涉海企业管理人才，为提高涉海企业经营管理、市场竞争及创新能力奠定基础。

2. 合理调控海洋经济发展规模，推动海洋产业结构优化调整

海洋经济发展规模的扩大虽然能够增加海洋经济总量，却加剧了海洋资源的消耗。沿海各省份海洋经济规模的扩大均产生了不同程度的海洋资源回弹量，说明我国海洋资源的高效利用整体上还未实现，海洋经济发展的质量还有待提高。因此，沿海各省份要合理调控海洋经济发展规模，积极培育海洋经济新动能、新增长极，以提高海洋经济发展的质量和效益为中心，推动海洋产业结构转型升级，同时要因地制宜，加快形成规模适度、产业融合、优势鲜明的海洋产业集聚区。在发展过程中，要减少近海渔业资源的消耗强度，严格控制捕捞渔船，实现海洋渔业资源的可持续利用；通过发展资源勘探和采输技术聚力深海油气、海滨砂矿资源的开发，不断提高油气、矿产资源勘探成功率和采收率；以海盐精深加工为基础，延伸海洋化工产品的生产、加工链条，提高海洋原盐及附加产品的价值。还要积极培育海洋战略性新兴产业，深层次开发特色海洋生物资源，研发海洋生物医药和功能食品、海洋生物制品、海洋工业原料等；加快推进海洋风能、波浪能、潮汐能等海洋新能源的科学研究，提高海洋可再生能源的利用效率；积极研发海水综合开发利用技术，建立海水利用和海水化学资源综合开发产业链，实现海洋产业链条式发展。通过海洋产业结构的优化调整充分发挥沿海各省份海洋资源优势，在降低海洋资源消耗量的同时实现资源效能最大化。

3. 着力提高海洋技术效率，优化海洋资源利用方式

海洋技术可以为海洋经济发展提供源源不断的动力，海洋资源的高效利用和消耗量的减少离不开海洋技术效率的提高，但当前沿海各省份由海洋技术进步所带来的潜在的海洋资源节约还未实现，海洋经济与资源的"脱钩"发展受到阻碍，因此沿海各省份要实现海洋经济增长和海洋资源消耗量的下降，需要进一步提高海洋技术效率。沿海各省份要以海水资源、可再生能源、油气资源等为重点，着力组织重大海洋科技攻关，在海洋油气资源勘探开发技术、海洋可再生能源开发与利用技术、海水资源综合开发利用技术、海洋生物资源开发

与高效综合利用技术等与海洋战略性新兴产业相关的核心技术上，形成具有各自海洋科技优势的创新研究体系，力争拥有更多自主知识产权的海洋科技产品，充分发挥海洋技术对资源开发和经济增长的正向拉动作用，以此推动海洋战略性新兴产业向价值链高端发展。依托海洋科技孵化平台，以大数据和人工智能技术为支撑，挖掘整合优质海洋科技创新资源形成合力，提高海洋技术要素的集聚能力以及海洋资源共享与服务的能力，实现产学研的紧密衔接和协同创新。加大对海洋技术研究行业的科研投入，推动海洋科技创新成果在更大范围、更深层次的流动和转化。

第9章　中国区域海洋经济与海洋科技关系研究

近年来，我国海洋经济发展向好趋势较为明显，为东部沿海地区经济腾飞贡献力量，但是不可避免地存在一些资源、环境问题，制约了我国海洋经济的持续健康发展。而高新技术，尤其是海洋高新技术能够解决海洋经济发展过程中存在的问题，促使海洋经济向绿色化发展。因此，研究海洋经济与海洋科技之间的关系，对中国区域海洋经济发展有突出影响。

本章基于我国海洋经济发展过程中存在的现实问题及海洋强国战略实施的背景，在前人对海洋经济和海洋科技发展水平研究的基础上，以中国沿海11省份为研究对象，分别从海洋经济总量、海洋经济结构、海洋经济效益、海洋环境可持续性四个方面构建海洋经济发展水平评价指标体系，从海洋科技投入、海洋科技产出、海洋科技环境三个方面构建海洋科技发展水平评价指标体系，运用主客观综合赋权法对两者的发展水平进行测算，并对其进行时空演变分析；基于上述运算结果，运用协调发展度模型，测算并分析两者之间的协调发展水平；运用基于VAR模型的脉冲响应函数，分析两者之间的相互动态响应关系，并针对结论从海洋经济、海洋科技、海洋经济与海洋科技之间及政府的角度提出相关的对策建议，以助于我国海洋经济的持续健康发展。

9.1　引言

地球表面70%由海洋构成，海洋蕴藏着极其丰富的各类资源（谢子远，2014）。沿海地区得天独厚的生物资源、矿产资源、空间资源、海水资源、海洋新能源、旅游资源等海洋资源形式，是沿海地区经济发展的重点范畴（王泽宇等，2017b）。现阶段，人们开发利用各种海洋资源并形成相应的海洋产业，带来一定的经济利益，为沿海地区国民经济的发展做出重大贡献，海洋经济在国民经济中所占比重也不断提高（雷磊等，2017；楼东等，2005）。但是，我国海洋经济的发展还处于初级阶段，存在开发利用不充分、产业形成率低、近海污染加重等系列问题（王芳和栾维新，2001）。在经济发展过程中，科学技术是第一生产力，科技也已经成为推动经济增长的主要引擎。从战略层面来看，我国大力实施"科技兴海、依法管海"战略，大力发展海洋经济。为解决海洋资源开发利用过程中存在的问题，迫切需要发展海洋科技以提高海洋资源利用的深度和广度、催生海洋新兴产业、维护海洋生态环境、促进海洋经济可持续发展。现阶段的研究多是着眼于海洋经济或海洋科技单个层面，但也有部分研究开始着眼于两者之间关系的探讨。

经济全球化时代，海洋经济已经成为世界经济高速增长的重要组成部分，沿海国家和地区逐渐以海洋经济水平的高低衡量在国际社会中的地位。我国高度重视发展"蓝色经济"、大力提倡建设海洋强国，国家海洋局发布的《2015年中国海洋经济统计公报》显示，据初步估算2015年全国海洋经济总产值为64 669亿元，比上年增长7.0%，占GDP的9.6%。我国沿海省域处于经济发展"四大板块"中的"东部率先发展区域"，大力发展海洋经济对于优化区域经济产业结构、带动区域经济协调发展起着重要作用。但是，在海洋经济发展过程中也确实存在一系列问题，如海洋产业结构布局不合理、海洋资源开发不充分、陆海经济发展不协调、海洋环境和海洋生态过度破坏等问题（王嵩等，2018），迫切需要利用先进的海洋科学技术解决海洋经济发展过程中存在的问题，为海洋经济发展注入新的动力。

海洋科技是海洋经济持续发展的智力支持和前进动力，发展蓝色经济、建设海洋强国，必需依托海洋科学技术。2003年5月9日国务院发布《全国海洋经济发展规划纲要》，明确提出了"科技兴海"计划；2012年，党的十八大报告首次提出"建设海洋强国"的战略目标（刘小明，2013），建设"海洋强国"的关键是海洋科技，强大的科技力量是建设海洋强国的基础和先决条件（汪品先，2013）。2013年7月，习近平总书记要求进一步关心海洋、认识海洋、经略海洋[①]，并强调建设海洋强国必须大力发展海洋高新技术，搞好海洋科技创新总体规

① 习近平：要进一步关心海洋、认识海洋、经略海洋[EB/OL]. http://www.gov.cn/ldhd/2013-07/31/content_2459009.htm[2021-06-16].

划，这充分体现了我国当前对海洋科技及愿景设计的重视（王金平等，2014）；2016年3月18日，国家发展和改革委员会发布《中华人民共和国国民经济和社会发展第十三个五年规划纲要》，提出要着重强调拓展蓝色经济空间。可见，海洋经济已经成为我国经济的主要组成部分，而海洋科技的纵深推进是实现沿海地区经济持续、健康发展的重要力量。

海洋经济指的是开发利用海洋资源形成的各类海洋产业及相关经济活动的总称，是衡量沿海国家和地区经济发展水平的重要因素（狄乾斌，2007）。海洋科技是科技大系统的重要组成部分，包含海洋科学和海洋技术两个既独立又彼此联系的两个部分的知识体系（倪国江，2010）。目前已有学者对海洋经济和海洋科技发展水平进行测度，采用的测度方法各异。本章应用主客观综合赋权法对海洋经济和海洋科技发展水平进行测度，丰富了海洋经济与海洋科技发展水平的测度方法。通过构建包含众多指标的评价指标体系，能更全面地说明海洋经济与海洋科技发展的实际情况。对两者之间协同关系与响应关系的研究，建立在指标体系综合测算的基础上，丰富了两者之间关系研究的思路，为以后海洋经济与海洋科技之间关系的研究打下基础。

目前，我国大力提倡发展海洋经济，可是海洋经济发展过程中存在不可持续因素，如海洋产业结构不合理、海洋资源开发利用不充分、海洋生态和环境严重破坏、陆海经济发展不协调等问题，而海洋科技是当今海洋发展的"引擎"，海洋科技体系包含的方方面面对海洋经济发展有着巨大的推动力。本章通过对中国海洋科技与海洋经济两者之间协同关系与响应关系的研究，为全国海洋科技支撑体系的完善提供经验证据，为促进我国海洋经济创新发展提供政策建议，同时推动中国海洋科技与海洋经济的良性循环发展。因此，研究将顺海洋科技与海洋经济良性互动关系，对我国实现全面建设海洋强国，推进深远海区域布局，进一步开发广袤的蓝色经济空间，形成以创新驱动海洋经济战略布局的新常态及中国未来海洋经济持续创新发展具有十分重要的现实意义。

9.2 研究方法与数据来源

9.2.1 主客观综合赋权法

国内外对指标赋权的方法很多，常用的有主观法和客观法。层次分析法（analytic hierarchy process，AHP）是一种典型的主观赋权法，它依据该领域专家的经验和掌握的专业知识对指标的重要程度进行确定，主观性较强；熵值法（entropy value method，EVM）是一种常见的客观赋权法，该方法通过调查数据计算，依据原始数据之间的关系确定权重，客观性强，但计算较为烦琐。因此，为了实现指标赋权过程中的主客观统一，本章把层次分析法和熵值法有机结合起来，共同确定指标体系的权重，并保证各子系统内部权重之和为1，详见孙才志和曹威威（2019）。

9.2.2　协调发展度模型

"协调"是指两个或两个以上子系统相互配合、一致和谐、良性循环的关系。根据我国沿海地区的实际情况，基于杨士弘（2003）对协调发展度模型的研究建立海洋经济发展水平与海洋科技发展水平的评价模型。海洋经济与海洋科技协调度的计算公式如下：

$$C = \left\{ \frac{G(Y) \times G(X)}{\left[\frac{G(Y) + G(X)}{2} \right]^2} \right\}^{K} \tag{9-1}$$

式中，C 为协调度；K 为调节系数，$K \geqslant 2$，本章中取 $K=2$（孙东琪等，2013）；$G(Y)$、$G(X)$ 分别为海洋经济发展水平和海洋科技发展水平的测度结果。

在协调度模型的基础上（关伟和刘勇凤，2012），引入协调发展度模型，以进一步解释海洋经济发展水平与海洋科技发展水平的综合协调发展程度。

$$D = \sqrt{C \times T}, \quad T = \alpha G(Y) + \beta G(X) \tag{9-2}$$

式中，D 为协调发展度；T 为海洋经济与海洋科技综合评价指数；α、β 为待定权重系数，由于海洋经济与海洋科技同等重要，故本章中取 $\alpha = \beta = 0.5$。

9.2.3　脉冲响应函数模型

VAR 是基于数据的统计性质建立模型，把系统中每一个内生变量作为系统中所有内生变量滞后值的函数来构造模型，从而将单变量自回归模型推广到由多元时间序列变量组成的"向量"自回归模型（高铁梅，2009）。VAR 模型的数学表达式如下：

$$y_t = A_1 y_{t-1} + \cdots + A_p y_{t-p} + B x_t + \varepsilon_t \quad (t = 1, 2, \cdots, T) \tag{9-3}$$

式中，y_t 为 k 维内生变量向量；x_t 为 d 维外生变量向量；p 为滞后阶数；T 为样本个数；A_1，$\cdots$，A_p 和 B 为要被估计的系数矩阵；ε_t 为 k 维扰动向量。脉冲响应函数是分析当一个误差项发生变化，或者说模型受到某种冲击时对系统的动态影响，能够解释各变量对特定冲击的响应幅度。基于 VAR 模型，通过 Eviews 8.0 软件分别对沿海 11 省份的海洋经济发展水平与海洋科技发展水平之间的关系进行脉冲响应分析。

进行脉冲响应分析之前，需要对各个时间序列的平稳性和协整关系进行检验。第一，平稳性检验。VAR 模型的建立主要是针对平稳时间序列，若时间序列不平稳，则会导致"伪回归"的出现，致使各个时间序列的计算结果失去意义。本章采用 ADF 检验和 PP 检验相结合的方式验证时间序列的平稳性。第二，协整关系检验。协整理论是近年来分析经济时间序列之间长期均衡关系和短期波动的有力工具。通过 Johansen 检验确定两个变量在 5% 显著性水平下存在协整关系，证明海洋经济发展水平与海洋科技发展水平之间存在长期均衡关系。

9.2.4 数据来源

本章研究对象主要涉及沿海 11 个省份，包括天津、河北、辽宁、上海、江苏、浙江、福建、山东、广东、广西、海南。本章所使用的数据均来源于历年《中国海洋统计年鉴》、《中国统计年鉴》、《中国环境统计年鉴》、《中国区域经济统计年鉴》和沿海各地区统计公报等，部分缺失值通过拟合预测的方法和周围地区近似替代的方法进行处理。

9.3 实证研究

9.3.1 中国区域海洋经济与海洋科技发展水平评价

1. 评价指标体系构建

1）海洋经济发展水平评价指标体系构建

海洋经济是指开发利用海洋资源形成的各类海洋产业及相关经济活动的总称。海洋经济发展水平是用来衡量沿海国家和地区经济发展的重要因素。本章参考殷克东和李兴东（2010）提出的海洋经济发展水平评价指标体系及前人的研究成果，考虑到我国沿海地区的具体情况，遵循指标体系建立的原则，分别从目标层、要素层、指标层三个层面出发，构建了包括海洋经济总量、海洋经济结构、海洋经济效益、海洋环境可持续性以及分属各子系统下的诸多指标组成的复合系统（表9-1）。

表9-1　区域海洋经济发展水平评价指标体系及权重

目标层A	要素层B	权重	指标层C	指标性质	主观权重	客观权重	综合权重
海洋经济发展水平A	海洋经济总量B1	0.2975	沿海地区海洋生产总值C1/亿元	正向	0.1345	0.1454	0.1027
			海洋经济增加值C2/亿元	正向	0.0653	0.0256	0.0376
			海洋产业（沿海地区）固定资产投资额C3/亿元	正向	0.1528	0.1416	0.1025
			沿海地区涉海就业人数C4/人	正向	0.0406	0.1039	0.0547
	海洋经济结构B2	0.3225	海洋第一产业比重C5/%	负向	0.0610	0.0127	0.0218
			海洋第二产业比重C6/%	正向	0.0216	0.0223	0.0170
			海洋第三产业增长弹性系数C7	正向	0.0164	0.0575	0.2644
			海洋产业结构高度化指数C8*	正向	0.0401	0.0158	0.0193
	海洋经济效益B3	0.1223	海洋劳动弹性系数C9	正向	0.0887	0.0050	0.0386
			海洋产业固定资产投资收益率C10/%	正向	0.0775	0.0245	0.0449
			海洋经济贡献率C11/%	正向	0.0677	0.0118	0.0388
	海洋环境可持续性B4	0.2577	工业废水排放达标率C12/%	正向	0.0776	0.0037	0.0231
			沿海地区工业废水直排入海量C13/万t	负向	0.0326	0.1950	0.0991
			海洋类自然保护区建成数量C14/个	正向	0.0776	0.1929	0.1070
			工业固体废弃物综合利用率C15/%	正向	0.0461	0.0423	0.0285

注："*"的计算公式为：$H=\sum k_i h_i$，其中 k_i 为第 i 个海洋产业的产值占海洋产业总产值的比重；h_i 为第 i 个产业的产业高度值，根据产业高度对其赋值为1、2、3（王泽宇等，2015a）

2）海洋经济发展水平评价指标体系指标说明

A. 海洋经济总量

本章中海洋经济总量主要涉及四个指标：沿海地区海洋生产总值、海洋经济增加值、海洋产业（沿海地区）固定资产投资额、沿海地区涉海就业人数。这四个指标集中反映出沿海地区海洋经济增长数量与发展程度，从总体上衡量海洋经济的发展状况，代表了一个地区海洋经济的发展能力。

（1）沿海地区海洋生产总值。是一个地区各类海洋产业总产值之和，即海洋渔业、海洋油气业、海滨砂矿业、海洋盐业、海洋化工业、海洋生物医药业、海洋电力和海水利用业、海洋船舶工业、海洋工程建筑业、海洋交通运输业、滨海旅游业、其他海洋产业等产业总产值之和。也可以说是海洋第一产业、海洋第二产业、海洋第三产业的总产值之和。

（2）海洋经济增加值。是一个地区海洋产业经营和劳务活动的最终成果，是相比前一年今年增加的海洋经济总值，即各海洋产业在生产过程中创造的新增价值之和。计算公式为：本期海洋经济总产值−基期海洋经济总产值，反映一个地区海洋经济的增长状况。

（3）海洋产业（沿海地区）固定资产投资额。是以货币形式表现的在一定时期内用于海洋产业建造和购置固定资产的工作量以及与此有关的费用的总称。投资会在一定程度上对海洋经济的发展产生较大的加速乘数效应，带动海洋经济总量的快速发展，因此选用海洋产业固定资产投资额来反映地区海洋经济规模大小变化的能力（张震，2017）。

（4）沿海地区涉海就业人数。是一个地区从事海洋经济活动的劳动力人数，代表一个地区的海洋就业潜力及海洋经济发展的智力和劳力支撑。用沿海地区涉海就业人数来表征海洋经济总量，主要体现在一个地区海洋经济活动的劳动力投入上，一般来讲，涉海就业人数投入越多，海洋经济产值越大，两者呈正相关关系。

B. 海洋经济结构

本章所使用的海洋经济结构指标主要有海洋第一产业比重、海洋第二产业比重、海洋第三产业增长弹性系数、海洋产业结构高度化指数四个指标，集中反映了海洋经济发展过程中三次海洋产业结构合理化、高度化、协调化水平及海洋产业结构化效率的高低，也在一定程度上表现了现代海洋产业体系构建的水平。

（1）海洋第一产业比重。是指海洋第一产业产值占海洋经济生产总值的比重，海洋第一产业主要是指海洋渔业，包括海水养殖业、海洋渔业、海洋捕捞业等渔业形式，此指标在本章中属于逆向指标，即海洋第一产业越发达，海洋经济结构越落后。

（2）海洋第二产业比重。是指海洋第二产业产值占海洋经济生产总值的比重，海洋第二产业主要包括海洋油气业、海滨砂矿业、海洋盐业、海洋化工业、海洋生物医药业、海洋电力和海水利用业、海洋船舶工业和海洋工程建筑业等。当前我国海洋经济活动以第二产业为主，本章中海洋第二产业比重为正向指标，故海洋第二产业所占比重越大，海洋产业结构越优化，越有助于地区海洋经济的发展。

（3）海洋第三产业增长弹性系数。海洋第三产业包括海洋交通运输业、滨海旅游业、海洋科学研究、教育、社会服务业等。海洋第三产业增长弹性系数是海洋第三产业的总产值增长率与整体海洋产业总产值增长率的比值。海洋第三产业增长弹性系数在本章中属于正向指标，即海洋第三产业增长弹性系数越高，海洋经济结构越优化。

（4）海洋产业结构高度化指数。常用于衡量海洋经济发展重点或产业结构重心由第一产业向第二产业和第三产业逐次转移的过程，也反映了海洋经济发展水平的高低和发展阶段、方向。是否是优化的海洋产业的主要衡量标准是收入弹性原则、生产率上升率原则以及技术、安全、群体原则三个方面。海洋产业结构高度化指数在本章中属于正向指标，故指数越高海洋产业结构优化程度越高。

C. 海洋经济效益

海洋经济效益主要是指海洋资金占用、成本支出（资本支出和人力支出）与有用生产成果之间的比较，表征海洋经济发展过程中产生的效益大小。该要素层从人力投入产出、资金投入产出及海洋经济对国民经济的贡献三个角度考虑，所选用的指标主要有海洋劳动弹性系数、海洋产业固定资产投资收益率、海洋经济贡献率。海洋经济效益越高，说明海洋经济发展水平越高。

（1）海洋劳动弹性系数。是指海洋劳动力投入的增加带来的海洋产业总产值的增长，即劳动力方面的投入产出率。一般来讲，劳动力投入水平越高，海洋经济收益率越高。海洋劳动弹性系数的计算公式为：海洋产业总产值增长率/沿海地区涉海就业人数增长率。

（2）海洋产业固定资产投资收益率。是指地区资金投入的增加带来的海洋生产总值的增长。一般来讲，资金投入越多，海洋经济收益率越高，海洋经济发展水平越好。海洋产业固定资产投资收益率的计算公式为：沿海地区海洋产业生产总值增量/沿海地区固定资产投资收益。

（3）海洋经济贡献率。是指海洋经济对地区经济发展增长的贡献，海洋经济作为沿海地区经济发展的重要形式，海洋经济对地区经济增长的贡献率越高，表明海洋经济发展水平越高（程娜，2012）。海洋经济贡献率的计算公式为：海洋产业生产总值增长率/（当期地区生产总值/基期地区生产总值-1）。

D. 海洋环境可持续性

海洋环境是海洋经济发展过程中极为重要的问题，衡量一个地区海洋经济发展水平的高低，海洋环境问题很有必要被纳入指标体系的构建中，海洋环境质量高表明海洋经济发展的环境良好，有助于地区海洋经济的发展。本章中主要选用工业废水排放达标率、沿海地区工业废水直接入海量、海洋类自然保护区建成数量、工业固体废弃物综合利用率四个指标来表示海洋环境发展的可持续水平。

（1）工业废水排放达标率。是指工业废水排放达标量占工业废水排放量的百分比，所占比例越高表明海洋经济发展的环境越好，越有助于地区海洋经济的发展。计算公式为：工业废水排放达标率=（工业废水排放达标量/工业废水排放量）×100%。

（2）沿海地区工业废水直排入海量。直接排入是指废水经过工厂的排污口直接排入海，而未经过城市下水道或其他中间体，也不受其他水体的影响，此项指标也在一定程度上反映出海洋环境的承载力水平。沿海地区工业废水直排入海量在本章中属于负向指标，一般来说，工业废水直排入海量越大，海洋环境越差，越不利于地区海洋经济发展水平的提高。

（3）海洋类自然保护区建成数量。海洋类自然保护区是指为维持沿海地区经济可持续发展，保护海洋资源和环境，对沿海地区具有不同作用的对象和物质进行分类，依据国家相关规定并由国家机关批准并给予保护的地理区域，使得沿海区域海洋资源环境可持续存在，为沿海地区经济发展提供支撑。一般来说，海洋类自然保护区建成数量越大，表明地区海洋经济发展环境越好，越有助于地区海洋经济的发展。

（4）工业固体废弃物综合利用率。工业固体废弃物综合利用率反映了一个地区经济发展过程中对工业固体废弃物的综合利用程度，从循环经济发展的角度来说，开展工业固体废弃物资源化使用将有助于提升可持续发展水平。良好的环境对海洋经济的发展至关重要，故本章选取其作为海洋经济发展持续度的重要指标之一。

3）海洋科技发展水平评价指标体系构建

海洋科技是一个包含众多学科门类的系统，是科技大系统的重要组成部分，包括既独立又彼此联系且逐步趋于融合的两个部分的知识体系，即海洋科学和海洋技术。其中，海洋科学是研究海洋中各种自然规律的科学，海洋技术是满足海洋开发活动的经验和设备等。一方面海洋科学指导海洋技术的发展，另一方面海洋技术也促进海洋科学体系的完善（戴彬等，2015）。本章通过查阅国内外对海洋科技发展水平评价指标体系构建的文献资料，综合考虑多种因素，分别从目标层、准则层、指标层三个层面，构建包括海洋科技投入、海洋科技产出和海洋科技环境为基础的评价指标体系（表9-2）。

表 9-2 区域海洋科技发展水平评价指标体系及权重

目标层 A	准则层 B	权重	指标层 C	指标性质	主观权重	客观权重	综合权重
海洋科技发展水平 A	海洋科技投入 B1	0.414	海洋科技经费总额 C1/千元	正向	0.162	0.147	0.138
			海洋科技经费人均占有额 C2/元	正向	0.068	0.186	0.144
			每万人中海洋科技活动人员数 C3/人	正向	0.068	0.127	0.084
			高级职称海洋科技活动人员所占比重 C4/%	正向	0.115	0.015	0.049
	海洋科技产出 B2	0.240	海洋科技课题数 C5/项	正向	0.128	0.108	0.099
			海洋科研机构科技课题成果应用数 C6/项	正向	0.130	0.101	0.140
	海洋科技环境 B3	0.346	沿海地区人均 GDP 占有额 C7/万元	正向	0.081	0.062	0.067
			海洋相关专业在校人数 C8/人	正向	0.047	0.082	0.085
			沿海地区教育经费投入总额 C9/亿元	正向	0.107	0.075	0.102
			海洋科研机构密度 C10/（km²/个）	正向	0.047	0.047	0.041
			研究与试验（R&D）经费占 GDP 的比重 C11/%	正向	0.047	0.050	0.051

4）海洋科技发展水平评价指标体系指标说明

A. 海洋科技投入

海洋科技投入要素是指地区投入海洋研究与开发活动中的财力资源和人力资源，一个地区要通过海洋科技研究开发、技术创新等智力活动使海洋科技资源转化为促进海洋经济发展的生产力，所以就需要本地区有强大的海洋经济基础和海洋产业实力，要有充足的海洋研究经费和人力投入。因此，海洋科技要素的投入是海洋科技综合实力提高的前提条件和根本保障。本章中主要通过海洋科技经费总额、海洋科技经费人均占有额、每万人中海洋科技活动人员数、高级职称海洋科技活动人员所占比重四个指标来表征海洋科技投入。一般来说，海洋科技投入越多，越能够带动地区海洋经济的发展，但是也会出现成果转化滞后和不足的情况。

（1）海洋科技经费总额。海洋科技经费总额是指海洋科研机构的经费收入，本章中的经费收入总额是经常费、科技活动借贷款和基本建设中政府投入总和，反映出海洋科技财力投入的总体水平。海洋科技经费的投入影响地区海洋经济发展的经济实力，一般来说，海洋科技经费投入越大越有助于地区海洋经济的发展。

（2）海洋科技经费人均占有额。海洋科技经费人均占有额是沿海地区海洋经费总额比地区总人数，在一定程度上反映出一个地区科技经费投入的平均水平，海洋科技经费人均占有额越多，表明地区海洋科技经费投入水平越高，越有助于地区海洋经济的发展。

（3）每万人中海洋科技活动人员数。每万人中海洋科技活动人员数是用地区海洋科技活动人员总数比一万人，可以反映出地区海洋科技活动的人力和智力资源投入。一般来说，海洋科技人员数量越多，海洋科技智力投入越充足，越有助于地区海洋经济的发展。对于海洋经济的发展而言，智力支撑尤其重要，是海洋经济持续健康发展的必要条件。

（4）高级职称海洋科技活动人员所占比重。高级职称海洋科技活动人员所占比重是高级职称海洋科技活动人员数比地区海洋科技活动人员总数，利用比重反映地区高素质科技人员的队伍大小，以及其为经济发展带来的促进作用大小。

B. 海洋科技产出

海洋科技产出是对应海洋科技投入而言的，而海洋科技产出能力是指海洋科技成果的转化能力，都可以反映出一个地区海洋科技实力的转化水平和转化程度。本章中用来表征海洋科技产出的指标主要是海洋科技课题数和海洋科研机构科技课题成果应用数，主要体现在海洋知识产出的能力，表现一个地区的海洋知识创新能力。

（1）海洋科技课题数。海洋科技课题数是海洋基础研究、应用研究、试验发展、成果应用科技服务数量之和，是在海洋科技成果转化过程中产生的，是衡量海洋科技转化水平的重要指标。本章选用沿海11省份的海洋科技课题数来反映一个地区的海洋科技产出能力。

（2）海洋科研机构科技课题成果应用数。海洋科研机构科技课题成果应用数是指在海洋科技活动阶段产生的，已能投入海洋生产或实际应用的新产品、新装置、新工艺、新技术、新方法、新系统和服务等，反映地区海洋科技成果的转化效率和效果。在海洋经济发展过程中，海洋科技成果被应用的程度才能真实反映地区科技成果的转化能力以及对海洋经济发展贡献的大小。

C. 海洋科技环境

本章中海洋科技环境是指是指海洋科技成长、发展过程中对科技提供支撑的大环境，优良的科技环境有助于科研活动的开展和高技术海洋科技成果的产出，对海洋科技及海洋经济的发展至关重要。本章中表征海洋科技环境的指标主要有沿海地区人均GDP占有额、海洋相关专业在校人数、沿海地区教育经费投入总额、海洋科研机构密度、研究与试验（R&D）经费占GDP的比重。

（1）沿海地区人均 GDP 占有额。沿海地区人均 GDP 占有额的计算公式为：（GDP/地区总人数）×100%，反映地区人均经济水平和经济实力，一般来讲，人均 GDP 水平越高，海洋科技发展的环境越好。

（2）海洋相关专业在校人数。海洋相关专业主要包括物理海洋学、环境海洋学、海洋气象学、海洋物理学、海洋化学、海洋生物学、海洋地质、船舶与海洋结构物设计与制造、船舶与海洋工程结构力学、船舶与海洋工程新专业、水声工程及海洋科学新专业。海洋相关专业在校人数反映出地区海洋科技成才的潜力和储备，海洋专业人才对于推进海洋强国战略具有关键性作用，也给海洋科学学科发展带来了难得的机遇与挑战。

（3）沿海地区教育经费投入总额。沿海地区教育经费投入总额是指政府或者企业在地区投入的资金数量，反映教育财力投入的总体水平。一般来讲，教育经费投入越多，越有助于形成良好的科技环境，越有助于地区海洋经济的发展。

（4）海洋科研机构密度。海洋科研机构是指单位面积内海洋科研机构的地区分布，科研机构的分布密度对海洋科技水平有重要影响，反映了一个地区海洋科研机构的分布状态和科技实力。

（5）研究与试验（R&D）经费占 GDP 的比重。R&D 是指在科学技术领域，为增加人类文化和社会知识的总量，以及运用这些知识去创造新的应用进行的系统的创造性的活动，包括基础研究、应用研究、试验发展三类活动。研究与试验（R&D）经费占 GDP 的比重，是衡量一个国家科技活动规模和科技投入水平的重要指标，也是反映我国自主创新能力和创新型国家建设进程的重要内容（张敬，2011）。一般来讲，研究与试验（R&D）经费占 GDP 的比重越大，所提供的海洋科技环境越好，越有助于地区海洋经济的发展。

2. 海洋经济发展水平与海洋科技发展水平测度及结果

（1）海洋经济发展水平测度及结果分析。通过计算得到 2000～2014 年我国沿海 11 省份海洋经济发展水平和海洋科技发展水平的测度结果，如表 9-3 所示。

表 9-3　2000～2014 年我国沿海 11 省份海洋经济发展水平和海洋科技发展水平测度结果

省份	2000年	2002年	2004年	2006年	2008年	2010年	2012年	2014年
天津	0.26/0.23	0.28/0.25	0.31/0.27	0.29/0.31	0.30/0.35	0.33/0.44	0.33/0.47	0.34/0.49
河北	0.22/0.05	0.23/0.05	0.25/0.07	0.32/0.08	0.28/0.09	0.29/0.13	0.30/0.13	0.33/0.14
辽宁	0.22/0.11	0.22/0.12	0.25/0.13	0.27/0.12	0.29/0.15	0.30/0.26	0.33/0.30	0.33/0.33
上海	0.26/0.26	0.26/0.26	0.32/0.28	0.36/0.32	0.32/0.37	0.35/0.49	0.33/0.57	0.32/0.68

续表

省份	2000年	2002年	2004年	2006年	2008年	2010年	2012年	2014年
江苏	0.24/0.18	0.26/0.19	0.29/0.26	0.32/0.28	0.32/0.34	0.37/0.44	0.38/0.57	0.42/0.58
浙江	0.23/0.12	0.29/0.14	0.31/0.17	0.27/0.19	0.32/0.22	0.34/0.27	0.36/0.33	0.38/0.37
福建	0.23/0.09	0.27/0.11	0.26/0.13	0.26/0.14	0.27/0.17	0.29/0.23	0.32/0.26	0.36/0.29
山东	0.26/0.15	0.28/0.16	0.32/0.19	0.37/0.23	0.42/0.31	0.43/0.41	0.46/0.49	0.54/0.56
广东	0.29/0.12	0.31/0.14	0.41/0.15	0.42/0.23	0.49/0.29	0.51/0.39	0.53/0.44	0.58/0.50
广西	0.19/0.03	0.23/0.03	0.23/0.04	0.27/0.04	0.25/0.05	0.26/0.08	0.27/0.10	0.28/0.16
海南	0.23/0.01	0.22/0.01	0.25/0.02	0.29/0.03	0.29/0.04	0.28/0.06	0.27/0.08	0.27/0.09
均值	0.24/0.12	0.26/0.13	0.29/0.16	0.31/0.18	0.32/0.22	0.34/0.29	0.35/0.34	0.38/0.38

注：受篇幅限制，本章选取偶数年份发展水平。表中数据表示海洋经济发展水平测度/海洋科技发展水平测度

2000～2014年，从均值来看，我国沿海地区海洋经济发展水平呈上升态势，符合我国海洋经济发展的实际情况。山东、广东海洋经济发展水平提升最大，发展水平也相对最高，分别由2000年的0.26、0.29，提升至2014年的0.54、0.58，提升幅度分别达到0.28和0.29，这与两省份海洋经济发展的实际情况以及海洋经济政策的实施密切相关；其次为河北、辽宁、江苏、浙江、福建，2000～2014年，提升幅度分别为0.11、0.11、0.18、0.15、0.13，都在0.10以上；广西、海南海洋经济发展水平虽有提升，但提升幅度较小，在沿海11省份中仍处于最低位置；天津和上海海洋经济发展水平则呈现出小幅度波动上升的态势。

（2）海洋科技发展水平测度及结果分析。可以从三个梯度对沿海11省份海洋科技发展水平进行分析，上海、江苏、山东、广东海洋科技发展水平相对最高，属于第一梯度，2000～2014年，上海、江苏、山东、广东海洋科技发展水平分别由0.26、0.18、0.15、0.12提升至0.68、0.58、0.56、0.50，提升幅度都大于0.35，并且提升后的最大值都大于等于0.50；天津、辽宁、浙江海洋科技发展水平处于中间水平，2000～2014年海洋科技发展水平由0.23、0.11、0.12提升至0.49、0.33、0.37，提升幅度在0.25左右，属于第二梯度；河北、福建、广西、海南海洋科技发展水平相对较低，提升幅度在0.20以下，属于第三梯度。这与当地的海洋经济发展水平以及当地实行的海洋科技政策密切相关。下面对海洋经济发展水平与海洋科技发展水平之间的协同与响应关系进行详细说明。

9.3.2　中国区域海洋经济与海洋科技之间的协同关系

海洋是除陆地之外人类生存和发展的第二空间，在资源、贸易、交通等方

面彰显了海洋对人类社会进步和国家发展的重要作用和地位。我国是一个海洋大国，拥有丰富的海洋资源。随着海洋资源的开发和利用不断增强，一些不合理开发的现象也逐渐显现。中华人民共和国成立以来，中国的海洋科技事业逐渐为国家所重视，海洋科技进步飞快，海洋科技自主创新能力逐步提高。海洋科技是当今海洋发展的"引擎"，海洋科技体系包含的方方面面对海洋经济发展有着巨大的推动力。在海洋经济和海洋科技迅速发展的过程中，两者间相互协调发展水平的提高也有助于地区海洋经济的持续稳定发展。

本章基于海洋经济发展水平和海洋科技发展水平的测度结果，利用式（9-1）和式（9-2）得出我国沿海 11 省份海洋经济与海洋科技协调发展度；选取 2000年、2007 年、2014 年对我国区域海洋经济与海洋科技协调发展的空间格局变化情况进行分析。

1. 海洋经济与海洋科技协调发展度时间演变分析

如表9-4所示，就均值来看，我国区域海洋经济与海洋科技协调发展水平呈现稳步上升的态势，说明近年来我国海洋建设取得了较好的成果。

表 9-4　2000～2014 年我国沿海 11 省份海洋经济与海洋科技协调发展度

省份	2000年	2002年	2004年	2006年	2008年	2010年	2012年	2014年
天津	0.499	0.515	0.539	0.545	0.567	0.608	0.611	0.626
河北	0.225	0.226	0.273	0.279	0.310	0.403	0.395	0.410
辽宁	0.363	0.386	0.390	0.378	0.421	0.457	0.534	0.558
上海	0.511	0.512	0.544	0.581	0.587	0.631	0.620	0.610
江苏	0.449	0.465	0.520	0.542	0.576	0.630	0.663	0.690
浙江	0.371	0.411	0.445	0.470	0.503	0.542	0.586	0.613
福建	0.332	0.361	0.391	0.413	0.444	0.499	0.531	0.564
山东	0.422	0.437	0.477	0.517	0.592	0.650	0.692	0.743
广东	0.383	0.411	0.420	0.524	0.584	0.662	0.689	0.733
广西	0.162	0.148	0.180	0.165	0.210	0.261	0.343	0.382
海南	0.094	0.080	0.063	0.147	0.171	0.251	0.295	0.314
均值	0.346	0.359	0.386	0.415	0.451	0.509	0.542	0.568

注：受篇幅限制，本章选取偶数年份各省份协调发展度

就环渤海海洋经济区而言，2000～2014 年，山东海洋经济与海洋科技协调发展度变化最大，由2000年的0.422提升至2014年的0.743，主要得益于山东半岛蓝色经济区的建设，以及省内高度重视海洋科技的投入和产出；天津海洋经

济与海洋科技协调发展度提升最慢，由2000年的0.499提升至2014年的0.626，但是其协调水平仍高于辽宁和河北两地，主要原因在于天津海洋经济与海洋科技协调发展度基数较高，提升空间相对较小；辽宁海洋经济与海洋科技协调发展度由2000年的0.363提升至2014年的0.558，主要得益于国家提出"海上辽宁"战略，并高度重视"辽宁沿海经济带"的建设，使得该省海洋经济发展取得长足进步；河北海洋经济与海洋科技协调发展度相对较低，但也处于不断上升的态势。

中部沿海海洋经济区中，江苏和浙江海洋经济与海洋科技协调发展度一直呈上升的态势，分别由2000年的0.449、0.371上升为2014年的0.690、0.613，协调发展度变化值分别为0.241、0.242；上海海洋经济与海洋科技协调发展度在波动中变化，但就全国而言，其值仍处于较高水平。中部沿海海洋经济区处于我国"T"字形区域发展战略的交界处，现代海洋和海洋高新技术产业较为发达，海洋第二、第三产业占比较大，港城关系建设高于全国其他地区，拥有发展港口物流的便利条件。江苏和浙江重视对海洋环保的建设投入，海洋资源开发利用的状况良好。浙江和上海拥有海洋专业高等学校，海洋科技发展水平较高。以上都为中部沿海经济区海洋经济与海洋科技协调水平的提高奠定了基础。

南部沿海经济区中，广东海洋经济与海洋科技协调发展度的提升水平最大，由2000年的0.383提升至2014年的0.733，提升幅度高达0.350，这与广东"建设海洋经济强省"战略的实施，以及海洋科技创新能力的提高、经济结构的逐步优化密切相关；福建由2000年的0.332提升至2014年的0.564，提升幅度达到0.232；而广西和海南海洋经济与海洋科技协调发展度呈现出缓慢上升的态势，但由于两省份是我国海洋经济和海洋科技发展水平较低的省份，两者的协调发展度也较低；广东和福建海洋经济与海洋科技协调发展度的上升为南部沿海地区海洋经济与海洋科技协调发展度高于全国平均水平做出了贡献。

2. 海洋经济与海洋科技协调发展度区域分析

选取2000年、2007年、2014年三个年份为节点对中国沿海11省份海洋经济与海洋科技协调发展度进行分析。如图9-1所示，2000~2014年，中国沿海11省份海洋经济与海洋科技协调发展度的空间差异逐渐缩小，并由初级协调发展类逐渐演变为高级协调发展类。2000~2007年，海洋经济与海洋科技协调发展度发生变化最小的是辽宁，研究期内一直为中级协调发展类，而发生明显变化的是福建，其海洋经济与海洋科技协调发展度由初级协调发展类演变为中级协调发展类，说明2000～2007年福建海洋经济与海洋科技建设较好，协调程度逐步提高；其余各省份的协调发展水平在数值上虽有所上升，但在空间尺度上并没有呈现较明显的变化。2007～2014年，河北和广西由初级协调发展类演变为中级协调发展类，说明两省份的海洋经济与海洋科技逐步走向协调，但协调发展度的值仍然很小，两省份有很大的发展潜力；天津、山东、江苏、上海、浙江、广东由中级协调发展类演变为高级协调发展类，说明随着时间的推移，天津、山东、江苏、上海、浙江、广东海洋经济与海洋科技发展水平在稳步提高，两者的协调发展度也在不断增加。而海洋经济与海洋科技发展水平较低的海南在研究期间一直处于初级协调发展类，两者的协调发展水平有待提高。

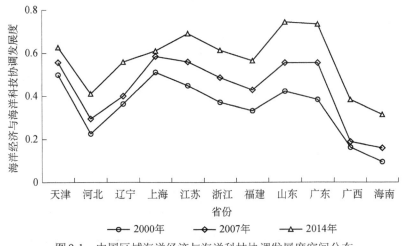

图9-1 中国区域海洋经济与海洋科技协调发展度空间分布

9.3.3 中国区域海洋经济与海洋科技之间的响应关系

1. 模型检验及脉冲响应函数结果

"响应"一词原指系统在激励作用下所引起的反应（王泽宇等，2016），在本章中是指海洋经济与海洋科技之间的相互反馈效应。根据9.4.1节中海洋经济和海洋科技发展水平的测算结果，构建两者间广义脉冲响应函数模型，动态分析海洋经济与海洋科技之间的响应关系。这里，分别用dy+地区首字母来表示"地区海洋经济发展水平的一阶差分"，用dx+地区首字母表示"地区海洋科技发展水平的一阶差分"。

数据变量的平稳性是传统计量经济分析的基本要求之一。只有模型中的变量满足平稳性要求，传统的计量经济分析方法才是有效的。单位根检验是一种检测时间序列是否平稳的方法，本章采用ADF检验和PP检验两种方式，当且仅当两种方法的结果都通过检验才认为数据平稳，结果如表9-5所示。本章经过一阶差分处理，所有变量都是平稳的时间序列，采用Johansen检验判断沿海11省份两个时间序列之间是否存在协整关系。本章所显示的结果是Johansen检验中的特征根迹检验（trace检验），如表9-6所示。从表9-6中可以看出，在5%的显著性水平下，沿海11省份的结果都拒绝了海洋经济与海洋科技之间不存在协整关系的零假设，即海洋经济与海洋科技之间存在长期协整关系。

表 9-5　平稳性检验结果

变量	检验类型 (c, t, k)	ADF检验	PP检验	结论	变量	检验类型 (c, t, k)	ADF检验	PP检验	结论
dyTJ	(0, 0, 1)	−4.990***	−5.553***	平稳	dxTJ	(0, 0, 1)	−5.179***	−9.168***	平稳
dyHB	(0, 0, 0)	−6.157***	−7.258***	平稳	dxHB	(0, 0, 0)	−3.511**	−4.155***	平稳
dyLN	(0, 0, 1)	−12.753***	−12.621***	平稳	dxLN	(0, 0, 0)	−4.344***	−4.344***	平稳
dySH	(0, 0, 0)	−8.605***	−8.924***	平稳	dxSH	(0, 0, 0)	−3.874**	−3.904**	平稳
dyJS	(0, 0, 0)	−4.560***	−5.195***	平稳	dxJS	(0, 0, 0)	−3.127**	−3.117*	平稳
dyZJ	(0, 0, 1)	−4.525***	−5.136***	平稳	dxZJ	(0, 0, 0)	−3.625**	−3.647**	平稳
dyFJ	(c, 0, 0)	−4.788***	−4.868***	平稳	dxFJ	(0, 0, 0)	−3.295**	−3.301*	平稳
dySD	(0, 0, 1)	−6.952***	−8.011***	平稳	dxSD	(0, 0, 0)	−4.262***	−4.283***	平稳
dyGD	(0, 0, 0)	−3.593**	−3.642**	平稳	dxGD	(0, 0, 0)	−4.391***	−4.648***	平稳
dyGX	(0, 0, 0)	−7.759***	−7.101***	平稳	dxGX	(0, 0, 0)	−2.973*	−3.001*	平稳
dyHN	(0, 0, 0)	−4.826***	−4.703***	平稳	dxHN	(0, 0, 0)	−3.537**	−3.633**	平稳

注：检验类型中的c和t分别表示带有常数项和趋势项，k表示综合考虑AIC、SC选择的滞后期，d表示一阶差分；*表示在10%水平上统计检验显著，**表示在5%水平上统计检验显著，***表示在1%水平上统计检验显著

表 9-6　Johansen 检验结果

省份	脉冲响应变量	零假设	T.St.	0.05 Critical Value	Prob.
天津	dyTJ与dxTJ	不存在协整关系*	31.521 84	15.494 71	0.000 1
河北	dyHB与dxHB	不存在协整关系*	33.630 34	15.494 71	0.000 0
辽宁	dyLN与dxLN	不存在协整关系*	46.292 34	15.494 71	0.000 0
上海	dySH与dxSH	不存在协整关系*	35.214 67	15.494 71	0.000 0
江苏	dyJS与dxJS	不存在协整关系*	24.133 47	15.494 71	0.002 0
浙江	dyZJ与dxZJ	不存在协整关系*	24.038 20	15.494 71	0.002 0
福建	dyFJ与dxFJ	不存在协整关系*	15.757 65	15.494 71	0.045 6
山东	dySD与dxSD	不存在协整关系*	38.688 12	15.494 71	0.000 0
广东	dyGD与dxGD	不存在协整关系*	22.996 73	15.494 71	0.003 1

续表

省份	脉冲响应变量	零假设	T.St.	0.05 Critical Value	Prob.
广西	dyGX 与 dxGX	不存在协整关系*	27.757 94	15.494 71	0.000 5
海南	dyHN 与 dxHN	不存在协整关系*	25.656 32	15.494 71	0.001 1

注：*表示在5%显著性水平上拒绝了零假设

2. 中国区域海洋经济发展脉冲响应结果及分析

协整检验只能说明各变量之间是否存在长期的均衡关系，但不能表现出各变量动态变化通过内在联系对整个系统的扰动，以及各变量对这些扰动的综合反应，因此需要进一步做脉冲响应分析，进而判断各变量动态变化引起的其他变量的响应情况。脉冲响应函数是用来衡量随机扰动项的一个标准差冲击对其他变量当前和未来取值的影响轨迹，能够比较直观地刻画变量间的动态交互作用及效应（王珍珍和陈功玉，2011）。利用9.4.1节中海洋经济和海洋科技发展水平的测算结果，对沿海11省份海洋经济与海洋科技做脉冲响应分析（图9-2和图9-3）。

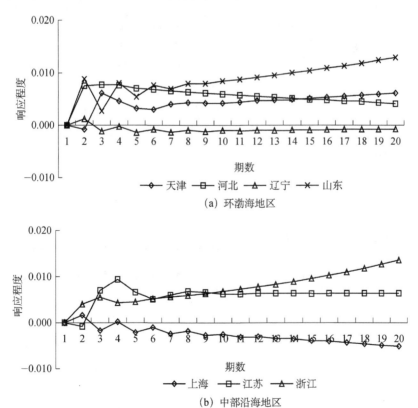

(a) 环渤海地区

(b) 中部沿海地区

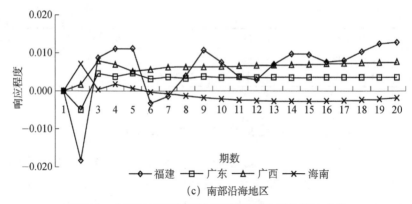

(c) 南部沿海地区

图9-2　中国区域海洋经济对海洋科技发展的脉冲响应

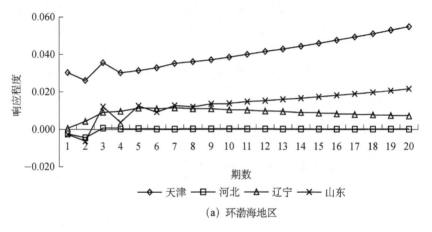

(a) 环渤海地区

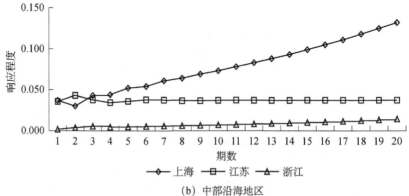

(b) 中部沿海地区

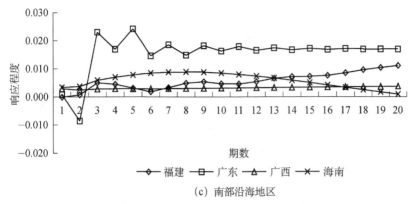

（c）南部沿海地区

图 9-3　中国区域海洋科技对海洋经济发展的脉冲响应

从图 9-2 中可以看出：

（1）环渤海地区海洋经济对海洋科技的响应相对较弱，且前 7 期的脉冲响应函数波动较大，随着时间的推移逐渐趋于平稳。河北和山东海洋经济脉冲响应的结果一直为正值，河北于第 3 期达到峰值，峰值为 0.0077，之后响应程度逐渐减小；前 7 期山东脉冲响应函数波动较大，之后趋于平稳并呈逐步上升的态势。天津和辽宁海洋经济对海洋科技发展的影响较小，天津于第 3 期开始产生正向影响，之后在小幅度波动中趋于平稳；辽宁海洋经济对海洋科技发展的影响作用不明显，且于第 3 期之后产生负向影响。

（2）中部沿海地区海洋经济对海洋科技的响应函数变化较平缓，说明系统比较稳定。江苏和浙江海洋经济对海洋科技的响应经过前 6 期的波动逐渐趋于稳定变化的态势；相较江苏和浙江，上海海洋经济对海洋科技的响应程度最小，并出现负值情况，主要原因在于地区海洋科技成果转化率较低。

（3）南部沿海地区海洋经济对海洋科技的响应程度呈上下波动的态势，其中福建的波幅最大。福建、广东、广西海洋经济对海洋科技的响应大于海南海洋经济对海洋科技的响应，原因在于海南海洋科技水平较低，且创新能力不足。

综合以上三个海洋经济区可知，即便理论上海洋科技对海洋经济有促进作用，但从实际数据检验得出，海洋科技高值地区对海洋经济的影响作用较小，其影响并不明显且有一定的滞后性。主要原因在于，我国海洋科技发展水平和应用水平较低，技术人员经验不足，缺乏高级海洋科技管理人员，导致海洋科技的成果不能完全、及时地应用到海洋经济发展中。因此，在国家大力提倡"21 世纪海上丝绸之路"之际，重视海洋科技对海洋经济发展的影响作用，大力培养海洋科技专业人才，提高海洋科技成果的转化应用率，以促进海洋经济的发展。

　　从图9-3中可以看出，海洋科技对海洋经济的响应与地区海洋经济的发展水平密切相关，即在海洋经济发达地区，海洋科技的响应较大，反之则较小。

　　（1）就环渤海地区来说，天津和山东海洋科技对海洋经济的响应程度明显大于河北和辽宁，主要原因在于天津和山东海洋经济水平较高。天津海洋科技对海洋经济的扰动立即做出正向响应，随着时间的推移响应程度逐渐增大；而山东海洋科技对海洋经济的响应存在一定的滞后期，于第3期产生正向影响；河北和辽宁海洋科技对海洋经济的响应小于天津和山东，河北的响应程度基本为0。

　　（2）就中部沿海地区来说，海洋科技对海洋经济的响应程度大于其他区域，最大响应程度为0.13。江苏和上海海洋科技对海洋经济的响应大于浙江，且响应程度都在0.03以上。上海海洋科技对海洋经济的响应呈逐步上升的态势，说明海洋科技对海洋经济影响作用的发挥会随着时间的推移而发生变化；江苏海洋科技对海洋经济的响应程度较平缓，基本维持在0.3；浙江海洋科技对海洋经济的响应不明显，响应程度一直在0附近，说明浙江海洋经济对海洋科技的贡献较小。

　　（3）就南部沿海地区来说，从脉冲响应结果可以看出，广东海洋科技对海洋经济的响应明显且波动较大，但于第9期趋于平稳；福建海洋科技对海洋经济的响应在波动中变化，但波动较平缓。由于海洋经济发展水平较低，广西和海南海洋科技对海洋经济的响应较小，尤其是广西，其响应程度基本维持在0附近，说明地区海洋经济水平的高低很明显地影响到海洋科技水平。

　　就全国海洋经济与海洋科技的相互响应关系而言，海洋经济对海洋科技的影响作用大于海洋科技对海洋经济的影响作用，主要得益于近年来我国及沿海省份高度重视海洋经济的发展，激励海洋新技术投资计划，加大对海洋科研机构、高校及海洋企业等R&D经费投入，促使更多的海洋新技术成果得以产生。鉴于此，应该促进沿海省份海洋经济的发展，提高海洋经济对海洋科技的影响力，同时加大海洋科技投入，促使海洋科技创新能力的提高，采用产学研相结合的模式，实现海洋科技与海洋经济之间的良性互动循环。

9.4　结论与建议

9.4.1　结论

通过本章研究，得出如下结论：

　　（1）根据沿海地区海洋经济与海洋科技的实际情况，构建海洋经济与海洋科技发展水平评价指标体系，在借助主客观综合赋权法赋予权重的基础上，对 2000～2014 年中国沿海 11 省份海洋经济与海洋科技水平进行测度，结果表明近年来我国海洋经济与海洋科技发展水平逐步提高，其结果符合我国海洋经济与海洋科技的实际情况。

（2）根据协调发展度模型计算结果，中国区域海洋经济与海洋科技的协调发展度总体呈上升趋势，山东和广东变化值较大。取 2000 年、2007 年、2014 年三个时间点对海洋经济与海洋科技协调发展度的空间演变进行分析，结果表明沿海 11 省份两者的协调发展度由以初级协调发展类和中级协调发展类为主演变为以中级协调发展类和高级协调发展类为主，协调水平逐步提高。

（3）从脉冲响应的结果来看，我国区域海洋经济与海洋科技之间相互响应关系有待加强：海洋经济对海洋科技的响应程度较弱，并存在一定的滞后期，说明我国海洋科技发展能力还不足，海洋科技成果的应用率较低；海洋科技对海洋经济发展的响应作用较为明显，且与海洋经济发展水平呈正相关。

9.4.2　建议

从本章对海洋经济与海洋科技之间协同与响应关系研究的发展现状以及分析结果出发，提出如下对策建议：

（1）从海洋经济的角度来看，要科学制定海洋经济发展规划，严格执行国家相关规定，有序开发利用海洋资源。要不断壮大海洋产业的规模，建立现代化的海洋产业体系，不断优化海洋产业结构，逐步提高海洋经济效益和效率。以可持续发展理论基础为指导，注重海洋资源的有序开发利用，合理保护海洋环境，实现海洋经济的绿色化开发和发展。

（2）从海洋科技的角度来看，坚持"科技兴海"战略，积极推动海洋产业优化升级。大力增加海洋科技人才的培养和智力资金投入，增强海洋科技创新能力，提高海洋科技的成果转化率，并让海洋科技成果真正应用到海洋经济发展过程中。尽量缩短海洋科技成果转化为海洋经济发展动力的时间，提高海洋科技为海洋经济发展贡献的效率。开发高技术性的海洋科技产品，加大开发力度，以促进海洋经济与海洋科技之间的良性互动循环。

（3）从海洋经济与海洋科技之间发展平台的角度来看，积极引进民间资本，借助涉海企业及社会金融机构的力量，打造海洋经济与海洋科技之间协调发展的平台。借助市场这个开放的平台，让海洋经济活动迸发生机与活力，带动海洋产业的持续健康发展。积极借鉴其他行业先进的科学技术，应用到海洋经济和海洋科技活动中，不断促进海洋经济与海洋科技系统良性循环互动发展。

（4）从政府部门的角度来看，要积极构筑高效的政府调控机制，着力提高宏观协调和管理能力，以缩小地区间海洋经济发展的区域差异。加强区域间的合作与交流，让知识和技术在地区间充分流动，政府在各沿海地区之间起协调互动作用。另外，政府部门要加强监管，做好监督保护工作，持续检测海洋环境质量，普及海洋科学知识，引导地区有效开发、保护海洋资源环境，以助于我国海洋经济的长久发展。

▶▶ 第 10 章　中国海洋经济发展演变研究

随着陆地资源的开发和利用，人地关系矛盾日益突出，人类逐渐关注和利用海洋资源潜在的经济价值。海洋经济在国民经济中所占的比重日益增加，地位和作用也越来越重要。在海洋经济快速发展的同时，区域间海洋经济发展水平及地区同一海洋产业发展水平之间的差距日益突出，将成为海洋经济快速增长背后的一大隐忧，势必影响我国建设海洋强国目标的实现。在此背景下，海洋经济发展演变的研究有助于把握海洋经济发展演变规律，对于促进其快速、协调、可持续发展具有一定的现实意义。

本章基于信息扩散技术对相关数值进行了集值化处理，运用核密度函数及其分解模型，采用 1996～2014 年沿海 11 省份人均海洋产值指标，从时间维度描绘我国海洋经济发展状况，同时将密度分布总差异曲线分解为三部分，分析沿海省域海洋经济发展变动的原因。利用基尼系数对沿海 11 省份海洋经济进行区域与结构分解，将总差异分解成不同组群与来源的差距，分析不同因素对海洋经济发展均衡性的影响以及在不同发展阶段对总差异的贡献大小，揭示海洋经济区域与结构均衡性的变动特征和内在机制，并根据边际效应理论找出提高均衡性的主要方向。最后，找出影响海洋经济发展演变的内在机制，并提出促进海洋经济快速、协调、可持续发展的对策建议，为决策者制定地区中长期规划提供理论依据。

10.1　引言

21 世纪是海洋的世纪，人口、资源和环境之间矛盾缓解的关键途径在海洋（张耀光等，2005）。海洋是人类发展的自然资源宝库，也是生态环境的调节器，同时在支持人类福祉方面发挥着举足轻重的作用（Halpern et al.，2012；Morrissey et al.，2011）。随着陆地资源的大规模开发和利用，人们不断关注和利用海洋资源潜在的经济价值，促进了海洋经济的快速发展（Zhao et al.，2014）。海洋和沿海地区的人类活动在一个前所未有的规模快速扩张（Böhnke-Henrichs et al.，2013；Stojanovic and Farmer，2013）。一场将海洋经济为主题的"蓝色革命"在全球范围内开始兴起（刘岩和曹忠祥，2005）。20世纪后半期以来，人们对海洋资源和海洋经济的关注日益增长（Song et al.，2013）。不同国家纷纷对海洋经济进行定性和定量分析（Fernández-Macho et al.，2016；Foley et al.，2014；Park and Kildow，2014；Kwak et al.，2005），全球范围内的海洋和海岸带相关的立法、政策和战略显著增长（Surís-Regueiro et al.，2013；Suárez de Vivero and Rodríguez Mateos，2012；郑贵斌，2012；Piecyk，2007）。世界各国将海洋作为提高国际地位的一个重要因素，对海洋区域和利益的争夺战日益激烈，对于一个国家来说，海洋的价值不仅仅体现在经济利益方面，同时也上升到了国家尊严、安全等方面。

我国是世界大国，也是海洋大国。沿海省域由于优越的地理位置和国家政策，逐渐成为我国最具经济活力的地区，海洋生产总值不断上升，为经济和社会的快速发展提供重要的推动力量（Zheng，2015）。20世纪90年代初，海洋经济发展逐渐受到国家的广泛关注。改革开放以来，特别是2000年以后，海洋经济在国民经济中的占比逐渐提高（Luan，2004）。《2014年中国海洋经济统计公报》显示，2014年海洋生产产值为59 936亿元，占GDP的9.54%，比上一年增长7.9%。海洋经济的快速发展不仅为人类提供了大量的就业岗位，拓展了涉海就业的规模，缓解了就业压力，而且带动了科技创新能力的提升，提高了资源开发利用的深度和广度，海洋经济发展逐步由海洋资源开发向海洋服务方向转变，促进了海洋产业结构的高度化和协调化发展。

各省域间的地理环境、自然资源禀赋、社会条件、经济发展程度及技术水平的迥异，导致地区间海洋经济发展水平存在差别，同时地区间同一海洋产业的发展水平也存在差异（孙才志和李欣，2015）。海洋经济作为陆域经济重要的组成部分，其区域与结构差异研究成为当前我国海洋经济实践关注的一个焦点。随着海洋资源的不断开发和海洋经济区域的形成，海洋经济的区域差异日益凸显，这将成为我国海洋经济快速增长背后的一大隐忧，势必影响到我国海洋强国战略目标的实现（张耀光等，2011）。在这种背景下，对海洋经济发展演变特征及地区间的差异进行研究，有利于协调区域间海洋经济发展规模和发展速度，实现海洋各个产业在区域间的协调发展。

　　陆域经济为海洋经济提供强有力的支撑，海洋经济的快速增长也带动着陆域经济的发展，推动着区域经济结构的转型升级，保证区域经济的稳定增长。区域差异问题是区域经济学研究的核心问题，海洋经济是区域经济的一个重要组成部分，加之海洋经济对陆域经济发展的巨大作用，海洋经济的区域差异性问题也应得到关注与重视。理论上，在经济发展过程中，适度的差异有助于地区间比较优势的充分发挥，但过度失衡的经济空间则不利于区域经济实现可持续发展，地区差异的存在将弱化欠发达地区的需求，劳动力和资本利用效率较低，进而导致欠发达地区经济增长缓慢甚至出现停滞现象（吴康和韦玉春，2008）。因此，把握海洋经济发展水平、演变特征和区域发展差异，进一步减小区域间经济发展差距，对于形成协调互动的区域发展格局，促进发达地区和落后地区间的协调发展，具有重要的理论意义，可以为未来区域经济规划的制定提供理论参考。

　　我国的海洋经济相关政策已涉及国家战略规划，逐步完善的发展政策体系为海洋经济的健康快速发展提供了重要条件和政策保障，使得海洋经济的地位不断提升，并成为国民经济的重点发展对象。与此同时，海洋经济区域间发展水平的差异和不同地区同一海洋产业发展水平差异问题不断显现，将成为我国海洋经济快速增长背后的一大隐患。海洋经济的区域与结构差异研究，是经济地理学的传统研究领域，也是我国海洋经济实践关注的一个重要焦点。因此，掌握我国海洋经济发展的演变特征与规律以及认清海洋经济在沿海地区间的发展差异，对于协调区域间海洋经济发展规模和发展速度，转变海洋经济发展方式，实现海洋三大产业在区域间的协调发展具有重要的现实意义，同时也为国家制定海洋中长期发展规划、推进海洋经济快速可持续发展提供重要参考。

10.2　理论基础

10.2.1　相关概念

　　国内海洋经济概念出现于20世纪80年代，在90年代逐渐流行，学者对于海洋经济的概念界定有不同的观点。徐质斌（1995）指出海洋经济是对海洋及其空间进行的一切经济性开发活动和直接利用海洋资源进行生产加工，以及海洋开发、利用、保护和服务形成的经济。陈可文（2003）指出海洋经济是以海洋空间为活动场所，或者以海洋资源为利用对象的各种经济活动。按照经济活动与海洋的关联程度高低，将海洋经济分成三类：狭义海洋经济、广义海洋经济和泛义海洋经济，其中海洋经济涵盖范围最广的是泛义海洋经济。2003年5月国务院发布的《全国海洋经济发展规划纲要》指出，海洋经济是开发利用海洋的各类产业及相关经济活动的总和。曹忠祥等（2005）指出海洋经济是在一定的社会经济技术条件下，以海洋资源和海洋空间为主要对象进行的物质生产及其相关服务性活动的总称。徐敬俊和韩立民（2007）指出海洋经济是在一定制度下，通过有效保护，优化配置和合理利用海洋资源，以获取社会利益、环境利益和自身利益最大化为目的的各种社会实践活动的总称。

归纳上述定义，可以得出海洋经济具有以下特点：海洋经济具有区域性的特点，只有靠近海洋的区域才具备发展海洋经济的先决条件，不同的海洋空间所拥有的海洋资源种类和特点不同。海洋经济具有综合性特点，不仅包括以海洋资源和空间为基本生产要素的生产和服务活动，还包括不依赖于海洋资源和空间，但可直接为其他海洋相关产业提供服务的经济活动。

2000年1月1日开始实行的《海洋经济统计分类与代码》（HY/T 052—1999）中明确规定，海洋产业是人类利用和开发海洋、海岸带资源所进行的生产和服务；根据《海洋及相关产业分类》（GB/T 20794—2006），海洋产业是开发、利用和保护海洋所进行的生产和服务活动，包括直接从海洋中获取产品的生产和服务活动、直接从海洋中获取的产品的一次加工生产和服务活动、直接应用于海洋和海洋开发活动的产品生产和服务活动、利用海水或海洋空间作为生产过程的基本要素所进行的生产和服务活动以及海洋科学研究、教育、管理和服务活动。《中国海洋统计年鉴》中指出，海洋产业是开发、利用和保护海洋所进行的生产和服务活动，包括海洋渔业、海洋矿业、海洋盐业、海洋化工业、海洋生物医药业、海洋电力业、海水利用业、海洋船舶工业、海洋工程建筑业、海洋交通运输业、滨海旅游业等主要海洋产业以及海洋科研教育管理服务业。按照三次海洋产业分类方法，将海洋产业分为海洋第一产业、海洋第二产业、海洋第三产业。海洋第一产业是海洋渔业中的海洋水产品、海洋渔业服务业，以及海洋相关产业中属于海洋第一产业范畴的部门。海洋第二产业是海洋渔业中的海洋水产品加工、海洋油气业、海洋矿业、海洋盐业、海洋化工、海洋生物医药业、海洋电力业、海水利用业、海洋船舶工业、海洋工程建筑业以及海洋产业中属于海洋第二产业范畴的部门。海洋第三产业是除海洋第一、第二产业以外的其他行业，包括海洋交通运输业、滨海旅游业以及海洋相关产业中属于海洋第三产业范畴的部门。

10.2.2　相关理论

1. 增长极理论

1955 年，欧洲经济学家佩鲁引入了增长极的概念。他提出经济的增长不会同时发生在各个地方或部门，而是率先集中在那些创新能力强的部门，而它们通常会集中在经济空间的点上，由此形成增长极（安虎森，1997）。后来的学者将增长极与地理空间结合起来进行研究，指出经济空间除了含有经济变量中的结构关系，还含有经济现象中的区域结构关系（叶依广，1991）。增长极由此包括两种含义：一是从经济角度来看主导部门具有空间集聚的特点；二是主要指区位条件较优越的地区。增长极对区域经济发展产生作用，主要通过支配效应、乘数效应、极化效应、扩散效应四种方式。支配效应即增长极在经济、人才和技术等方面具有优势，通过与周边地区产生要素的流动和商品供求，而对地区经济活动产生支配。乘数效应即增长极对周边地区经济增速产生的示范、带动等作用，与周边地区进一步加强经济联系，受循环累积因果机制的影响，增长极对周边地区经济发展的作用不断提升，使得增长极的影响能力得到进一步提高。极化效应是指增长极中的推动型产业对周边地区的经济活动和要素形成吸引作用，使其向增长极靠近，使增长极自身快速发展的过程。扩散效应是指增长极将其要素和经济输出给周边地区，以推动周边地区的经济实现快速发展的过程。

2. 非均衡增长理论

1958 年，美国经济学家赫希曼在《经济发展战略》中阐述了非均衡增长理论。赫希曼指出经济的进步不会同时出现在一处，而是将以最开始的出发点集中，这种增长极的出现，表明了区域经济间的不平等增长，是经济增长过程中很难消除的伴生现象。由此，他提出了极化效应与涓滴效应，并指出在经济发展初期，极化效应占主导地位，会导致各地区经济差距逐步拉大；而涓滴效应的效果则在长期发展中使得各地区经济发展差异减小。综合其观点表明，该理论阐述的是在经济发展初期推行非均衡增长政策的必要性。

3. 中心-外围理论

1966 年，美国学者弗里德曼在《区域发展政策》中提出了中心-外围理论，理论中将经济系统的空间结构分为两部分：中心与外围。弗里德曼认为，因多种原因在若干区域之间会有个别区域率先发展起来而成为"中心"，其他区域则因发展缓慢而成为"外围"。中心与外围之间存在不平等的发展关系。总体上，中心居于统治地位，而外围则在发展上依赖于中心。中心发展的条件较好，处于主导地位，而外围发展的条件相对较差，处于被支配地位，因此生产要素由外围向中心出现净移动（李小建，1999）。在经济发展初期，这种二元结构表现得较明显，由最初的一种单核结构逐渐发展成为多核结构；当经济进入持续增长时期，在政府政策的干预下，各区域优势得到充分发挥，进而使经济获得全面发展。

4. 区域经济梯度推移理论

区域经济梯度推移是以产品周期为理论基础，所谓梯度是指区域之间经济总体发展水平的差异，而不仅仅是技术水平的差异（李小建，1999）。理论指出，一个区域的经济兴衰取决于它的产业结构，进而取决于它的主导部门的先进程度。以产品周期理论为基础，可以将经济部门划分成兴旺部门、停滞部门和衰退部门。若兴旺部门为区域内的主导部门，则该区域为高梯度区域；若衰退部门为区域内的主导部门，则该区域为低梯度区域，梯度的推移则主要在城市系统内变动。梯度推移存在两种方式：一是从发源地向近距离城市创新活动的移动；二是从发源地至远距离的二级城市创新活动的移动，然后再到三级城市，最后推移到整个区域的过程。

5. 倒"U"型假说

美国经济学家威廉姆在研究区域差异时提出倒"U"型假说。该假说指出，当一个国家的经济发展还处在初期阶段时，该国家区域间的经济差异不会太大；但伴随着经济的逐步增长，经济发展速度加快，区域间的差异将逐步拉大；当经济发展到一定水平后，区域间的差异将达到最大不再继续增加；而伴随着经济的进一步发展，区域间的差异则会呈减小态势。总体来说，区域经济发展之间存在的差异呈现出差异不大—差异扩大—差异缩小的演变趋势，形状类似于倒着写的"U"字，称为倒"U"型假说。

10.3 研究方法与数据来源

10.3.1 研究方法

1. 核密度估计

核密度估计（Massaro et al.，2013；Kumar and Russell，2002；Parzen，1962；Rosenblatt，1956）在概率论中常用于估计未知的密度函数，它从数据本

身出发来估计概率密度，不依赖对数据分布形式的假设，是以样本为基础研究数据分布特征的非参数的处理方式。在核密度估计分布图中可以观察到分布的位置、延展性和形状，由此得到直观、清晰的海洋经济整体分布状况。可随意设定核密度估计的参数形式，核密度函数对解释变量和被解释变量分布的限定也很少。

核密度估计方法的原理如下：

假定 $X_1, X_2, \cdots, X_n$ 服从独立同分布，未知其密度函数 $f(x)$，则需运用样本估计其密度函数。样本的经验分布函数为

$$F(x) = \frac{1}{n}\{X_1, X_2, \cdots, X_n\} \tag{10-1}$$

本章取核函数为均匀核，可得核密度函数估计式为

$$
\begin{aligned}
f_h(x) &= \frac{\left[F_n(x+h_n)\right] - F_n(x-h_n)}{2h} \\
&= \int_{x-h_n}^{x+h_n} \frac{1}{h} K\left(\frac{t-x}{h_n}\right) \mathrm{d}F_n(t) \\
&= \frac{1}{nh_n} \sum_{i=1}^{n} K\left(\frac{x-x_i}{h_n}\right)
\end{aligned}
\tag{10-2}
$$

式中，h_n 为窗宽；$K(\cdot)$ 为核密度函数，通常取对称的单峰概率密度函数。在实际估算时要选取窗宽、核函数和分割点数，核密度分布图的优劣取决于上述三者的选择，窗宽的选择对估计量的影响较大。

2. 信息扩散

运用核密度估计方法时需要样本数据较大，而本章采用的只有11个沿海省份1996～2014年的数据，属小样本事件（Poluektov，2015）。因此为解决信息量不足的问题，运用信息扩散技术处理数据。信息扩散是为了弥补样本信息不足的缺陷，而对样本进行集值化处理的一种模糊处理方式（张丽娟等，2009）。信息扩散估计不需要事先假定待估参数的分布，其在信息量不足时也可分析出尽可能准确的结果。当给定的样本不完备时，它将单一样本信息扩散到指定论域上的所有点，从而使有用的信息最大化，进一步弥补小样本数据导致的信息不足问题。结合海洋经济演变的特点，本章构造隶属函数时采用非线性正态信息扩散函数（孙才志等，2014；黄崇福，2012），原理如下：

设研究的指标论域为 U，$U = \{u_1, u_2, \cdots, u_n\}$，$u_i$ 为论域内的取值，n 为论域

取值的个数。建立指标序列，设单值观测样本是y_j，$y_j = \{y_1, y_2, \cdots, y_m\}$，$m$为样本个数。将单值观测样本$y_j$的信息扩散到$U$中的所有点，则信息扩散估计为

$$f_j(u_i) = \frac{1}{h\sqrt{2\pi}} \exp\left[-\frac{(y_j - u_i)^2}{2h^2}\right] \tag{10-3}$$

式中，$f_j(u_i)$为观测样本值y_j扩散到点u_i上的信息量（$i = 1,2,3,\cdots,n$；$j = 1,2,3,\cdots,m$），u_i为论域内的取值，m为样本个数，h为扩散系数，一般由样本集合中的最小值a、最大值b和样本个数m确定。$f_j(u_i)$在形式上同概率论中的正态分布函数一致，也称正态扩散函数。若估计一个概率密度函数运用正态扩散，则把$f_j\left(\dfrac{x - x_i}{\Delta f_j}\right)$看作$f_j(u_i)$，整理可以得到如下公式：

$$\hat{f}_h(x) = \frac{1}{nh\sqrt{2\pi}} \sum_{i=1}^{n} \exp\left(-\frac{(x - x_i)^2}{2h^2}\right) \tag{10-4}$$

样本总体$f_h(x)$的正态扩散估计是$\hat{f}_h(x)$。e为正态扩散的窗宽，e的计算公式为

$$e = \begin{cases} 0.8146(b-a) & n = 5 \\ 0.5690(b-a) & n = 6 \\ 0.4560(b-a) & n = 7 \\ 0.3860(b-a) & n = 8 \\ 0.3362(b-a) & n = 9 \\ 0.2986(b-a) & n = 10 \\ 2.6851(b-a)/(m-1) & n \geq 11 \end{cases} \tag{10-5}$$

式中，$a = \min\limits_{1 \leq i \leq n}\{x_i\}$，$b = \max\limits_{1 \leq i \leq n}\{x_i\}$。

对于任意的$n \geq 11$，有效根数是0.9330，调整系数是2.6851。由式（10-2）计算得出的h为基于平均距离假设的简单系数，应用h进行的正态扩散估计称为简单扩散估计。粗略地说，对于小样本而言，简单正态扩散估计的误差比软直方图估计的误差减少38%（黄崇福，2012）。

3. 核密度函数的分解

核密度函数估计只能够反映海洋经济分布的总体变动情况，并不能体现出海洋经济发展变动的具体因素。为了剖析海洋经济发展变化的机制，把握各因素对海洋经济分布变动的影响程度，本章采用核密度函数分解法（安康等，

2012；刘靖等，2009；Jenkins and Kerm，2005），通过刻画省域海洋经济密度函数在基期和报告期内的动态变化，考察年度间海洋经济变动的原因。

$$\Delta f(x) = f_{t_1}(x) - f_{t_0}(x) \tag{10-6}$$

式中，t_1、t_0 分别表示报告期和基期的年份；$f_{t_1}(x)$、$f_{t_0}(x)$ 分别表示密度函数在报告期和基期估计的结果；$\Delta f(x)$ 表示报告期和基期相同经济水平上密度的差别。

一个对海洋经济增长面貌完整描述的密度函数，应能表现出三种分布特征（Cowell et al.，1996），即海洋经济发展分布的位置、延展性和形态（Burkhauser and Rovba，2005），从而得到关于海洋经济整体分布情况直观的描述。因此，可把分布密度函数的变动分解如下：一是密度函数的平移即均值效应，在假定延展性和形态不变时，其仅沿均值收入水平发生变动，整体所在的位置反映了沿海省域海洋经济发展水平和变动情况，若向右移动则表示海洋经济整体水平提高；二是密度函数的延伸即方差效应，在假定均值和分布形态不变的情况下，仅分布方差发生改变，延展性反映省域海洋经济发展的不平等状况，若分布向两侧延伸则表示方差扩大，表明海洋经济水平的不平等程度加剧；三是密度函数的变形即残差效应，在假定均值和方差不变的情况下，仅分布形态产生了变形，其中分布的不同形态表示海洋经济的分化和变动情况，包含了较复杂的二阶变换，反映异质性群体的存在，通常呈现不规则形态。

通过反事实函数的分析（Jenkins and Kerm，2005），将密度函数的变化分成三部分：

$$\Delta f(x) = \mathrm{CD}_1(x) + \mathrm{CD}_2(x) + \mathrm{CD}_3(x) \tag{10-7}$$

式中，$\mathrm{CD}_1(x)$、$\mathrm{CD}_2(x)$ 和 $\mathrm{CD}_3(x)$ 分别表示保证其他因素不变时，函数位置移动所导致的图形产生的平移、延伸及变形。

假设基期和报告期的人均海洋产值分别是 x_{t_0} 和 x_{t_1}，它们存在线性关系：$x_{t_1} = g_k(x_{t_0})$，则 $f_{t_1}(x) = \left| \dfrac{\mathrm{d}(g_k^{-1}(x))}{\mathrm{d}x} \right| f_{t_0}(g_k^{-1}(x))$，假设不同的函数关系可得到省域海洋经济变化的各种反事实函数。假设在维持分布函数的方差和形态不变的情况下，报告期的人均海洋产值和基期的人均海洋产值存在线性关系：$x_{t_1} = \alpha_k + \beta_k x_{t_0}$，则报告期的分布密度函数为 $f_{t_1}(x) = \left| \dfrac{1}{\beta_k} \right| f_{t_0}\left(\dfrac{x - \alpha_k}{\beta_k} \right)$。

假设 t 时期的核密度函数为 $f_t(x; \mu_t; h_t)$，其中 μ_t 表示 t 时期函数的均值，h_t 为 t 时期函数的方差，则 $f_{t_0}(x; \mu_{t_0}; h_{t_0})$ 和 $f_{t_1}(x; \mu_{t_1}; h_{t_1})$ 分别表示基期、报告期的密

度函数。构造反事实函数 ζ，设 $\alpha_k = \alpha$，$\beta = 1$，则密度函数 $\zeta_k(x)$ 的均值提高了 α，分布函数只在均值线上发生平移。构建一个包含均值变动的反事实函数 $\zeta_{t_1}(x;\mu_{t_1};h_{t_0})$，$\mu_{t_1}$ 表示报告期的均值，h_{t_0} 表示基期的方差，其中 $\alpha_k = E(f_{t_1}^k) - E(f_{t_0}^k)$，则均值效应表达式为

$$\mathrm{CD}_1(x) = \eta\left[\zeta_{t_1}(x;\mu_{t_1};h_{t_0}) - f_{t_0}(x)\right] + (1-\eta)\left[\zeta_{t_1}(x;\mu_{t_1};h_{t_1}) - \zeta_{t_1}(x;\mu_{t_0};h_{t_1})\right] \quad (10\text{-}8)$$

设报告期人均海洋产值加权平均数为 $x_{t_1} = sx_{t_0} + (1-s)E(f_{t_0}^k)$，参数 $\alpha_k = (1-s)E(f_{t_0})$，$\beta_k = s$，此时密度函数的均值保持不变，报告期的方差变为 $s^2 h_{t_0}$，创建一个包含方差变化的反事实函数：$\zeta_{t_1}(x;\mu_{t_0};h_{t_1})$，$\mu_{t_0}$ 表示基期的均值，h_{t_1} 表示报告期的方差，构建一个包含方差变动的反事实函数：$\zeta_{t_1}(x;\mu_{t_0};h_{t_1})$，则方差效应表达式为

$$\mathrm{CD}_2(x) = \eta[\zeta_{t_1}(x;\mu_{t_1};h_{t_1}) - \zeta_{t_1}(x;\mu_{t_1};h_{t_0})] + (1-\eta)[\zeta_{t_1}(x;\mu_{t_0};h_{t_1}) - f_{t_0}(x)] \quad (10\text{-}9)$$

分解残差效应时，设报告期和基期的人均海洋产值线性关系为 $x_{t_1} = \alpha_k + sx_{t_0} + (1-s)E(f_{t_0}^k)$，构建一个包含残差变化的反事实函数 $\zeta_{t_1}(x;\mu_{t_1};h_{t_1})$，$\mu_{t_1}$ 为报告期的均值，h_{t_1} 为报告期的标准差，则残差效应的表达式为

$$\mathrm{CD}_3(x) = f_{t_1}(x) - \zeta_{t_1}(x;\mu_{t_1};h_{t_1}) \quad (10\text{-}10)$$

综上，核密度函数的分解式可表示为

$$\begin{aligned}\Delta f(x) = &\eta\left[\zeta_{t_1}(x;\mu_{t_1};h_{t_0}) - f_{t_0}(x)\right] + (1-\eta)\left[\zeta_{t_1}(x;\mu_{t_1};h_{t_1}) - \zeta_{t_1}(x;\mu_{t_0};h_{t_1})\right] \\ &+ \eta\left[\zeta_{t_1}(x;\mu_{t_1};h_{t_1}) - \zeta_{t_1}(x;\mu_{t_1};h_{t_0})\right] + (1-\eta)\left[\zeta_{t_1}(x;\mu_{t_0};h_{t_1}) - f_{t_0}(x)\right] \\ &+ f_{t_1}(x) - \zeta_{t_1}(x;\mu_{t_1};h_{t_1})\end{aligned}$$

$$(10\text{-}11)$$

式中，不同函数图形的变动对总函数变动的影响可按照一定的顺序分解，η 的取值决定着不同的分解顺序，$\eta \in [0,1]$，η 的取值对最终结果无影响，本章取 $\eta=1$，即先分解的是均值效应，其次是方差效应，再次是残差效应。

4. 基尼系数的收入份额法

基尼系数是意大利经济学家 Gini（1912）在洛伦茨曲线基础上提出的，用以测算居民内部收入分配差异的指标。美国统计学家洛伦茨提出了洛伦茨曲线，用以反映国民收入平均分配程度，即在一个总体（国家、地区）内，以"最贫穷的人口计算起一直到最富有人口"的人口百分比对应各个人口百分比的收入百分比的点组成的曲线（图10-1）。洛伦茨曲线刻画出收入分配的不平等程

度，OH 表示人口的累计百分比，弧线 OL 为洛伦茨曲线，与绝对平均线距离越近，即 A 区域越小，地区间收入差距越小，即财富分配越均等；而 B 区域越大，地区间收入差距越大，即财富分配越不均等。洛伦茨曲线可直观展现财富分配的不均等性，但不能对其做定量化描述，但基尼系数可解决这一问题。

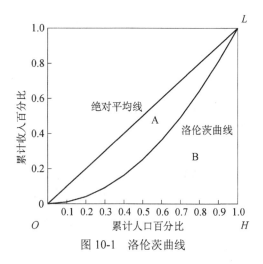

图 10-1　洛伦茨曲线

本节借鉴对收入分配均衡性问题评价中基尼系数的基本内涵，对海洋经济在区域与结构上的均衡性进行研究。海洋经济区域间发展的均衡程度受多种因素综合作用的影响，是总体各组成部分海洋经济产值差距的结果。基尼系数的表达式如下：

$$G = \sum_{k=1}^{r} \frac{S_k}{S} G_k + \sum_{k=1}^{r} \sum_{i_k=1}^{n_k} \frac{s_{i_k}^*}{S}(\omega_{i_k}^* - \omega_{i_k}) \quad （10\text{-}12）$$

$$S_k = \sum_{i=1}^{n_k} s_{i_k}^*, \quad S = \sum_{k=1}^{r} S_k$$

式中，G_k 为各区域基尼系数。其中，沿海地区 n 个省份，被归类划分为 r 个区域，如本书中 11 个沿海省份的数据分为北、中、南三大区域，k 表示区域数量（$k = 1，2，\cdots，r$），各区域内省份数据按从小到大排序。S 为沿海省域海洋生产总值总量；S_k 为各个区域海洋生产总值，S_k/S 代表各区域海洋生产总值在总海洋生产总值中所占的比重，即各分区的份额权数；$\omega_{i_k}^*$ 为沿海各省份的人口或 GDP 数量；ω_{i_k} 为总体的组合系数。

5. 基尼系数的边际效应

利用式（10-12），假设其他区域或结构成分保持不变，第 m 个区域或结构的海洋产值增加 e 个百分点，其他区域或结构保持不变，可得基尼系数的增量表达式为

$$\Delta G = \frac{eG}{1+e\,S(m)/S}\left[S(m)-\frac{S(m)}{S}\right]+\Delta_1 \tag{10-13}$$

$$\Delta_1 = \sum_{i=1}^{m}\frac{s_i'}{S'}(\omega_i'-\omega_i)$$

式中，$S(m)$ 为计算海洋经济份额的线性组合时，各区域或结构成分对总体基尼系数的贡献率；S 和 S' 分别为第 m 个区域或来源增加 e 个百分点前后的海洋产值；s_i' 为第 I 个区域或来源增加 e 个百分点后的海洋产值总量；ω_i 和 ω_i' 为因排序产生的组合系数。e 的增长幅度较小，且增长 e 前后产生的 ω 和 ω' 之差 Δ_1 可以忽略不计，所以当第 m 个区域或来源增加 e 个百分点时，如果 $S(m)$ 大于 $S(m)/S$，ΔG 的符号为正，公平性恶化，相反则出现改善（Stark et al.，1986）。

10.3.2 数据来源

本章基于中国沿海 11 省份 1996～2014 年海洋经济相关数据，数据来源选自历年《中国海洋统计年鉴》、《中国统计年鉴》、《中国海洋年鉴》、《中国渔业统计年鉴》以及《中国海洋经济演化研究（1949～2009）》。《海洋及相关产业分类标准》（GB/T 20794—2006）发布前，1996～2005 年海洋经济的统计口径中未包括海洋相关产业，海洋产业的统计仅包含《海洋及相关产业分类标准》（GB/T 20794—2006）中所指的主要海洋产业，对海洋科研、教育、管理、服务业等相关指标没有系统统计。因此，本章 1996～2005 年数据中三次产业包括，海洋第一产业：海水养殖业和海洋捕捞业；海洋第二产业：海洋渔业中除去海水养殖业和海洋捕捞业以外的其他产业、海洋石油和天然气、海滨砂矿、海洋盐业、海洋化工业、海洋生物医药业、海洋电力业、海水利用业、海洋船舶工业、海洋工程建筑业；海洋第三产业：海洋交通运输业、滨海旅游业、海洋环保、海洋服务和其他海洋产业（李欣和孙才志，2017）。相比 1996～2005 年数据，2006～2014 年中海洋三次产业数据中，海洋第一产业增加了海洋渔业服务业和海洋相关产业中属于海洋第一产业范畴的部门数据；海洋第二产业增加了海洋相关产业中属于海洋第二产业范畴的部门数据；海洋第三产业增加了海洋科

研、教育、管理、服务业和海洋相关产业中属于海洋第三产业范畴的部门数据。将中国沿海省域划分为北、中、南三大区域，北部地区包括：辽宁、河北、天津和山东，中部地区包括：江苏、浙江和上海，南部地区包括：福建、广东、广西和海南。海洋经济结构主要指各海洋产业部门的结构，因此本章基于海洋三次产业对海洋经济结构的差异性问题进行研究。《中国海洋统计年鉴》（1997~2005 年）中发布的是部分海洋产业产值和增加值，而《中国海洋统计年鉴》（2006~2015 年）中发布的是海洋生产总值以及各个海洋产业及海洋相关产业增加值。所以，1996~2005 年海洋三次产业数据源自《中国海洋经济演化研究（1994~2009)》，2006~2014 年海洋三次产业数据源自《中国海洋统计年鉴》（2007~2015 年）。同样地，为了协调海洋统计的一致性和数据的可比性，《中国海洋经济演化研究（1949~2009)》中海洋产业数据仅包含主要海洋产业，但其对海洋渔业进行了详细划分，将海水养殖业和海洋捕捞业划入第一产业，将海洋水产品加工业划入第二产业。因此，本章以 2006 年为分界点，分 1996~2005年和 2006~2014 年两个时间段对海洋三次产业展开研究。

　　本章研究的主题是海洋经济发展演变情况，反映海洋经济发展水平的指标通常是海洋生产总值，但海洋生产总值受人口的影响，因此衡量区域经济发展情况一般选取具有人均性质的指标（韩增林和许旭，2008）。人均海洋产值（海洋生产总值与常住人口数的比值）和海岸线经济密度（海洋生产总值与海岸线长度的比值）作为一个相对指标，能够更准确地反映沿海省域海洋经济水平，因此用人均海洋产值反映人均海洋经济发展状况，海岸线经济密度反映地区海洋资源利用效率，对地区海洋经济发展水平进行研究（孙才志和李欣，2015）。本章采用沿海省域的人均海洋产值指标，人均海洋产值取对数计算各年份的核密度分布状况。对人均海洋产值这一指标取对数处理的原因在于，一方面数据较大，另一方面取对数之后数据更能呈现正态分布。

10.4　实证研究

10.4.1　海洋经济发展概况

1. 海洋经济发展现状

中国是世界海洋大国，拥有 18 000 多千米的大陆海岸线，21 770km^2 的海涂，6500 多个岛屿和可供养殖的 140 000km^2 的浅水（15m 等深线）海洋国土资源（王奎旗和韩立民，2006）。我国沿海省域由北到南分别为：辽宁、河北、天津、山东、江苏、上海、浙江、福建、广东、广西和海南，涵盖了环渤海地区、长江三角洲和珠江三角洲地区。海洋经济是人类在开发、利用和保护海洋过程中形成的各种产业及其相关活动的总和。丰富的海洋资源减轻了陆域资源短缺的状况，为发展海洋经济提供了重要保障（孙吉亭和赵玉杰，2011；Zhang，2000）。海洋经济在中国国民经济发展中的战略地位越来越显著，贡献率呈现增大趋势。改革开放以来，特别是2000年以来，沿海省域海洋经济发展速度加快（图10-2），2014年中国海洋生产总值达到60 699.1亿元，与1996年的2855.22亿元相比，经济规模显著增长，占全国GDP的比重由4.21%提高到2014年的9.4%，海洋经济在国民经济中逐渐占据重要地位。

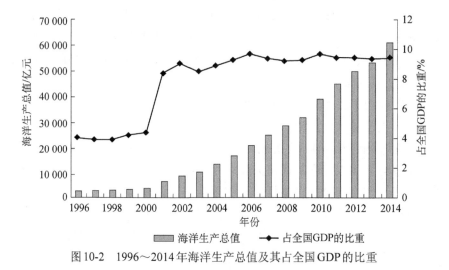

图10-2　1996～2014年海洋生产总值及其占全国GDP的比重

2. 海洋经济发展中存在的差异问题

我国的海洋经济发展取得了不小的成就，但是也应该看到在各省份海洋生产总值不断增长的同时，海洋经济地区间不平衡性日益显现，与国外世界海洋强国相比，存在贡献率相对较低、产业结构不尽合理的现象，不同省份间海洋经济发展水平和发展速度存在明显差别等问题，区域间的海洋经济发展水平和海洋产业在地区的分布不甚均衡。如表10-1所示，2014年海洋生产总值最高的是广东（13 229.8亿元），最低的是海南（902.1亿元），海洋经济发展地区间差异悬殊，地区海洋经济发展差异的存在，必将影响到我国建设海洋强国目标的实现。

表 10-1　1996 年和 2014 年沿海省域海洋经济发展差异

省份	海洋生产总值/亿元		海洋生产总值占全国 海洋生产总值比重/%		海洋生产总值占地区 海洋生产总值比重/%		主要海洋产业 增加值/亿元	
	1996 年	2014 年	1996 年	2014 年	1996 年	2014 年	1996 年	2014 年
辽宁	207.52	3 917.0	7.38	6.45	6.57	13.7	80.26	2 507.2
河北	54.50	2 051.7	1.94	3.38	1.58	7.0	26.28	1 136.7
天津	111.40	5 032.2	3.96	8.29	10.11	32.0	56.80	5 032.2
山东	513.74	11 288.0	18.26	18.60	8.62	19.0	280.05	6 832.3
江苏	124.61	5 590.2	4.43	9.21	2.08	8.6	66.13	3 152.0
上海	336.85	6 249.0	11.98	10.30	11.61	26.5	68.36	3 756.1
浙江	288.16	5 437.7	10.24	8.96	6.95	13.5	116.36	3 335.8
福建	266.87	5 980.2	9.49	9.85	10.24	24.9	116.68	3 407.9
广东	790.13	13 229.8	28.09	21.80	12.12	19.5	215.93	8 167.6
广西	76.14	1 021.2	2.71	1.68	4.07	6.5	39.68	639.4
海南	43.02	902.1	1.53	1.49	11.04	25.8	20.19	641.2

10.4.2　海洋经济区域与结构均衡性演变分析

1. 海洋经济区域均衡性分析

1）基于人均海洋产值的区域均衡性分析

本节采用人均海洋经济指标衡量沿海省域海洋经济发展的水平，研究海洋经济区域均衡性问题。利用式（10-12）和式（10-13）计算基尼系数和三大区域关于总体基尼系数的边际效应，结果见表 10-2、图 10-3 和图 10-4。

表 10-2　1996 年和 2014 年人均海洋经济总量的总体基尼系数及其边际效应

地区	1996 年				2014 年			
	基尼系数	贡献率	份额权数	边际效应	基尼系数	贡献率	份额权数	边际效应
北部	0.3165	0.0724	0.3154	−0.0769	0.2759	0.1319	0.3453	−0.0472
中部	0.4954	0.3337	0.2665	0.0221	0.3077	0.2323	0.3016	−0.0158
南部	0.2882	0.5939	0.4181	0.0516	0.2092	0.6359	0.3531	0.0622
总体	0.4163	1.0000	1.0000	1.0000	0.2975	1.0000	1.0000	1.0000

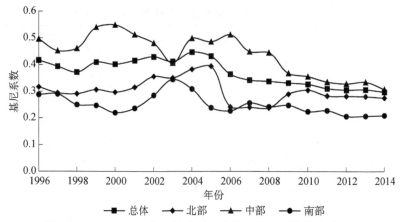

图10-3　1996～2014年人均海洋经济总量基尼系数的区域分解

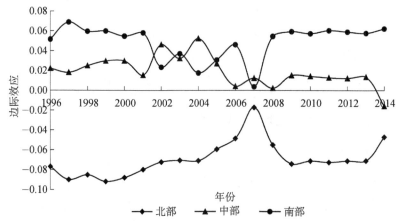

图10-4　1996～2014年人均海洋经济总量基尼系数的边际效应

从图10-3可以看出，沿海省域总体的人均海洋经济总量基尼系数从1996年的0.4163下降到2014年的0.2975，同时三大区域内的基尼系数均有所下降，沿海省域和各区域内海洋经济均衡性在波动中提高。1996～2005年沿海省域间的不均衡性在波动中加剧，受1998年金融危机和2003年我国"非典"大环境的影响，海洋经济发展水平较高的天津和广东1998年人均海洋产业总产值不增反降，天津从1997年的1213.33万元下降到1998年的965.52万元，广东从1205.16万元下降到1107.8万元，而其他各地海洋经济增长幅度较小；1997～2003年天津和浙江海洋经济增速明显降低，天津由54%下降到36%，浙江由78%下降到7%，而其他各地海洋经济增长幅度较小，均衡性在1998年和2003年出现拐点，区域间的均衡性小幅提高。2006～2014年沿海省域间的均衡程度不断提高，按照《中华人民共和国国民经济和社会发展第十一个五年规划纲要》提出的"促进海洋经济发展"的要求，各省域海洋经济步入全面发展阶段，发展水平较低的地区由于逐渐重视海洋经济的发展和不断更新的海洋开发技术，海洋经济发展速度加快，如广西在2006～2014年人均海洋产值增长速度为34.56%；而海洋经济发展水平较高的省份后期由于受海洋资源利用范围和开发技术水平的制约，发展速度放缓，如山东人均海洋产值的平均增长速度为31.11%，逐渐缩小了高低水平间的差距，区域均衡性得以改善。区域内部均衡程度南部最高，北部次之，中部最低。中部基尼系数在1996～2014年下降明显，解释了我国海洋经济区域均衡性改善的主要原因。

从图10-4可以看出，1996～2014年南部地区的边际效应一直处于0值以上，北部地区的边际效应则一直处于0值以下，而中部地区的边际效应除了2014年低于0值以外，其余年份均处于0值之上。因此，提高北部人均海洋经济总量，北部各地人均海洋经济的均衡性，以及中部人均海洋经济发展水平，均能提高海洋经济区域间发展的均衡程度。河北海洋经济的发展规模较小，与北部其他地区差距较大，因此提高北部各地间发展的均衡性，需重点关注河北海洋经济发展，提高区域内海洋经济发展的均衡性，提升北部海洋经济综合实力。

2）基于海岸线经济密度的区域均衡性分析

海岸线经济密度用来表示单位海岸线上的经济活动状况和资源利用的密集程度，本章运用海岸线经济密度指标衡量海洋资源利用区域均衡性问题，利用式（10-12）和式（10-13）计算基尼系数和三大区域关于总体基尼系数的边际效应，计算结果见表10-3、图10-5和图10-6。

表 10-3　1996 年和 2014 年海岸线经济密度的总体基尼系数及其边际效应

地区	1996年				2014年			
	基尼系数	贡献率	份额权数	边际效应	基尼系数	贡献率	份额权数	边际效应
北部	0.2415	0.4680	0.3154	0.0440	0.2697	0.4898	0.3453	0.0437
中部	0.3872	0.3661	0.2665	0.0298	0.4320	0.4936	0.3016	0.0600
南部	0.3475	0.1659	0.4181	−0.0674	0.3176	0.0166	0.3531	−0.1012
总体	0.3790	1.0000	1.0000	1.0000	0.4068	1.0000	1.0000	1.0000

从图10-5可以看出，海岸线经济密度的总体基尼系数从1996年的0.3790上升到2014年的0.4068，1996～2006年沿海省域海岸线资源利用水平均衡性在波动中降低，而2006年以后随着沿海省域海洋经济发展水平的提高，各地依靠海

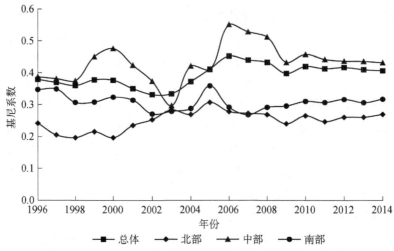

图10-5　1996～2014年海岸线经济密度基尼系数的区域分解

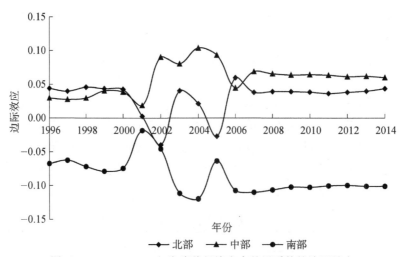

图10-6　1996～2014年海岸线经济密度基尼系数的边际效应

洋开发技术对海洋自然资源进行开发，原先发展较为落后的地区经济发展模式逐渐从粗放型向集约型方向转化，海洋资源利用的综合效益不断提高，海洋经济在单位海岸线上的产值不断提高，各地均衡程度得到改善。中部海岸线资源利用水平在三大区域中不均衡程度最大，2014年上海海洋岸线经济密度为297 660.70万元/km²，江苏为58 620.92万元/km²，浙江为24 729.18万元/km²，上海分别是两地的5倍和12倍之多，上海在长江三角洲地区居于龙头地位，有较明显的区位优势，空间的集聚作用较强；加之雄厚的陆域经济对海洋经济较大的支撑作用，海洋资源开发能力强，单位海岸线海洋产值与江苏和浙江相比优势显著，导致中部海岸线资源利用水平不均衡程度比北部和南部大。2006 年以后，海岸线资源利用水平均衡程度北部最高，南部次之，中部最低。总体来看，各区域内海洋经济发展的不均衡性，主要由于个别省份海洋经济发展与区域内其他省份的海洋经济发展水平差距较大。具体来看，天津对北部基尼系数影响较大，海岸线经济密度较高，与北部其他三地差距大，2014 年天津海岸线经济密度为 318 493.67 万元/km^2，而辽宁仅为 18 594.13 万元/km^2，天津海岸线资源利用优势明显，同样地上海对中部均衡性影响较大，广东和海南对南部均衡性影响较大。由于虹吸效应，区位优势较强的地区不断对其他地区的资源、资本、技术等生产要素产生集聚效应，进而产生经济的增长极，导致区域空间的非均衡性。天津、上海和广东海岸线资源利用水平高，发展速度快，一方面由于其区位优势显著，空间集聚作用较强，另一方面由于海洋科技水平较高且重视发挥自身的海洋经济优势，拉大了与其他地区间的差距。海南由于海洋经济发展基础较薄弱，海洋科技水平较低，海岸线的资源优势未能进一步发挥，造成海岸线资源利用水平较低且与区域内其他地区差距较大。中部和北部的基尼系数、份额权数和贡献率均有所上升，特别是基尼系数上升较快的中部贡献率从 1996 年的 0.3661 上升到 2014 年的 0.4936，解释了我国海岸线资源利用水平地区间不均衡程度加剧的主要原因。

从图 10-6 可以看出，中部地区的边际效应一直处于 0 值以上，南部地区的边际效应则一直处于 0 值以下，而北部地区的边际效应除了 2002 年和 2005 年低于 0 值以外，其余年份均处于 0 值之上。由此可知，中国沿海地区的海岸线利用水平均衡程度存在区域差异，其中海南和广西两地的海岸线资源利用水平较南部其他省份差距大，因此提升南部海岸线资源利用水平的均衡性，需重点关注海南和广西，提升其资源利用效率。综上所述，在人均海洋产值和海岸线经济密度不同指标下，区域均衡性由弱变强的时间节点虽然不同，但我国海洋经济发展区域均衡性在 1996～2014 年整体呈现先变弱后变强的变化趋势。

2. 海洋经济结构均衡性分析

本章采用人均海洋三次产业产值分析我国海洋经济结构均衡性问题，利用式（10-12）和式（10-13）计算三次产业基尼系数以及其关于总体基尼系数的边际效应，结果见表 10-4、图 10-7 和图 10-8。

表 10-4　1996～2014年海洋三大产业的基尼系数及其边际效应

产业	1996年				2005年			
	基尼系数	贡献率	份额权数	边际效应	基尼系数	贡献率	份额权数	边际效应
第一产业	0.3499	0.5549	0.4337	0.0368	0.3343	−0.0059	0.1531	−0.0771
第二产业	0.3400	0.3295	0.4212	−0.0281	0.3449	0.6264	0.5327	0.0342
第三产业	0.5593	0.1156	0.1452	−0.0112	0.6526	0.3795	0.3142	0.0278
总体	0.4354	1.0000	1.0000	1.0000	0.5585	1.0000	1.0000	1.0000

产业	2006年				2014年			
	基尼系数	贡献率	份额权数	边际效应	基尼系数	贡献率	份额权数	边际效应
第一产业	0.3368	−0.0775	0.0801	−0.0723	0.3535	−0.0767	0.0829	−0.0756
第二产业	0.2837	0.8894	0.6599	0.0685	0.3256	0.7038	0.6170	0.0275
第三产业	0.2803	0.1882	0.26	−0.0282	0.3607	0.3729	0.3001	0.0287
总体	0.4954	1.0000	1.0000	1.0000	0.5126	1.0000	1.0000	1.0000

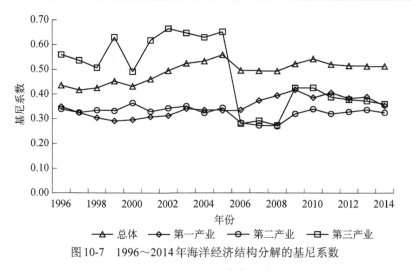

图 10-7　1996～2014年海洋经济结构分解的基尼系数

从图 10-7 可以看出,1996～2005 年海洋经济结构均衡性在波动中逐渐变弱,2006～2014 年海洋经济结构均衡性呈先变弱后变强的趋势。海洋三次产业较多地依靠自然资源和空间资源,地理位置和自然资源等的不同,加之各地陆域经济水平和市场发展程度等的影响,各海洋产业在地区海洋产业系统中所处的地位不同,有一个或几个居于主导地位的产业,致使沿海各省域建立起的海洋产业系统不同,出现海洋产业空间结构差异现象。海洋第一产业的发展更多地依赖于地区海洋资源,因此总体来看海洋第一产业基尼系数总体变化不大。1996～2005 年海洋第二产业地区间发展的均衡性呈现小幅波动减小趋势,

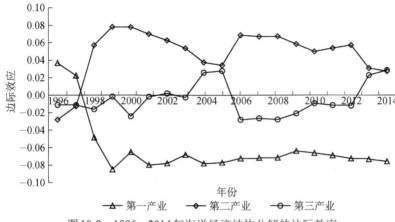

图10-8　1996~2014年海洋经济结构分解的边际效应

2006~2014年海洋第二产业地区间发展的均衡程度呈先变弱后变强的趋势。在海洋经济发展前期，各地海洋经济发展水平有限，若要建立海洋工业体系则难度相对较大，且对技术水平要求相对较高，因此只有少数发展基础较好的地区优先发展海洋第二产业，导致地区不均衡程度加剧；在海洋经济发展后期，各地海洋经济不断提高，不断重视第二产业的发展，均衡程度得以改善。1996~2005年，海洋第三产业在地区发展的不均衡程度在波动中加剧。由于受亚洲金融危机的影响，滨海旅游业和海洋交通运输业等海洋第三产业受到严重影响，地区间海洋第三产业发展的均衡程度在2005~2006年波动明显。2006~2010年海洋第三产业地区间发展的不均衡性总体呈现加剧趋势，2010年之后均衡程度不断改善。沿海各省域依照《国家海洋事业发展"十二五"规划》中提出的海洋科技自主创新能力和产业化水平大幅度提升的总目标，不断重视海洋第三产业的发展，加之海洋交通运输和滨海旅游等海洋第三产业可直接利用海洋空间，可介入性较强，因此沿海各省域将滨海旅游业作为发展经济的主导产业之一，产业集聚程度降低，使得2010年之后第三产业地区间发展的均衡程度得到改善。总体来看，在海洋三次产业中，第二产业基尼系数在两个研究时段内均上升，且其贡献率在三次产业中较高，到2014年达到0.7038，说明第二产业均衡性的降低是海洋经济结构不均衡性加剧的主要原因。

　　从图10-8可以看出，除1996年和1997年外，海洋第一产业边际效应一直处于0值以下，说明海洋第一产业是稳定海洋经济结构均衡性的重要来源。1998~2014年以及今后积极发展海洋第一产业，提高海洋第一产业产值能够提高海洋经济结构的均衡程度。1996年和1997年海洋第二产业边际效应处于0值以下，在此期间提高海洋第二产业产值，能够提高海洋经济结构的均衡程度。1996～2001年、2003年和2006～2012年第三产业边际效应处于0值以下，因此在此期间提高第三产业产值，能够提高海洋经济结构的均衡程度。海洋渔业是我国的传统海洋产业，在世界渔业中居于重要地位。以渔业为主的海洋第一产业在全球水产品出口中的"大国效应"明显，根据《中国海洋统计年鉴2015》，2014年，我国水产品出口额第一次超过了300亿美元，水产品总产量为6461.52万t，其中海水产品产量3296.22万t，海洋渔业的发展成为发展海洋第一产业的有效途径。因此，我国应积极提高海洋第一产业产值，继续发挥在全球水产品出口中的"大国效应"，提升国际市场影响力。由于海洋三次产业之间存在较强的关联性，海洋第一产业的发展，为第二产业中的海洋水产品加工业和海洋生物医药业等提供原料，有利于促进海洋第二产业的发展。因此，在重视海洋第二、第三产业发展的同时，也要关注海洋第一产业的发展。

10.4.3 海洋经济发展演变分析

1. 海洋经济发展演变状况

图10-9为1996～2014年中国沿海省域人均海洋产值分布密度及密度差异图，反映出海洋经济在时间上的动态演变状况。

从总体形状来看[图10-9（a）]，我国人均海洋产值呈现单峰分布形态，不存在双峰或多峰现象，无明显的两极分化现象，总体上沿海各省域海洋经济发展较协调均衡。从位置来看，1996～2014年密度曲线表现为整体向右平移的趋向，说明我国海洋经济发展水平整体得到提高。从峰度来看，峰度值不断向右移动，且波峰对应的密度值有所上升，说明海洋经济发展处于中等水平的区域不断增加且不断向高水平方向发展。2004年以后，密度曲线开始呈现轻微右偏态，表明海洋经济发展速度在2004年以后得到提高，这与《全国海洋经济发展规划纲要》提出发展海洋经济的目标有关。

年度差异密度曲线与水平线[图10-9（b）]的交点视为人均海洋产值低、高的分界点。交点及年度差异曲线不断向右平移且交点右侧的面积不断增加，说明海洋经济处于中、低发展水平的省份，不断向高水平方向移动，推动高低水平的分界点呈现向右移动趋势，高水平发展的省域不断增加。海洋经济发展速度相对滞后的地区，由于逐步重视海洋经济的发展和引进先进的海洋开发技术，海洋经济发展速度提高，推动了整体海洋经济的发展。

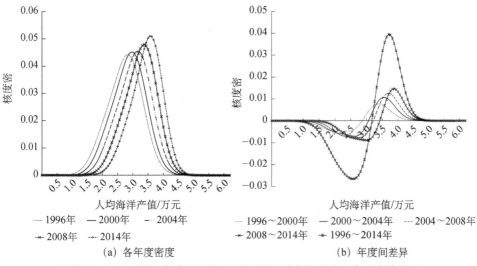

图10-9　1996～2014年中国沿海省域人均海洋产值分布密度及密度差异

2. 海洋经济发展演变效应分解

按照因素分解的方法，可将海洋经济分布密度总差异分解成均值效应、方差效应和残差效应三部分。在密度函数分解图中，分解曲线与水平线的位置决定了影响的正负，若分解曲线在水平线之上，表明分解曲线与总差异变动曲线同方向，分解曲线的贡献为正；相反，若分解曲线在水平线之下，表明分解曲线与总差异变动曲线方向相反，分解曲线的贡献为负；若两者重合，则分解曲线的贡献度为0。分解曲线与水平线间相对距离的大小决定着影响程度的高低，分解曲线与水平线间的距离越远，即分解曲线与水平线所围成的面积越大，表明这种效应对总差异变动曲线的贡献度越大；相反，分解曲线与水平线间的距离越近，这种效应对总差异变动曲线的贡献度越小。分别对1996～2000年、2000～2004年、2004～2008年、2008～2014年和1996～2014年这5个时间段的人均海洋产值分布函数总差异进行三因素的分解，为了比较三种效果的影响程度，使用不同的垂直坐标（图10-10和图10-11）。

1）均值效应

均值效应（图10-10）和年度分布差异曲线［图10-11（b）］两者的变化方向基本相同，这部分效应所占分布差异总效应的比例最大，说明1996～2014年中国沿海省域海洋经济发展水平的不断提高对海洋经济发展演变的影响最大。水平线和均值效应曲线的交点左侧可以看作较低的海洋经济发展水平，交点的右

侧可以看作较高的海洋经济发展水平。从图10-10中可以看出，人均海洋产值高
水平分布密度不断提高，密度曲线与水平线的交点不断向右移动，说明沿海省
域海洋经济的快速发展，导致密度曲线不断从低水平向高水平移动，推动整体
海洋经济发展水平的不断提高。

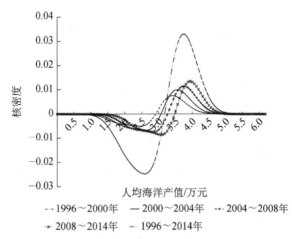

图10-10　1996～2014年人均海洋产值分布密度年度差异效应分解：均值效应

2）方差效应

次位影响因素是方差效应，实质是将海洋经济作为一个整体来寻求内部经
济发展的不平衡性。如图10-11所示，方差效应主要表现为低水平的负效应和高
水平的正效应，且正效应大于负效应的影响。方差效应与水平线第二个交叉点
的左侧和年度差异曲线处在同一方向上，表明经济发展水平越低，经济发展越
不均衡。而右侧显示相反方向，表明方差效应降低了整体分布差异在较高发展
水平的分布密度，由于不平等的存在，各省域在更高发展水平的分布更加分
散。此外，方差效应的作用小于均值效应。

3）残差效应

残差效应的影响是三种效应中最小的，其代表着不同年份间由于异质性群
体的存在，密度曲线改变其分布的形态。残差效应在总体的分布差异中虽占有
一定的位置，但其影响较小。从图10-12可以看出，方差效应在高低发展水平均
出现正效应和负效应，在1996～2014年的四个时间段中，残差效应曲线代表着
不同年份间由于异质性群体的存在，密度曲线改变其分布的形态图，距离横坐
标越来越远，对中国沿海省域人均海洋产值分布密度差异曲线的影响越来越
大。但残差效应的存在，削弱了均值效应的影响，在总体分布曲线上发挥作

用，不容忽视。

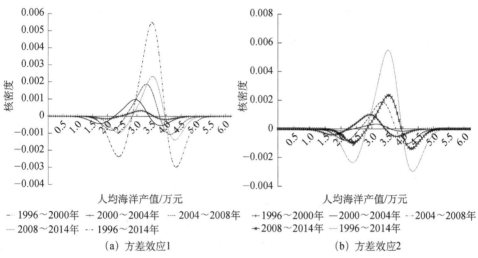

（a）方差效应1　　　　　　　　　（b）方差效应2

图 10-11　1996～2014 年人均海洋产值分布密度年度差异效应分解：
方差效应（两种纵坐标下）

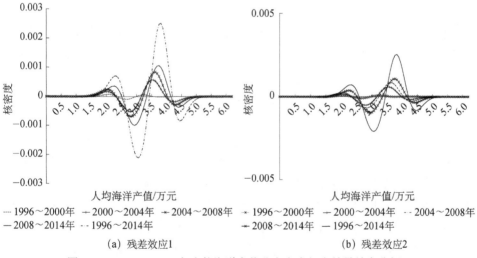

（a）残差效应1　　　　　　　　　（b）残差效应2

图 10-12　1996～2014 年人均海洋产值分布密度年度差异效应分解：
残差效应（两种纵坐标下）

　　人均海洋产值核密度函数分布图描绘了我国 1996～2014 年海洋经济发展分布状况，研究期间海洋经济密度函数分布图形呈现单峰态势，但仍然伴随着不均衡现象。海洋经济发展分布函数分解中存在三种效应，将这三种效应与年度差异的变动方向相比较可以得出，均值效应和年度差异曲线的变动方向大致相同，作用最大，其次是方差效应，最后是残差效应。

10.4.4　海洋经济发展影响因素分析

本章对海洋经济进行区域与结构分解，分析海洋经济发展均衡性变动特征及内在原因，时间维度用直观的核密度函数图及其分解图描绘了海洋经济的演变规律及三种影响效应。对于海洋经济发展演变趋势的影响因素概括如下。

1. 自然资源

自然资源为地区经济发展提供重要的物质基础，对一个地区经济的活动行为种类、规模、效应及产业的形成和发展产生直接影响，带动着当地经济的发展。随着现代海洋科学技术的提高和应用，自然资源对地区经济发展的影响作用受到很大影响，但仍对区域发展和经济的差异化形成起着至关重要的作用。我国海洋产业的主要发展形式仍处在以自然资源利用为主的时期，因此自然资源的分布状况对地区发展和相关海洋产业部门的选择起着重要的制约作用，也会影响到区域间产业差异化分工的格局。此外，海洋产业的格局也受到地理位置和自然资源禀赋差异的影响，致使各产业间在系统中的地位体现有所不同，部分具有位置或资源优势的产业逐渐成长为主导产业，因而出现了海洋经济的空间分异格局和地域间发展差距。

2. 经济基础

海洋与陆域间的经济发展相辅相成、相互促进，同时两者间的相互作用也在不断加深，后者的发展水平和速度能对前者产生很大影响，甚至决定着其发展水平的高低程度。较发达的省份比欠发达的省份更易集聚起资本、技术和劳动力等要素，因此欠发达地区如果想要赶超较发达地区，就需要在现有的发展基础和规模下，制定相关优惠政策和服务吸引有利于经济发展的生产要素的聚集。一个地区若由于某种因素产生集聚，之后会通过报酬递增和路径依赖方式等进一步产生集聚，即一个地区属于经济发展的中心还是外围，与地区最开始的发展状态有密切关系。换言之，即一个地区的历史经济技术状况会影响到其后续的发展方向和规模。以上现象在沿海地区的体现较为明显，陆域经济相对较发达的地区，其海洋产业分工及发展水平相对较高。

3. 国家政策

改革开放后，我国国民经济快速发展，考虑到海洋的战略地位和发展潜力，逐渐重视海洋资源的开发与海洋经济的发展，制定了一系列海洋发展规划政策。2003 年发布的《全国海洋经济发展规划纲要》中提出要对海洋经济的发展目标和原则进行详细规划。"十二五"规划提出，要在坚持陆海统一筹划的基础上，大力发展海洋经济，将海洋发展提升到国家发展战略层面。国家陆续将广西北部湾经济区、天津滨海新区、辽宁沿海经济带、山东半岛蓝色经济区等上升为国家战略。国家颁布的一系列海洋经济政策规划，从制度和政策方面保障了海洋经济的快速和健康发展，为沿海地区海洋经济的发展方向指明了道路，并促进了我国海洋经济的协调、可持续发展。

4. 科技创新

科技创新是海洋经济发展的首要推动力，海洋科技水平的提高能拓宽海洋资源开发的深度和广度，使海洋资源开发和利用呈现多样化。高科技和新技术与海洋新兴产业相辅相成，共同提高，为促进产业结构优化升级提供支持。我国沿海省域在海洋科研机构、从业人员、R&D 经费等方面存在较大差异，科研投入力度低的地区，科技创新的动力不足，阻碍了海洋科技的发展和创新。例如，山东是海洋人才的集聚中心，同时也是科技创新的重点培养基地，其科技实力居沿海省域首位。科学技术能够提高海洋资源的开发利用率，实现海洋经济发展多样化，推动海洋新兴产业的发展。辽宁海洋经济以海洋第一产业为主，因其海洋科学技术水平相对较低，海洋产业中生物医药业、海水综合利用业等高附加值和高技术含量新兴产业尚处于起步阶段，海洋能源开发利用率较低等，致使辽宁海洋产业的竞争力相对较弱。

5. 中心城市的辐射带动作用

经济的增长率先发生在增长极上，再通过支配效应、乘数效应、极化效应与扩散效应等方式对周边地区产生影响。增长极的发展差异及其效应作用的不同，带动着产业的布局与结构的变化。我国沿海省域分北中南三大地区，地区内中心城市的辐射带动能力差别较大，导致区域海洋经济发展存在差异。上海作为全国的金融中心，拥有开放的经济发展方式和高效的经济运作模式，是中部中心城市，集聚着条件较优质的生产要素，产业发展具有较大的集聚效应，且对其附近地区的发展具有较好的辐射作用。相对南部和中部沿海省域，我国北部沿海省域的经济实力较弱，其原因主要是天津作为中心城市对周边地区的经济辐射没有上海和广东等城市的辐射能力强，因此难以形成影响力较大的产业集群现象，集聚效益较弱。

10.5 结论与建议

10.5.1 结论

本章基于信息扩散技术，运用核密度函数估计方法，采用人均海洋产值指标描述海洋经济发展演变情况，在时间维度上刻画我国海洋经济发展演变规律；同时，运用核密度函数分解模型对海洋经济分布状态进行三因素分解，剖析影响海洋经济分布状态的内在机制，从而在时间维度上反映其演变规律和内在机制。海洋经济的区域与结构差异研究，是当前我国海洋经济实践关注的一个焦点，本章从均衡性视角研究海洋经济区域与结构差异问题，利用基尼系数的收入份额法，对我国海洋经济基尼系数进行区域和结构分解，并对海洋经济区域与结构差异的变动特征及内在机制进行探讨，引入基尼系数的边际效应，直观展现有效改善海洋经济区域与结构均衡性的主要方向，为实现其协调、可持续发展以及制定战略提供科学指导。研究结果发现：

（1）对海洋经济发展变动影响最大的是均值效应，其次是方差效应，最小的是残差效应。沿海省域海洋经济发展水平的提升对其海洋经济发展演变影响最大；由于省域间发展不平等现象的存在，沿海省域在较高发展水平的分布比较分散；残差效应对海洋经济发展演变的影响越来越大，不容忽视。政府不仅要制定科学合理的政策和发展规划，同时也需要兼顾三种效应对海洋经济发展地区间的不平衡性的影响，以此来减少方差效应和残差效应对海洋经济的协调发展带来的不利影响，积极推动沿海省域海洋经济的快速、协调、可持续发展。

（2）海洋经济发展演变空间差异方面：1996～2014年人均海洋产值和海岸线经济密度指标下区域均衡性整体呈现先变弱后变强的趋势，三大区域内的均衡性也呈现出先变弱后变强的趋势，中部人均海洋产值均衡性的提高，是我国海洋经济区域均衡性提高的主要原因；而中部和北部海岸线经济密度均衡性的降低，是我国海岸线经济密度的区域不均衡性加剧的主要原因。与区域均衡性变化相似，结构均衡性同样呈现先变弱后变强的发展趋势，1996～2005年海洋经济结构不均衡程度在波动中加剧，2006～2014年不均衡程度前期加剧到后期有所改善，海洋第二产业区域间均衡性的降低是导致海洋经济结构不均衡性加剧的主要原因。

10.5.2　建议

把握中国海洋经济发展演变规律，推进中国海洋经济区域间协调发展是保持海洋经济稳定、快速和可持续增长的关键，有利于建设海洋经济强国目标的实现。基于以上发现，建议如下：

（1）统筹沿海各省份间海洋经济的协调发展。沿海各地区由于在所处地理位置、自然资源禀赋、社会经济、国家政策、技术开发水平等方面存在较大差异，因此海洋经济发展的速度和水平也存在较大差异。改善地区间海洋经济发展的均衡程度，关键是促进区域间的协调发展，各地区应根据自身比较优势和客观条件制定本地的发展战略，合理配置各项生产要素，并突出发展重点。国家政策能显著推动海洋经济发展，因此应制定科学合理的海洋经济发展政策推动沿海各省域海洋经济的增长，依靠经济手段和政策措施协调区域间海洋经济的发展和产业合理布局，为海洋经济发展水平低和发展速度慢的地区（如广西和河北等地），提供相应的优惠政策和资金支持，提升其海洋经济发展速度。同时，沿海各地区政府应制定科学的管理机制和科学的区域政策，建立统一的海洋管理法规，降低信息获取与共享的障碍。应加强三大区域间的经济技术交流与合作，构建协调、互动的区域发展格局。

（2）提高海洋科技投入，增强海洋产业的竞争力。海洋经济的发展离不开高新科学技术的支撑，沿海省域应以科技兴海为导向，促进地区间海洋科技与教育资源的合理配置，运用海洋科学技术提高海岸线资源利用效率，尤其是海岸线利用水平较低的省份，应加大科技投入，形成集约型的海洋经济发展模式。加快推进海洋科技的研究与开发力度，加快技术成果的转化，政府应将财政支持与鼓励企业增加自主创新相结合，提升科技成果的产业化水平，积极推广先进实用的海洋科学技术。按照《全国海洋主体功能区规划》中"推动海洋传统产业技术改造和优化升级，大力发展海洋高技术产业"的要求，不断加快推进海洋传统产业的技术改造和新兴产业的优化升级。优化海洋科研人才结构，引进具有高技术知识和高素质的人才，引入先进的技术和设备，利用海洋高新技术发展高附加值的海洋产业，进而提升海洋科技的经济贡献率。同时，促进国内与国外科技机构和人员间的交流与合作，在科技利用水平上与国际接轨。利用海洋科学技术，重视以渔业为主的海洋第一产业的发展，转变海洋渔业发展方式，对于海洋渔业资源相对匮乏的地区（如天津和上海），可通过水产生物育种等技术增强渔业综合生产能力。

（3）推进海洋经济与陆域经济一体化建设。伴随着海洋资源的开发以及海洋经济的迅速发展，陆域和海域间的相互作用也在不断深化。海洋资源的开发需要以陆域经济作为后盾，在此背景下，维持陆与海间的协同发展变得尤为重要。陆海统筹战略是实现区域间协调发展的必经之路，同时也是实现陆海优势互补与协同共进的重要战略手段。应推进实施陆海统筹规划，打造陆海联动的长效机制，促进陆域经济与海洋经济的互动协作。海洋经济活动要充分利用陆地的支撑作用，积极利用陆地上的经济和技术力量加强海洋产业发展。要科学编制陆海统筹规划，并积极保障政策的落实。规划的内容要针对陆海系统中出现的问题提出解决方法，推动沿海地区社会、经济、资源与环境的协调发展。同时，需要有全局的思想观念，协调好各地区的陆海统筹战略，整合陆域和海域资源，形成优势互补。重视海洋产业链的延长，提高海陆间各产业的联系。从陆海产业入手，推进陆海产业间分工与协作，优化陆海产业结构，打造陆海产业特色体系，促进陆域产业优势向沿海地区扩散，推动各地区陆域经济和海洋经济的快速、协调发展。

（4）抓住"一带一路"倡议契机，扩大海洋经济开放层次。"一带一路"作为国家级顶层合作倡议，已获得近60个国家的参与和支持，将推动沿岸国家和地区建立一个互利互惠的利益共同体，为海洋交通运输业和滨海旅游业等产业的发展与升级提供了新的机遇（李远芳，2017）。沿海地区应把握住这一良好的发展机会，努力参与到国际交流与合作中，推动海洋经济结构的转型，通过"一带一路"的产业转移和承接，促进海洋产业链的延伸，应积极发展那些辐射带动力强、带动性大的现代海洋产业和战略性新兴产业。积极建立面向东南亚，辐射范围达到亚太地区的海洋合作与交流平台，提升海洋的开发与开放水平。完善海洋经济区域间的合作机制，促进资金、技术、信息等的优化整合，建设海洋科技人才交流平台，探索科技创新在国际的合作机制，实现资源的高效率利用。推进沿海地区投资和贸易便利化程度，争取与东亚和东南亚国家建成更广阔的贸易交流平台，吸引国外投资，促进更大范围和更广层次的贸易、科技和文化等的交流与合作。抓住"一带一路"机遇，积极推进我国海洋渔业走出去，继续发挥我国在全球水产品出口中的"大国效应"，促进海洋经济协调、快速发展。

▶ 第11章　基于能值分析方法的中国海洋生态系统服务价值研究

生态系统服务功能直接关系到人类福祉，对其价值进行合理的分析和评估，有助于人类对自然生态系统的可持续开发与利用，进而推动人类生活和经济社会的可持续发展。而海洋作为人类生存和发展的第二空间，其对人类经济社会的进步以及国家可持续发展的重要作用在资源、经济、贸易等方面都有显现，海洋生态系统对人类社会生活的正常运转与可持续发展的重要性不言而喻。因此，对海洋生态系统服务价值有一个明确的认知，对于进一步认识海洋、合理开发和保护海洋，促进人类社会的可持续发展具有重要意义。

11.1 引言

近年来，全球已有超过60%的生态系统服务受到污染及过度开发等人为干扰，造成生态系统服务处于减少或无法永续利用等状态（Mertz et al.，2007）。为避免人类行为持续对海洋生态环境造成威胁，对生物多样性及栖地保育的关注日益增强（Browman and Stergiou，2004；Slocombe，1993），已有许多先进国家陆续规划并针对特定或珍稀物种进行保护区的划设（Huang et al.，2008）。

早在19世纪后期，国外的生态学及其分支学科中就已有关于生态系统服务功能的论述，如1970年由关键环境问题之研究（Study of Critical Environmental Problem，SCEP）出版的 *Man's Impact on the Global Environment* 报告书中列举了生态系统对人类的环境服务（environmental services）功能，如害虫控制、昆虫授粉、土壤形成、水土保持、气候调节、洪水控制等（de Groot et al.，2002）。

1977 年，Westman 提出应考虑生态系统收益的社会价值，使社会可以做出更加适当的政策和管理决定，并将这些社会收益称为自然的服务（nature's services）（Westman，1977）。Ehrlich P R 和 Ehrlich A H（1981）于 *Extinction*：*The Causes and Consequences of the Disappearance of Species* 一书中，首次提出"生态系统服务"（ecosystem services）一词。1990 年以后，一些外国的生态学家和生态经济学家逐渐将研究的重点转移到生态系统服务的经济价值评估，进而对此开展了广泛的研究。1997 年 Daily 出版的 *Nature's Services*：*Societal Dependence on Natural Ecosystems* 一书中，提出了生态系统服务的定义与概念，并将生态系统服务的发展历史做了详细的整理（Daily，1997）。Costanza 等（1997）的研究中，除了提出生态系统服务的定义与功能之外，也针对全球 16 种生态系统类型中的 17 种生态系统服务进行价值评估，利用各地区实际国民生产总值估算全球生物圈生态系统服务价值为 33 兆美元，显示出生态系统服务功能的重要性。

联合国 2005 年发表的《千年生态系统评估》（Millennium Ecosystem Assessment，MA）报告显示，近年来人类文明及科技的快速发展，使得人类对自然生态系统的需求已超过生态系统能提供的范围，导致自然生态系统面临极大的威胁（Millennium Ecosystem Assessment，2005）。Millennium Ecosystem Assessment（2005）的主要目的有二：一是生态系统的改变对人类福祉的影响；二是为了保护及永续利用生态系统及其对人类的贡献，必须建立应对行动的相关科学基础。此项计划报告主要是透过整合生态学与其他学科的资料与知识，以生态系统服务功能为核心，进行全球生态系统变化以及人类福祉影响的评估，为公众和决策者提供更多科学资讯，进而提高生态系统的管理水平和维持经济的永续发展（Millennium Ecosystem Assessment，2005）。

生态系统服务功能不仅对维持地球生命支持系统的正常运转有着至关重要的意义，同时也是影响人类社会和自然环境可持续发展的重要基本要素（韩秋影等，2007）。对生态系统服务价值进行评估，不仅是将其纳入社会经济体系与市场化的必要条件，同时也是呼吁人类社会重视环境与生态系统保护的重要手段（陈仲新和张新时，2000）。然而，随着世界人口数量的急剧增加、全球资源的过度索取和生态环境污染的日益加剧，自然生态系统正在遭受严重的冲击与破坏，生态系统的服务功能正在不断退化，区域性乃至全球性的生态危机和冲突正不断凸显（李文华等，2009）。与此同时，生态系统服务功能的退化又会对经济社会的发展乃至人类的正常生存生活造成一定程度的冲击，在这种背景下，对生态系统服务进行系统研究并对其价值进行评估和分析逐渐成为生态学研究的热点之一。

　　同时，我国海洋生物物种繁多、资源丰富，海域油气资源量可达 $400×10^8$t 油当量以上，海域天然气可达 $14.09×10^{12}$m^3，并有着极为丰富的砂矿资源（楼东等，2005；张耀光等，2003）。海洋不仅对全球生命支持系统有着不可取代的意义，同时更是人类生存和社会可持续发展的支持储备，海洋对于改善全球生态环境、维持全球生态平衡都具有十分重要的意义。因此，为了进一步认识海洋、合理开发和保护海洋，对海洋生态系统服务功能进行研究及其价值评价，对于促进人类社会的可持续发展具有重要意义（石洪华等，2007）。

　　近年来，国内外学者对海洋生态系统服务功能及其价值评估的研究大多局限于小范围地域、单独年限的研究以及某一项或某几项海洋生态系统服务价值的计算，缺少对海洋生态系统服务价值全面、系统的分析和评价。针对上述研究所存在的问题，本章首先应用 Odum（1996）提出的能值分析方法，结合已有的相关研究成果，将不同种类、不可比较的各项海洋生态系统服务功能统一以能值计量并进行估算，进而对中国及其沿海地区的海洋生态系统服务价值进行评估。对于能值分析方法，我国学者已在草地（陈春阳等，2012）、森林（吴霜等，2014）、城市（李金平等，2006）等多个领域展开了广泛的探索研究，体现出了良好的适用性和可信性。在此基础上分别利用泰尔指数（冯长春等，2015；谢花林和刘桂英，2015；康晓娟和杨冬民，2010）、信息熵和均衡度理论（王媛等，2013；赵晶等，2004；郭显光，1994）对中国沿海地区海洋生态系统服务价值的空间差异和结构变化进行时空动态分析。最后应用生态系统服务的概念，突破现有研究多局限于小地域、单独年限的不足，并且不再以货币作为衡量海洋生态系统服务价值的标准，而是将不同种类、不可比较的各项海洋生态系统服务功能统一以能值计量，可以更为精准地对不同时间、不同地域下的海洋生态系统服务价值进行比较和动态分析；同时，对中国沿海地区的海洋生态系统服务价值的空间差异和结构变化进行时空动态刻画，为我国沿海地区海洋生态系统服务价值的均衡发展提供有效的理论依据。

　　"海洋生态系统服务"的理念由国外学者率先提出。虽然在此领域我国涉入较晚，但经过国内学者多年的努力，其取得的研究成果已经得到国际社会的高度认可，相关理论体系也日渐形成，在海洋生态服务功能分类和价值估算方面都取得了一定的成果。但是大多数研究仍多局限于理论层面（刘旭等，2015；张朝晖等，2007a），而对海洋生态系统服务价值的研究也大多局限于小范围地域、单独年限的研究以及某一项或某几项海洋生态系统服务价值的计算,缺少对海洋生态系统服务价值全面、系统的分析和评价(赖俊翔等,2013;黎鹤仙和谭春兰,2013;王敏等,2011;李志勇等,2011)。因此,本章尝试利用能值分析方法,对中国沿海地区海洋生态系统服务功能价值进行评估,并对中国沿海地区海洋生态系统服务价值的空间差异和结构变化进行时空动态分析。

中国管辖海域面积约300万km^2,海岸线绵长,且拥有丰富的海洋资源,如沙土、矿物、生物物种资源。由于这一庞大的规模,国内外研究迄今未能对中国的海洋生态系统服务价值有一个较为全面和系统的分析和评价。因此,为了进一步认识海洋、合理开发和保护海洋,本研究利用能值分析方法建立海洋生态系统服务价值综合评价框架,对海洋生态系统服务价值有一个更为明确的认知,对促进人类社会的可持续发展具有重要意义(石洪华等,2007)。而通过对中国沿海地区海洋生态系统服务价值的空间差异和结构变化进行时空动态分析,有利于中国各沿海地区在规划海洋、管理海洋时,根据自身的独特优势,制定出更因地制宜的海洋发展政策;与此同时,地理位置上相近的沿海省份可以利用集聚效应,互相带动相关海洋产业的发展,进一步推动该区域海洋产业的全面发展。

11.2　研究基础

11.2.1　相关概念

生态系统服务功能是指自然生态系统及其物种所提供的能够满足和维持人类生活需要的条件和过程,是通过生态系统服务功能直接或间接得到的产品和服务(Costanza et al.,1997)。由于限制于当时较为落后的科学水平和技术手段,直至20世纪70年代,生态系统服务功能才作为一个正式的科学术语为国内外学者所接受和认可,而国内外有关生态系统服务的大量研究均是以 Daily 和Costanza 的研究为基础的。Daily(1997)从内涵、定义和分类等方面对生态系统进行介绍。Costanza等(1997)的 *The value of the world's ecosystem services and natural capital* 一经发表便引发了广泛的关注,该文对生态系统服务功能的评估方法进行阐述,明确了生态系统功能与生态系统服务的内涵,并评估了全球生态系统服务功能的经济价值,该研究为后续相关研究提供了重要基础。而后,联合国启动《千年生态系统评估》,该研究通过对生态系统服务功能进行分类,进而提出了生态系统服务评估框架,为日后国内外生态系统服务功能研究提供了理论基础。

海洋生态系统服务功能的定义是在生态系统服务功能定义的基础上提出的。虽然国内外开展生态系统服务功能的有关研究已有很长一段时间，但是对于海洋生态系统服务功能的理论研究和实践研究却远远不足，因此以至于到现在海洋生态系统服务功能仍没有统一的定义，国外学者 Daily（1997）将海洋生态系统服务功能定义为：海洋生态系统及其生态过程所提供的、人类赖以生存的自然环境条件及其效用（晁晖和刘欣，2013）。而我国学者徐丛春和韩增林（2003）认为，海洋生态系统服务功能是指海洋生态系统及其物种所提供的能满足和维持人类生活所需要的条件和过程，是指通过海洋生态系统功能直接或间接产生的产品和服务。

虽然海洋生态系统服务还未有统一的定义，但是由上述各位学者对其的定义不难看出，海洋生态系统服务包含以下特征：①海洋生态系统服务是在特定的时间内、由特定的海洋生态系统所完成的，因此具有时间和空间上的界定。②海洋生态系统是海洋中由生物群落及其环境相互作用所构成的自然系统。因此，提供海洋生态系统服务的来源需要被严格界定为是海洋生态系统及其组分。③海洋生态系统服务的定义是从满足人类需要的角度进行定义的，因此海洋生态系统服务能提高人类福利，对人类福祉有着至关重要的意义。④海洋生态系统服务包括物质产品和服务两方面，是由一系列复杂的生物过程实现的，是海洋生态系统中生物成分和非生物成分共同作用的结果，是海洋生态系统的整体表现（郑伟和石洪华，2009）。

但需要注意的是，本章所研究的海洋生态系统服务功能与一些海洋的服务功能存在一定的差别。海洋的某些服务功能，其中并没有海洋的生物过程参与，如提供海砂、航运等。因此无论有无生物过程，上述服务功能依然存在，并且生物过程的参与对其服务功能的大小也没有任何影响（陈尚等，2006）。尽管上述服务功能属于海洋的服务功能，但并不属于海洋生态系统的服务功能，需要区别开来。

11.2.2　海洋生态系统服务分类体系构建

Costanza 将生态系统服务功能分为气体调节、气候调节、干扰调节、水调节、水供应、侵蚀控制、土壤形成、养分循环、废弃物处理、传授花粉、生物防治、避难所、食物生产、原材料、基因资源、休闲娱乐、文化服务，共 17 类

（晁晖和刘欣，2013）。之后，《千年生态系统评估》将生态系统服务功能进一步划分为四大类：供给功能、调节功能、文化功能和支持功能。而国内学者陈尚等（2006）、张朝晖等（2007b）通过结合海洋生态系统的特殊性，将海洋生态系统服务功能划分为食品供给、原材料供给、基因资源、气候调节、气体调节、废弃物处理、生物调节与控制、干扰调节、精神文化服务、知识扩展服务、旅游娱乐服务、初级生产、物质循环、生物多样性、栖息地，共15项服务。在上述学者相关研究的基础上并结合数据的可获取性，本章将中国沿海地区海洋生态系统服务功能划分为4大类，15亚类，如表11-1所示。然而在海洋生态系统服务功能中，支持功能是其他3类海洋生态系统服务功能所必需的服务基础，其服务价值已经包含于其余3类服务的价值中，因此为了避免重复计算，在估算中国沿海地区海洋生态系统服务价值时，本章只需计算供给、调节和文化三类生态系统服务功能的价值（李志勇等，2011）。

表 11-1 海洋生态系统服务及其功能分类

MA分类	张朝晖分类	生态系统功能
供给功能	食物供给	通过养殖、捕捞等手段所获得的水产品
	原材料供给	主要包括海洋生态系统为人类间接提供的生产性原材料及生物化学物质
	基因资源	海洋生物所蕴含的遗传基因资源
调节功能	气体调节	调节大气的化学组成，保持CO_2和O_2平衡
	气候调节	具有调节大气气体成分、湿度、温度等能力
	干扰调节	能够缓冲、削减环境波动，并整合生态系统的能力
	废弃物处理	具有转移并分解由生活生产所产生的废水、废气的能力
	生物调节与控制	生物种群对营养级的动态调节作用
文化功能	科研价值	海洋不仅可以提供科研的场所和材料，同时对其本身进行研究有助于人类、社会的可持续发展
	休闲娱乐	海洋提供的户外休闲活动，如生态旅游、观光等服务
	文化服务	海洋所具备的生态系统美学的、艺术的服务功能
支持功能	物质循环	海洋能够储存并转化营养物质，如海洋生物的固氮功能、海洋中N、P元素的循环
	生物多样性	海洋生物的遗传、物种和系统的多样性
	栖息地	为生物提供栖息地
	初级生产	海洋生态系统中的无机营养型生物所进行的有机物的生产

11.2.3 海洋生态系统服务的特性

海洋生态系统具有流动性、边界和尺度的难确定性，其结构和功能与其他生态系统相比，具有更加复杂且稳定性较低的特点，使得海洋生态系统的研究变得更加困难（祁帆等，2007）；而且，海洋生态系统服务来源于复杂的生物过程和生态系统组分，一个生物过程或生态系统组分不仅参与多项海洋生态系统服务，与此同时，每项海洋生态系统服务中都包含了多个生物过程（郑伟和石洪华，2009）。因此，海洋生态系统服务的研究难度相较于其他生态系统来说更为困难、更为复杂，这也是海洋生态系统服务研究较陆地生态系统服务研究相对落后的主要原因。

海洋生态系统服务有着一般生态系统服务所共有的特点，如客观存在性、变化的多样性、不可替代性和认识的阶段性等（晁晖和刘欣，2013）。除此之外，海洋生态系统服务还具备其独有的生态系统特点，如生态服务的开放性和异地实现性。

海洋生态系统服务的异地实现性表现十分显著。海洋生态系统存在流动性，因此一些海洋生态系统服务的实现经常不能在本地得以完成。例如，海洋中的鱼类一般会根据季节迁移，或随洋流而移动，像食物供给这项海洋生态系统服务将会随着洋流在不同地域得以实现。因此，人们逐渐误以为海洋拥有无限性资源，这也进一步加剧了人们对海洋生态系统资源的过度索取和滥用，因此海洋生态系统服务的异地实现性也在一定程度上制约着海洋的可持续发展（晁晖和刘欣，2013）。

海洋生态系统的上述特性增加了海洋生态系统服务价值统计的难度，因此如何以一个合理且有效的方法对海洋生态系统服务价值进行评估成为一个亟须攻克的难点。

11.2.4　常用的海洋生态系统服务价值计量方法

1. 市场价值法

现有的对海洋生态系统服务价值进行评估的方法，多是从货币的角度对其进行度量。一些海洋实物产品具有其自身的市场，可以直接进行售卖和交易，因此对于这部分海洋生态系统服务价值可以直接使用该方法进行评估，将海洋产品的市场价格作为该项海洋生态系统服务实际价值的一种近似替代。市场价值法是一种基本的费用效益分析法，该方法衡量海洋生态系统服务价值的依据是海洋实物产品在市场中的商品价值（薛达元，1999）。在对海洋生态系统服务价值进行评估的过程中，一般使用该方法对海洋生态系统所提供的食物供给和原材料供给的服务价值进行计算（康旭和张华，2010）。

市场价值法简单、直接、易懂，容易计算，且相关数据比较容易获得，因此该方法可以在多个研究领域对不同尺度的研究对象进行评估。但其缺点在于，如该方法仅仅将生态系统及其产品的直接经济效益考虑在内，却忽略了生态系统服务的间接效益的价值；并且该方法仅可适用于对有形实物的价值评估的情况，却无法衡量存在于无形交换过程中的生态系统服务价值（康旭和张华，2010）。因此，由该方法得到的计算结果较为单一，不够全面，但它依然是最直接也是使用最广泛的一种计量资源经济价值的方法，也为海洋生态系统服务价值评估提供了一种有效的思路（薛达元，1999）。

2. 机会成本法

机会成本法是指在无法直接获得研究对象的市场价格的前提下，以所放弃的替代用途的效益来替代使用相应资源的成本，进而作为其价值，这也是费用效益分析中的一种方法（刘晓君等，2014）。每一种自然资源都是有限的，所以如果选择了一种使用机会，就放弃了另一种使用机会，也就失去了另一种使用获得效益的机会（安伟伟，2011）。因此，就可以把失去使用机会的方案中获得的最大经济效益，称为该资源使用选择方案的机会成本（王松霈和迟维韵，1992），进而作为评估生态系统服务价值的一种思路，其计算公式为

$$L_i = S_i W_i \tag{11-1}$$

式中，L_i 为 i 种资源所损失的机会成本的价值；S_i 为 i 种资源的单位机会成本；W_i 为 i 种资源损失的数量，该方法适用于某些资源应用的社会净效益不能直接估算的场合（康旭和张华，2010）。

3. 替代工程法

替代工程法也称影子工程法，该方法通过选择某种实际效果相近但实际上并未进行的工程，以这种假设工程的建造成本替代待评估项目的经济损失的方法，是恢复费用法的一种特殊形式。因此，国内外学者常应用该方法衡量某环境系统的经济价值，但因其常常难以直接衡量，可通过寻找能够提供类似服务功能的替代工程来表示该环境的生态价值，因此该方法常应用于评估环境的某些服务价值（康旭和张华，2010）。国内外学者已经在多领域应用该方法，如计算湿地生态系统涵养水源的价值、生态系统生产有机物的价值、红树林生态系统防止泥沙流失的价值等（郭明等，2003）。例如，国内外通常采用影子工程法

来对生态系统废弃物处理这项服务价值进行评估，该项服务功能的价值由人工去除相同数量污染物的成本来替代（康旭和张华，2010；徐俏等，2003）。其理论公式为

$$V = f(x_1, x_2, \cdots, x_n) \qquad\qquad (11\text{-}2)$$

式中，V 为所求的海洋生态系统服务功能价值；$x_1, x_2, \cdots, x_n$ 为替代工程中各项目的建设费用。

费用分析法是替代工程法常用来计算某一类生态系统服务价值的一种核算方法。该方法可以用某些可以直接计算的经济价值来替代一些难以直接统计的生态系统服务价值，进而将不可量化的因素转化为同等替代的可量化因素，进而降低了计算难度（康旭和张华，2010）。但该方法也存在一定的弊端：①替代工程存在可替代性。现实中与原环境系统具有类似功能的替代工程不是唯一的，而每一个替代工程的费用又有差异，因此由这种方法所得到的估价结果并不是唯一的（胡新锁，2015）。②替代工程与原环境系统生态服务存在异质性。该方法是通过对原环境的生态系统服务功能进行近似替代，加之生态系统中许多服务功能无法在现实中找到合适的代替，使得替代工程法的应用存在一定的局限性，同时该方法对某些生态系统服务的价值评估也会存在一定的偏差（向书坚和朱新玲，2007）。因此在实际应用过程中，为了尽可能地减少偏差，可以考虑同时采用几种替代工程，然后选取最符合实际的替代工程进行替代，或者取各替代工程的平均值对研究对象进行估算（向书坚和朱新玲，2007；李铁军，2007）。

4. 替代花费法

海洋生态系统中的某些环境效益和服务不能通过市场直接进行买卖交易，但是可以通过估算替代品的花费代替某些环境服务或效益的价值，即以使用技术手段来获得与生态系统功能相同的结果所需要的生产费用为依据评估某个生态系统的功能价值（郭宝东，2011；康旭和张华，2010）。

该研究方法的计算思路与影子工程法相似，因此也存在与影子工程法相同的缺点。例如，海洋的美学价值，某些海洋生态系统服务是无法用现实技术手段进行代替的，很难找到合适的替代品来对其价值进行估算。此外，替代花费法难以对海洋生态系统的许多服务功能进行精准计量，如一片海洋对该地气体成分、气候、温度的调节作用等（康旭和张华，2010）。

5. 旅行费用法

旅行费用法是一种评价无价格商品的方法，利用旅行费用来等效替代因生态环境质量变化而造成的研究区域旅游效益的变化，从而估算出生态环境质量变化造成的经济损失或收益（杨小刚等，2014）。通过调查可以发现，人们在对海洋风景进行观光和游览时，一般很少要求付费，所以海洋生态系统的旅行费用以交通费、住宿费、旅游的时间机会成本等为主，进而对某沿海旅游场所的年游览人次与旅行费用和其他因素建立相应的回归函数（王昌海等，2011）。

旅行费用法是通过对人们的旅游消费行为进行分析，进而对无市场的由环境生态系统所提供的生态服务进行价值评估。由于人们不直接购买和出售环境质量，环境的价值不能直接用环境交易中的价格和数量来显示，但可以通过人们与环境有关的市场行为间接推断他们的环境偏好（王昌海，2011）。旅行费用法是一种评价无价格商品的方法，广泛应用于户外娱乐场所的评估。其基本原理是通过交通费和门票费等旅行费用资料确定某环境服务的消费者剩余，并以此来估算该环境服务的价值。该方法广泛应用于对户外娱乐场所的服务价值进行评估，是世界上尤其是发达国家中，应用最为广泛的一种森林游憩价值间接评估方法，其基本计算方法是通过交通费和门票费等旅行费用确定某环境服务的消费者剩余，并以此估算该环境服务的价值（程娜，2008）。

6. 条件价值法

条件价值法可以用来评估环境等具有无形效益的公共物品的价值，是一种评估非使用价值的理想方法，如存在价值、选择价值等。在缺乏与市场有关的数据的情况下，该方法以问卷调查为主要的研究方法，对受访者在假设性市场中的可能经济行为进行探究和考察，进而得到消费者支付意愿来对商品或服务的价值进行计量的一种方法，通过了解消费者的支付意愿或他们对商品或劳务的数量的选择愿望，以获得对环境资源价值或保护措施效益的评价，因此该方法又被称为假想市场法（张童朝等，2017；康旭和张华，2010）。该方法已经在全球范围内被广泛应用，主要应用于估算公共资源、生态资源的价值，以及具有美学、文化、生态及历史价值但没有市场价格的物品的价值（康旭和张华，2010）。

综上所述，无论是具有相应的市场可以直接进行衡量，还是无法直接获得市场价值需要其他方案进行替代的海洋生态系统服务价值，一般都以货币作为最终的衡量单位。不论将海洋生态系统的服务功能分成多少类，一般的方法都是先分别计算各个服务功能的服务价值，最后再求和得出总的海洋生态系统服务功能的价值（康旭和张华，2010）。

11.3　研究方法与数据来源

11.3.1　能值分析方法的基本概念

　　能值分析理论是以能值作为基准，将不同种类、不可比较的能量转换为统一标准——能值进行分析和比较（李双成等，2001；Odum，1996）。一种流动或储存的能量所包含另一种类别能量的数量，称为该能量的能值（蓝盛芳等，2002；Odum H T and Odum E C，1987）。可以进一步解释为：某种产品或劳务在形成过程中，直接或间接投入或应用的一种有效能总量，就是其所具有的能值（徐虹霓等，2014）。由于任何形式的能量均来源于太阳能，因此常用太阳能值来衡量某一能量的能值大小，即某种流动的或储存状态的能量所包含的太阳能的量，即该能量的太阳能值（夏维力和钟培，2010）。利用能值转化率可以实现由能量到能值的转化，能值转化率是指单位能量或物质相当于多少太阳能焦耳的能值转化而来，能值=能量×能值转化率。能值转化率也可作为衡量某一能量的能质和能级的尺度，某种能量的能值转化率越高，表明该能量的能质和能级越高（蓝盛芳等，2002；Odum H T and Odum E C，1987）。能值分析方法为衡量和比较不同形式的能量提供了一个统一的尺度，进而可以应用该方法对研究系统内、外各组分之间的能值流进行分析研究，得出既反映生态效益，也体现经济效益的综合能值指标体系（吴磊，2011；蓝盛芳等，2002；Odum H T and Odum E C，1987）。

11.3.2　能值分析方法的发展历程

　　20 世纪 80 年代，美国著名生态学家 Odum 和他的学生 Costanza 分别用不同的方法给出了"具含能量"的计算公式，从而解决了能量品质方面的问题。在澳大利亚学者 Scienceman 的提议下，Odum 将"具含能量"更名为"能值"，能值与能量在英文拼写上的不同是将 energy 中的"n"改为"m"，定义是某种类别能量包含另一类别能量的数量。

　　Odum 在 1995 年出版的能值分析专著 *Environmental Accounting-Emergy and Environmental Decision Making* 标志着能值分析理论的确立，能值分析理论和方

法一经问世就备受国际生态学界、经济学界及政府决策者的关注（崔风暴等，2009），生态学家、经济学家和系统学家都对能值分析方法展开了研究和讨论，并对其进行不断发展和完善。

现在，国外对能值分析方法的研究已经扩展到经济社会、生态自然等多个领域，并将其运用于评价经济投入和发展模式、环境政策、区域环境资源及以生态系统为基础的环境管理、发展计划与政策等多个方面（张颖，2008）。而国内有关生态经济系统能值分析的研究，主要以蓝盛芳等编著的《生态经济系统能值分析》为研究基础，该书主要阐述了在对生态系统进行能值定量分析的过程中，所涉及的理论基础、计算方法以及该方法在不同研究领域中的实际应用，为我国能值分析方法研究的重要理论基础（刘惠娟，2007）。之后，我国学者陆续对能值分析方法开展了一系列研究，如杨青和刘耕源（2018）构建了基于能值的非货币量的森林生态系统服务价值核算方法，并选取京津冀森林生态系统进行案例研究来测试这一核算方法，又进一步基于归一化植被指数对生态系统服务价值核算结果进行修正；马赫等（2018）计算分析了厦门市1980～2010年的能值生态足迹动态变化，并对其可持续发展进行了评价；王伟伟等（2019）利用农业生态系统能值分析框架，评估了盐池县1991～2016年农业生态系统正反服务，揭示禁牧政策对农业可持续发展的影响。

能值分析方法为分析生态经济系统过程开创了一个全新的思路和方法。能值分析方法既可应用于自然生态系统，也可应用于人类经济社会系统。其以能值为衡量标准，将不同类别、不同种类的能量转换为可进行比较的同一单位——能值，并对不同类别、不同种类的能量的真实价值进行衡量（张建勇等，2017）。能值分析方法的提出，不但能够使我们对生态系统中能量的流动、转化和储存有一个更为深入的认识，同时为衡量和比较各种形式的能量提供了一个共同的尺度（王伟平，2010）。能值分析方法是一个可以将生态系统与经济系统统一起来并对其进行定量分析研究的方法，而新兴的生态经济学正需要科学的定量研究方法加以充实，能值分析方法在这方面扮演了重要的角色（龚家富，2009）。

11.3.3　能值分析与能量分析的区别

在物理学中，系统做功的能力被定义为能量。而能值则是指在产品或劳务的形成过程中，直接或间接投入应用的一种有效能总量（龚家富，2009）。举例来说，1t海盐的能量是指它具有的可做功的有效潜能；而海盐的能值则是指用于海盐的形成过程中所投入的有效能的数量，也就是说，用于转化成海盐的所有有效能的总量，如化学能、太阳能、其他物质能等（王丽，2008）。

生态系统的能量分析，即研究并分析系统的能量流。对生态系统和生态经济系统进行能值分析，则是将各种形式不同、无法直接进行比较分析的能量，统一以能值作为衡量标准，对生态系统和生态经济系统中的各种能量、能量流、生态流进行综合分析，进而对其在系统中的作用和地位进行评价，对系统的功能特征和生态经济效益进行准确评价（王伟平，2010；蓝盛芳等，2002）。

能值分析与能量分析的区别在于：

（1）能量分析往往将各种性质和来源不同的能量以能量的形式作为衡量标准进行分析，进而做比较和数量研究，然而却忽略了不同类型的能量并不可以直接进行比较和加减（邓波等，2004）。举例来说，1J 电能与木头燃烧产生的 1J 能之间存在巨大差异，因此不可做直接的数量研究。而能值分析方法可以将各种能量转化为同一单位的能值，避免了能量分析方法中存在的弊端。

（2）能量分析方法主要用于计算一个系统内的能量的产投比，更加侧重于分析能量由投入转化成产出的效率。但对于生态经济系统来说，各种能量的产投比并不能体现出自然生态系统对社会经济的作用和贡献，不能对生态效益有一个良好的体现；而能值分析方法不仅能够对生态系统内的各种能值流进行分析，还可以对系统内、外的能值流进行研究，因此能值分析方法不仅可以反映生态效益，还可以体现经济效益（王丽，2008）。

（3）由于能量分析方法不能较好地表达人、自然、环境和经济之间的相互交流和作用，并且能量无法体现自然、经济的价值，因此该方法不能有效解决生态经济系统中的相关问题。而能值本质上就是一种客观价值的表达，因此能值分析方法则可以将人类经济系统与自然生态系统结合在一起，对其进行定量分析和研究（陶阳，2010）。

11.3.4　数据来源

本章研究对象主要涉及沿海 11 省份，包括天津、河北、辽宁、上海、江苏、浙江、福建、山东、广东、广西、海南。本章所选取样本数据的时间跨度为 2005～2014 年，其中海盐、海洋捕捞、海洋电力、海域面积、海水养殖、红树林面积等数据来源于历年《中国海洋统计年鉴》，关于藻类的原始数据来源于历年《中国渔业统计年鉴》。各能值项目的计算方法主要参考 Odum（1996）、

Odum H T和Odum E C（1987）、蓝盛芳等（2002）、Brown和Ulgiati（1997，2002）的研究成果。本章能值分析以9.44×10^{24}sej/a作为全球能值基准，各种物质、能量、能值转化率等来自 Costanza 等（1997）、蓝盛芳等（2002）的研究成果。

11.4　实证分析

11.4.1　海洋生态系统服务价值评估

1. 海洋生态系统服务价值评估思路

1）供给功能

（1）食物供给。海洋的食物供给功能主要体现在：人类可以通过养殖、捕捞等手段来获得水产品，以保证人们正常的生产生活。水产品以鱼类、贝类、虾类、藻类为主。参考李金平等（2006）、崔丽娟和赵欣胜（2004）的相关研究，本章选取海洋捕捞量和海水养殖量作为原始数据，计算食物供给功能的价值。

（2）原材料供给。原材料主要包括海洋生态系统为人类间接提供的生产性原材料及生物化学物质，如食物、日用品、燃料、装饰品、药物等（李志勇等，2011；张华等，2010）。海洋传统油气资源和海洋砂矿资源属于不可再生资源，因此本章不将其纳入海洋生态系统原材料供给功能（黎鹤仙和谭春兰，2013）。结合中国沿海地区的实际情况，海洋生态系统原材料供给功能主要体现在以下方面：①海盐供给。我国海岸线长达18 000多千米且富有充足的光照资源，蕴含丰富的海盐资源（张耀光等，2003）。本章以海盐产量作为评估海盐供给的标准，乘以海盐的能值转化率，结果即为海盐供给的服务价值（李志勇等，2011）；②风力发电。风力发电服务价值取决于风力发电能力和海洋电力的能值转化率，每台风力电机按日均发电12h计算。

（3）基因资源。基因资源服务功能主要是指海洋生物所蕴含的人们已经利用的和具有开发潜力的遗传基因资源，其价值与区域内的海洋生物物种数量直接相关（赖俊翔等，2013；李志勇等，2011）。de Groot 等（2002）提出全球各类生态系统基因资源价值为6~112美元/（hm^2·a），为基因资源价值的核算提供了依据，该方法在国内的相关研究中已多被采用（黎鹤仙和谭春兰，2013；李志勇等，2011）。赖俊翔等（2013）在计算广西近海海洋服务价值的过程中，考虑到广西拥有丰富的海洋生物资源，选取112美元/（hm^2·a）的80%作为广西近海海洋生态系统单位面积的基因资源服务价值。基于已有研究，结合中国沿海地区的实际情况，本章选取 de Groot 结论的中值，即 59 美元/（$hm^2 \cdot a$）作为中国北方沿海地区海洋生态系统单位面积的基因资源服务价值，取 de Groot 提出的单位最高价值的 80%，即 89.6 美元/（$hm^2 \cdot a$）作为中国南方沿海地区（广东、广西和海南）海洋生态系统单位面积的基因资源服务价值。

2）调节功能

（1）气体调节。气体调节主要是指海洋中的浮游植物通过光合作用吸收 CO_2，释放 O_2 的过程，从而达到平衡 CO_2 和 O_2 的效果（胡小颖等，2013）。植物光合作用的方程式为

$$6CO_2+6H_2O \longrightarrow C_6H_{12}O_6+6O_2 \tag{11-3}$$

即每形成 1g 干物质，需要吸收 1.63g CO_2，与此同时释放出 1.19g O_2。根据以往研究（汤萃文等，2012；张朝晖等，2007a），本章选取 O_2 释放量作为海洋生态系统气体调节服务价值的评估依据。

（2）气候调节。海洋生态系统的气候调节功能是指海洋通过生物泵作用吸收大气中的 CO_2（郑伟和石洪华，2009），即通过固定 CO_2 减少空气中 CO_2 的含量，进而对温室效应起到缓冲作用。根据光合作用方程式的质量关系比，计算出海洋固定 CO_2 量，进而求出海洋生态系统气候调节的服务价值（汤萃文等，2012）。

（3）废弃物处理。废弃物处理功能是指人类生产、生活所产生的废水、废气及固体废弃物等通过地面径流、直接排放、大气沉降等方式进入海洋，后又经过物理、化学、生物净化等过程最终转化为无害物质的过程（李晓等，2010）。海洋对于进入海域而引起海水富营养化的 N 元素和 P 元素具有生物净化作用，藻类通过光合作用吸收 N、P 等营养元素，降低水体富营养化水平。本章选取 N、P 吸收量作为海洋生态系统废弃物处理功能的价值评估标准，参考岳冬冬等（2014）的研究，本章海藻吸收 N、P 的比率宜取已知数据的平均值：即 1t 海藻吸收 29.25kg 的 N，3.47kg 的 P，再分别乘上 N、P 的能值转化率，最后将这两项能值相加，即可得到海洋生态系统废弃物处理的服务价值。

（4）干扰调节。干扰调节具体体现在海洋生态系统对各种环境波动的包容、缓冲及综合作用。例如，海洋沼草群落、红树林等对海洋风暴潮、台风等自然灾害的缓冲及衰减作用等（李晓等，2010；韩维栋等，2000）。Costanza 等（1997）提出了单位面积海域的干扰调节服务价值为 8800 美元/（$km^2 \cdot a$）；范航清（1995）得出红树林对岸堤的生态养护功能可新增效益可达到 64.7 万元/

（km²·a）；赵晟等（2007）则以红树林吸收的海浪能作为红树林的干扰调节价值。本章以赵晟等的研究结论作为评估依据，通过计算红树林年平均吸收的海浪能，将其作为海洋生态系统干扰调节的服务价值。

（5）生物调节与控制。生物调节与控制功能是指海洋生态系统对一些有害生物与疾病具有生物调节与控制的作用（张华等，2010）。Costanza 等（1997）提出的单位面积海域生物调节与控制功能平均值为 38 美元/（hm²·a），而 de Groot 等（2002）提出全球各类生态系统生物调节与控制价值为 2～78 美元/（hm²·a）。由于不同海域物种丰富度不同，参考以往研究，本章以 de Groot 等结论的中值和 Costanza 等提出的 38 美元/（hm²·a）取平均值，即 39 美元/（hm²·a）作为中国北方沿海地区海洋生态系统单位面积生物调节与控制服务价值，将 de Groot 等提出的单位最高价值的 80% 和 Costanza 等提出的 38 美元/（hm²·a）取平均值，即 50.2 美元/（hm²·a）作为中国南方沿海地区（广东、广西和海南）海洋生态系统单位面积生物调节与控制服务价值（李志勇等，2011）。

3）文化服务功能

（1）休闲娱乐。海洋对旅客和居民提供游玩、观光等生态系统服务功能，包括旅游功能和为当地居民提供的休闲功能（李晓等，2010）。本章以各沿海省份的旅游外汇收入来计算文化功能价值，海洋生态系统的旅游娱乐服务主要发生在海岸带及近岸水域，因此将旅游外汇收入的 60% 作为海洋休闲娱乐功能所产生的价值，并将旅游外汇收入的 20% 作为海洋文化服务功能所产生的价值（魏敏等，2012；索安宁等，2011；张华等，2010）。

（2）科研价值。科研价值服务是指由于海洋生态系统本身的复杂性和多样性而吸引并引发的关于海洋的科学研究以及对人类知识的补充等贡献（郑伟和石洪华，2009）。Costanza 等（1997）提出的单位面积海域的科研价值为 62 美元/（hm²·a）；赵晟等（2007）在计算中国红树林生态系统的科研价值中，运用了能值分析方法，以发表论文数作为红树林生态系统科研价值的评估依据。综合上述研究，本章将以海洋科研机构发表论文数作为评估依据，以每篇论文平均 7 页进行计算，对海洋生态系统的科研价值进行估算。

本章中呈现的各能值项目的计算方法和转化率主要参考 Odum（1996）、Odum H T 和 Odum E C（1987）、蓝盛芳等（2002）、Brown 和 Ulgiati（1997，2002）的研究成果。本章能值分析以 9.44×10^{24} sej/a 作为全球能值基准，各种物质、能量、能值转化率等来自 Costanza 等（1997）、蓝盛芳等（2002）的研究成果。供给功能、调节功能和文化功能共 11 项海洋生态系统服务功能的价值计算公式情况和能值转化率如表 11-2 和表 11-3 所示。

表 11-2　海洋生态系统服务功能的价值计算过程

服务功能	服务分类	项目	参数选取	计算公式
供给功能	食物供给	食品生产	海洋捕捞量、海水养殖产量	能值=质量×热值×4186×水产品能值转化率
	原材料供给	海盐供给	海盐产量	能值=产量×海盐能值转化率
		风力发电	沿海地区风力发电能力	能值=沿海地区风力发电能力×年均发电量×海洋电力能值转化率
	基因资源		海域面积	能值=海域面积×单位面积基因资源价值×全球能值货币比率
调节功能	气体调节	释放O₂	藻类产量,光合作用方程式	光合作用:每生产 1t 海藻干物质,可固定 1.63t CO₂,释放 1.19t O₂
	气候调节	吸收CO₂		释放O₂能值=藻类产量×1.19×O₂能值转化率 吸收CO₂能值=藻类产量×1.63×CO₂能值转化率
	废弃物处理	N、P吸收量	藻类产量	能值=藻类产量×吸收N的比率×N能值转化率+藻类产量×吸收P的比率×P能值转化率
	干扰调节	红树林	红树林面积	红树林岸线长度=红树林面积/平均带宽 能值=红树林岸线长度×0.125×密度×地心引力×速率×能值转化率/海浪周期
	生物调节与控制		海域面积	能值=海域面积×单位面积生物调节与控制价值×全球能值货币比率
文化功能	休闲娱乐	旅游	旅游外汇收入	能值=旅游外汇收入×全球能值货币比率×60%
	文化服务		旅游外汇收入	能值=旅游外汇收入×全球能值货币比率×20%
	科研价值		海洋科研机构发表论文数	能值=海洋科研机构发表论文数×7×能值转化率

表 11-3　能值转化率

能值项目	单位	能值转化率/(sej/unit)
海洋捕捞量	J	2.00×10^6
海水养殖产量	J	2.00×10^6
海盐供给	g	1.00×10^9
海洋电力	J	8.00×10^4
海浪能	J	3.00×10^4
N	g	4.19×10^9
P	g	1.78×10^{10}
O₂	g	5.16×10^7
CO₂	g	2.32×10^8
全球能值货币比率	$	4.05×10^{12}
发表论文	页	3.39×10^{15}

注:煤炭的能值转化率为 1.0×10^9sej/g,O₂ 的能值转化率为 5.16×10^7sej/g,热能的能值转化率为 6100sej/g,所以生成 (44/12) g 的 CO₂ 的能值=(1.0×10^9sej/g)+(5.16×10^7sej/g)-32.79kJ×6100sej/g= 8.51581×10^8sej,因此CO₂的能值转化率为 2.32×10^8sej/g

2. 中国海洋生态系统服务价值

基于上述理论研究，本章通过表11-2所列的海洋生态系统服务价值计算公式分别计算了供给功能、调节功能和文化功能共11项海洋生态系统服务功能的价值，进而得出2005～2014年中国沿海11省份的海洋生态系统服务价值。

1）中国海洋生态系统服务价值及其利用类型

如表11-4所示，2005～2014年，中国沿海11省份海洋生态系统服务价值由 5.24×10^{23} sej 增长至 6.61×10^{23} sej，总体呈现上升趋势。在研究时段内，供给功能服务价值由 3.79×10^{23} sej 增长至 4.24×10^{23} sej，占比却由 72.4% 下降至 64.2%；调节功能服务价值呈现出波动基本不变的状态，但其占比由 16.4% 下降至 13.1%；文化功能服务价值呈现上升趋势，由 5.84×10^{22} sej 增长至 15.03×10^{22} sej，占比由 11.2% 增长至 22.7%。由此可见，2005～2014年，在我国整体的海洋生态系统服务中供给功能服务和调节功能服务占比下降，而文化功能服务占比呈上升趋势，说明我国海洋第三产业发展迅速。虽然如此，中国沿海11省份海洋生态系统服务价值仍以供给功能服务价值为主，而供给功能服务中，则以食物供给服务为主。

表 11-4　2005～2014 年中国沿海 11 省份海洋生态系统服务价值

年份	总生态系统服务价值/ 10^{23} sej	单位面积服务价值/ (10^{23} sej/km²)	供给功能服务		调节功能服务		文化功能服务	
			价值/ 10^{23} sej	占比/ %	价值/ 10^{22} sej	占比/ %	价值/ 10^{22} sej	占比/ %
2005	5.24	1.58	3.79	72.4	8.62	16.4	5.84	11.2
2006	5.38	1.62	3.83	71.1	8.61	16.0	6.95	12.9
2007	5.27	1.59	3.56	67.5	8.59	16.3	8.52	16.2
2008	5.57	1.68	3.78	67.9	8.61	15.4	9.31	16.7
2009	5.79	1.74	3.93	67.9	8.61	14.9	9.96	17.2
2010	5.87	1.77	3.78	64.4	8.62	14.7	12.3	20.9
2011	6.20	1.87	3.96	63.9	8.62	13.9	13.8	22.2
2012	6.42	1.93	4.02	62.6	8.63	13.4	15.38	24.0
2013	6.42	1.93	4.09	63.7	8.64	13.5	14.66	22.8
2014	6.61	1.99	4.24	64.2	8.65	13.1	15.03	22.7

2）中国沿海 11 省份海洋生态系统服务价值情况

如图11-1所示，中国沿海11省份的海洋生态系统服务价值在2005～2014年总体呈上升趋势。

根据各沿海省份的海洋生态系统服务价值的大小，可将中国沿海11省份分为四个梯队。

（1）海南的海洋生态系统服务价值呈波动上升趋势，并且其海洋生态系统服务价值一直处于中国各沿海省份的顶端。因其基础值过大，所以其增长幅度并不明显，由 2005 年的 12.8×10^{22} sej 增长至 2014 年的 13.1×10^{22} sej，增长了 2.34%。

（2）广东和山东的海洋生态系统服务价值不仅初始值高，并且呈现出显著的上升趋势，上升幅度较大，在中国各沿海省份中处于第二、第三的位置。广东和山东的海洋生态系统服务价值由 2005 年的 8.64×10^{22} sej 和 8.05×10^{22} sej 增长到 2014 年的 12.8×10^{22} sej 和 11.1×10^{22} sej，分别增长了 48.15% 和 37.89%。

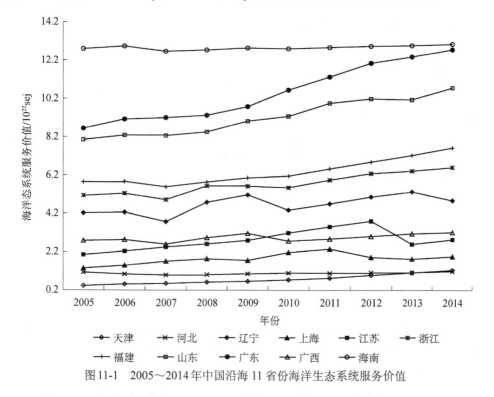

图 11-1　2005～2014 年中国沿海 11 省份海洋生态系统服务价值

（3）福建、浙江和辽宁的初始海洋生态系统服务价值在中国各沿海省份中处于中等水平，且呈平缓上升趋势，因此处于第三梯队。上述三省的海洋生态系统服务功能价值分别由 2005 年的 5.85×10^{22} sej、5.13×10^{22} sej 和 4.22×10^{22} sej 增长至 2014 年的 7.86×10^{22} sej、7.05×10^{22} sej 和 5.15×10^{22} sej，分别增长了 34.36%、37.43% 和 22.04%。

（4）广西、江苏、上海、河北和天津初始海洋生态系统服务价值低，且上升幅度较小，处于第四梯队，其增长率分别为15.63%、38.71%、46.46%、5.46%和195.34%。虽然在这上述五省份中，江苏、上海和天津的增长率都很大，该增长率甚至超过福建、浙江等沿海省份，但由于其初始值过小，且在2014年仍具有较低的海洋生态系统服务价值，因此将其归为此类。

11.4.2　中国沿海地区海洋生态系统服务价值动态分析

1. 中国海洋生态系统服务价值空间特征

1）泰尔（Theil）指数

本章利用泰尔指数对中国各沿海省份间海洋生态系统服务价值的区域差异进行进一步描述。根据泰尔指数原理，它可以将总差异分解为区内差异和区间差异，从而衡量区内差异和区间差异对总差异的贡献度（唐德祥，2008）。

本章将中国沿海地区分解为中国沿海地区—三个沿海地区（北部、中部、南部地区）—区内各沿海省份的三级结构地域单元，并对此三级结构进行泰尔指数的嵌套分解，将海洋生态系统服务价值总差异分解为中国沿海地区海洋生态系统服务价值总差异、区间海洋生态系统服务价值差异、区内海洋生态系统服务价值的省份间差异。为了便于嵌套分解，本章将天津、河北、辽宁和山东四个沿海省份划分为北部地区，上海、江苏、浙江和福建四个沿海省份划分为中部地区，广东、广西和海南三个沿海省份划分为南部地区。

$$T = T_{\text{WR}} + T_{\text{BR}} = \sum_i \left(\frac{Y_i}{Y}\right) \sum_i \left(\frac{Y_{ij}}{Y_i}\right) \ln\left(\frac{\dfrac{Y_{ij}}{Y_i}}{\dfrac{P_{ij}}{P_i}}\right) + \sum_i \left(\frac{Y_i}{Y}\right) \ln\left(\frac{\dfrac{Y_i}{Y}}{\dfrac{P_i}{P}}\right) \quad (11\text{-}4)$$

式中，T_{WR} 为区内海洋生态系统服务价值差异；T_{BR} 为区间海洋生态系统服务价值差异；T 为中国沿海地区海洋生态系统服务价值总差异；i 为北部、中部和南部地区，且 $i = 1, 2, 3$，j 为三个地区内沿海省份的数量；Y 为11个沿海省份的海洋生态系统服务总价值；Y_i 为 i 区域的海洋生态系统服务价值；Y_{ij} 为 i 区域内 j 沿海省份的海洋生态系统服务价值；P 为11个沿海省份的海岸线总长度；P_i 为 i 区域的海岸线长度；P_{ij} 为 i 区域内 j 沿海省份的海岸线长度。

2）中国海洋生态系统服务价值空间特征

本章以表11-5的形式来反映2005～2014年中国沿海地区海洋生态系统服务价值差异的泰尔指数，以及按照北部、中部、南部三大地区划分的区内差异和区间差异。从表11-5可以看出，2005～2014年，中国沿海地区海洋生态系统服务价值的总差异总体呈减小态势，由2005年的0.218缩小到2014年的0.168。通过图11-2可以明显地得出，区内差异是造成总差异的主要原因，其中2005年总差异中有81.19%来自经济区内差异，而2014年的海洋生态系统服务价值总差异中仍有81.55%来源于经济区内差异。在研究时段内，海洋生态系统服务价值区间、区内差异均呈逐渐减小趋势，且区内差异较区间差异减小得更快，由2005年的0.177减小到2014年的0.137，而区间差异变化不明显。

表11-5　2005～2014年海洋生态系统服务价值的泰尔指数影响程度分析

年份	总区内差异	区内差异						区间差异	总差异	区内差异贡献率	区间差异贡献率
		北部		中部		南部					
	U4	U1	U1/U4/%	U2	U2/U4/%	U3	U3/U4/%	U5	U	U4/U/%	U5/U/%
2005	0.177	0.009	5.08	0.026	14.69	0.142	80.23	0.042	0.218	81.19	19.27
2006	0.174	0.010	5.75	0.029	16.67	0.135	77.59	0.041	0.215	80.93	19.07
2007	0.186	0.014	7.53	0.038	20.43	0.134	72.04	0.040	0.226	82.30	17.70
2008	0.167	0.008	4.79	0.035	20.96	0.124	74.25	0.034	0.201	83.08	16.92
2009	0.159	0.008	5.03	0.035	22.01	0.116	72.96	0.036	0.195	81.54	18.46
2010	0.171	0.015	8.77	0.048	28.07	0.108	63.16	0.032	0.203	84.24	15.76
2011	0.164	0.015	9.15	0.051	31.10	0.098	59.76	0.028	0.192	85.42	14.58
2012	0.149	0.015	10.07	0.044	29.53	0.090	60.40	0.028	0.177	84.18	15.82
2013	0.131	0.016	12.21	0.028	21.37	0.087	66.41	0.035	0.166	78.92	21.08
2014	0.137	0.022	16.06	0.032	23.36	0.083	60.58	0.032	0.168	81.55	19.05

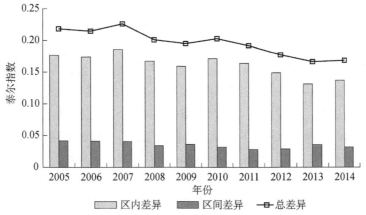

图11-2　2005～2014年海洋生态系统服务价值的泰尔指数之间的区内差异、区间差异和总差异

区间差异反映的是中国沿海经济区——北部、中部、南部三个经济区之间海洋生态系统服务价值的差异。根据计算结果可以看出，2005～2014年，中国沿海海洋生态系统服务价值的区间差异经历了先波动减小后又小幅增加的过程，但总体呈减小趋势。该结果说明，随着中国各沿海经济区不断开发、拓展海洋相关产业，区间差异正逐渐减小。区内差异反映的是中国沿海三个经济区自身内部各沿海省份海洋生态系统服务价值之间的差异。虽然各沿海经济区内各沿海省份空间毗邻、资源禀赋相似，但由于人文因素、社会经济发展水平不同，经济区内各省份的海洋生态系统服务价值仍有很大差别。2005～2014年，北部、中部、南部三个经济区的区内总差异呈减小趋势，但北部、中部的区内差异却呈扩大趋势，而中国沿海地区海洋生态系统服务价值区内总差异减小的主要因素是由于南部地区区内差异的显著减小。

从图11-2可以看出，区内差异是造成中国沿海地区海洋生态系统服务价值空间差异的主要原因。由计算可知，海南、广东、山东和福建四省的海洋生态系统服务价值排名前四，而上述省份又分别分布在我国沿海南部、北部、中部三个经济区内，该地理特性在缩小区间差异的同时，又扩大了各沿海经济区的区内差异。

中国沿海地区海洋生态系统服务价值差异呈现逐年缩小的趋势，究其原因为海洋生态系统服务价值中有一部分价值是与地理外在因素相关联的，如海域面积、海岸线长度等，因此该部分生态服务价值变化不受人为控制；而另一部分生态服务价值则与研究区域的海洋经济发展水平有着密切的相关关系，海洋经济发达的地区海洋产业发展较好，该地区的海洋生态系统服务价值较高。在研究初期，只有为数不多的沿海地区对海洋相关产业的投入较早，所以其海洋生态系统服务价值相较于开发海洋资源落后的地区偏高，此时中国沿海地区海洋生态系统服务价值的空间差距较大。但随着其他沿海地区对海洋经济的不断重视，起初海洋经济较为落后的地区逐渐加大对海洋经济的投入，海洋生态系统服务价值逐渐增大，而发展较早地区的海洋经济相对于后发展地区增速较缓，进而呈现出中国沿海地区海洋生态系统服务价值空间总差异逐年减小的局面。

2005～2014年，中国沿海地区区间和区内海洋生态系统服务价值发展不平衡，主要表现在：①不同经济区间海洋生态系统服务价值高低不等，差异较大，如南部地区虽然仅有三省份，但其总的海洋生态系统服务价值就达到2.42×10^{23}sej，而北部和中部地区的海洋生态系统服务价值仅分别为1.38×10^{23}sej和1.44×10^{23}sej，二者海洋生态系统服务价值之和才略高于南部地区的海洋生态系统服务价值。②即便是在同一区域内的不同沿海省份，虽然经济区内各沿海省份自然条件相似，但由于人文因素、社会经济发展水平的不同，经济区内各沿海省份间的海洋生态系统服务价值相差也较大，如北部地区的山东和辽宁，其海洋生态系统服务价值分别达到 8.05×10^{22} sej 和 4.22×10^{22} sej，而同属于北部地区的天津，其海洋生态系统服务价值仅有 4.18×10^{21} sej，该值仅为山东、辽宁的 5.19% 和 9.90%，可见各沿海经济区的海洋生态系统服务价值的区内差异之大。

2. 中国沿海地区海洋生态系统服务结构变化

1）信息熵理论

在信息论中，信息熵可以用来表示系统的有序程度，一个系统的有序程度越高，信息熵越大，反之，信息熵越小，该系统的无序程度越高（沈党云等，2012）。根据已有研究，信息熵已被应用于多个研究领域中，如应用其来体现一个区域土地利用类型的多少，以及各类型土地面积分布的均匀程度，熵值越大，表明研究区域的土地利用类型数越多，各土地利用类型的面积相差越小，土地利用越均衡（刘雨和刘玉振，2011；郭显光，1994）。因此，本章对海洋生态系统服务结构的信息熵进行构建，通过其综合地反映一定时间内研究区域内，不同类型海洋生态系统服务价值的动态变化以及均衡发展的程度，对优化和调整区域海洋生态系统服务结构具有一定的指导作用（郭显光，1994）。其函数表达式为

$$H = -\sum_{i=1}^{N} P_i \ln P_i \qquad (11\text{-}5)$$

式中，P_i 为研究区域内各项海洋生态系统服务价值占该区域总海洋生态系统服务价值的百分比；N 为区域海洋生态系统服务类型的数量。当区域内各项海洋生态系统服务的价值相等，即 $P_1 = P_2 = \cdots = P_N = 1/N$ 时，熵值达到最大，表明研究区内各项海洋生态系统服务价值达到了均衡状态。

为了对区域海洋生态系统服务功能的结构特征有更为深入的探索，本章在信息熵的基础上，引入了均衡度的概念（赵晶等，2004）。区域海洋生态系统服务结构的均衡度 J 可表示为实际熵值与最大熵值之比，即

$$J = -\sum_{i=1}^{N} P_i \ln P_i \, / \ln N \qquad (11\text{-}6)$$

J 值越大，表明区域内各项海洋生态系统服务功能的均衡性越强。由此计算的均衡度相较于信息熵来说更具有直观性和可比性（陈志等，2010）。

2）中国沿海地区海洋生态系统服务结构时序变化

如表 11-6 所示，2005～2014 年中国沿海地区海洋生态系统服务结构的信息熵和均衡度的变化情况一致，均呈现出波动上升态势，信息熵由 2005 年的 1.5699 增长至 2014 年的 1.6893，并于 2011 年达到最高点，说明此时中国沿海地区海洋生态系统服务结构最为复杂，并且各项海洋生态系统服务功能的价值均衡度最强。按照中国沿海地区海洋生态系统服务结构信息熵的波动规律，可以将这一变化过程划分为四个阶段：第一阶段（2005～2007 年），中国沿海地区海洋生态系统服务结构信息熵呈现快速增长态势，由 1.5699 增长到 1.6532；第二阶段（2007～2008 年），海洋生态系统服务结构信息熵呈小幅度下降态势，由 1.6532 下降到 1.6362；第三阶段（2008～2011 年），海洋生态系统服务结构信息熵再次大幅度增长，由 1.6362 增长到 1.7047，但相较于第一阶段来说，增长速度较为缓慢；第四阶段（2011～2014 年），中国沿海地区海洋生态系统服务结构信息熵呈波动下降趋势，先由 2011 年的 1.7470 下降到 2013 年的 1.6849，后又增长到 2014 年的 1.6893。中国沿海地区海洋生态系统服务结构的均衡度与信息熵的变化趋势基本一致，说明在研究时段内，中国沿海地区海洋生态系统服务结构日渐复杂，且各项海洋生态系统服务价值的均衡性也有所增强。

表 11-6　2005～2014 年中国沿海地区海洋生态系统服务结构及其信息熵、均衡度

| 年份 | 中国沿海地区海洋生态系统服务结构/% | | | | | | | | | | | 信息熵 | 均衡度 |
	食物供给	原材料供给	基因资源	气体调节	气候调节	废弃物处理	干扰调节	生物调节与控制	休闲娱乐	文化服务	科研价值		
2005	44.97	6.26	21.17	0.02	0.11	0.05	4.05	12.22	8.35	2.78	0.02	1.5699	0.6547
2006	44.51	5.97	20.60	0.02	0.11	0.05	3.94	11.89	9.67	3.22	0.02	1.5858	0.6613
2007	40.07	6.39	21.05	0.01	0.08	0.04	4.03	12.15	12.11	4.04	0.03	1.6532	0.6894
2008	41.82	6.15	19.90	0.02	0.09	0.05	3.80	11.48	12.50	4.17	0.03	1.6362	0.6823
2009	41.67	7.07	19.16	0.02	0.10	0.05	3.66	11.06	12.89	4.30	0.03	1.6467	0.6867
2010	38.30	7.23	18.89	0.02	0.10	0.05	3.61	10.90	15.66	5.22	0.03	1.6928	0.706
2011	37.73	8.23	17.90	0.02	0.10	0.05	3.42	10.33	16.65	5.55	0.03	1.7047	0.7109
2012	37.98	7.31	17.29	0.02	0.11	0.05	3.30	9.97	17.95	5.98	0.03	1.6971	0.7077
2013	39.15	7.30	17.27	0.02	0.11	0.05	3.30	9.97	17.10	5.70	0.03	1.6849	0.7027
2014	39.17	8.23	16.78	0.02	0.10	0.06	3.21	9.68	17.03	5.68	0.03	1.6893	0.7045

3）中国沿海各省份海洋生态系统服务结构时空动态演化特征

为了对中国沿海地区海洋生态系统服务结构信息熵和均衡度，在不同时

间、不同区域的时空演变规律进行更为深入的探索，本章分别对中国沿海 11 省份 2005～2014 年的海洋生态系统服务结构信息熵及均衡度进行计算并分析，如表 11-7 所示。

表 11-7　2005～2014 年中国沿海 11 省份海洋生态系统服务结构的信息熵及均衡度

省份	指标	2005年	2006年	2007年	2008年	2009年	2010年	2011年	2012年	2013年	2014年
天津	信息熵	1.2999	1.2584	1.2741	1.2585	1.2359	1.2168	1.1859	1.1391	1.1573	1.1182
	均衡度	0.6680	0.6467	0.6547	0.6467	0.6351	0.6253	0.6094	0.5854	0.5948	0.5747
河北	信息熵	1.0272	1.0742	1.1443	1.1081	1.1243	1.1321	1.1945	1.218	1.2138	1.1784
	均衡度	0.5279	0.5520	0.5881	0.5695	0.5777	0.5818	0.6139	0.6259	0.6238	0.6056
辽宁	信息熵	1.0290	1.0212	1.1431	1.0382	1.0672	1.2314	1.2563	1.2636	1.2598	1.1384
	均衡度	0.4469	0.4435	0.4964	0.4509	0.4635	0.5348	0.5456	0.5488	0.5471	0.4944
上海	信息熵	0.9641	0.9813	0.9110	0.9298	0.9557	0.7660	1.0479	0.8105	0.8215	0.8142
	均衡度	0.4955	0.5043	0.4682	0.4778	0.4911	0.3937	0.5385	0.4165	0.4222	0.4184
江苏	信息熵	1.4083	1.3928	1.3867	1.3723	1.4015	1.4170	1.3977	1.3895	1.3886	1.4197
	均衡度	0.6116	0.6049	0.6022	0.5960	0.6086	0.6154	0.607	0.6035	0.6031	0.6166
浙江	信息熵	1.1721	1.2128	1.3372	1.2702	1.2967	1.3728	1.3752	1.3835	1.3953	1.4000
	均衡度	0.4888	0.5058	0.5577	0.5297	0.5408	0.5725	0.5735	0.5769	0.5819	0.5838
福建	信息熵	0.9661	0.9854	1.1333	1.1335	1.1637	1.1952	1.2419	1.2592	1.2651	1.2695
	均衡度	0.4029	0.4110	0.4726	0.4727	0.4853	0.4984	0.5179	0.5251	0.5276	0.5294
山东	信息熵	1.0359	1.0649	1.1239	1.1227	1.1563	1.1787	1.1954	1.2083	1.1894	1.1832
	均衡度	0.4499	0.4625	0.4881	0.4876	0.5022	0.5119	0.5191	0.5247	0.5166	0.5139
广东	信息熵	1.6277	1.6397	1.6718	1.6776	1.6767	1.6809	1.6792	1.6693	1.6697	1.6730
	均衡度	0.6788	0.6838	0.6972	0.6996	0.6993	0.7010	0.7003	0.6961	0.6963	0.6977
广西	信息熵	1.3406	1.3578	1.4629	1.3826	1.3437	1.4850	1.4955	1.5296	1.5425	1.5291
	均衡度	0.5591	0.5662	0.6101	0.6005	0.5836	0.6449	0.6495	0.6643	0.6699	0.6641
海南	信息熵	1.0252	1.0532	1.0151	1.0351	1.0454	1.0463	1.0579	1.0625	1.0656	1.0691
	均衡度	0.4275	0.4392	0.4233	0.4317	0.4360	0.4363	0.4412	0.4431	0.4444	0.4458

结果表明，2005～2014 年，中国沿海 11 省份的海洋生态系统服务结构的信息熵与均衡度总体均呈增大趋势，只有天津和上海呈下降态势。表明在研究时段内，中国各沿海省份的海洋生态系统服务功能总体上结构变化加快，海洋生态系统服务类型日趋多样，并不断朝着更为均衡的方向发展。

从空间的角度进行比较可以得出，在 2005 年，中国沿海 11 省份的海洋生态系统服务结构的信息熵排名为：广东、江苏、广西、天津、浙江、山东、辽宁、河北、海南、福建、上海；而到 2014 年，海洋生态系统服务结构的信息熵排名为：广东、广西、江苏、浙江、福建、山东、河北、辽宁、天津、海南、上海。均衡度的空间分布与信息熵的空间分布情况基本一致。因此不难得出在研究时段内，中国沿海11省份海洋生态系统服务结构的信息熵排序基本没有变化，但11个沿海省份的海洋生态系统服务结构的信息熵和均衡度差异较大，说明中国沿海11省份的海洋生态系统服务价值发展并不均衡，印证了11.4.1节中得到的结论。通过对海洋生态系统服务结构的信息熵和均衡度进行计算和分析，可以从侧面得出各沿海省份提升其海洋生态系统服务价值的空间和方向，海洋生态系统服务价值较小的沿海省份可以结合当地地域优势，以此丰富当地的海洋生态系统服务种类，并与其他沿海省份互相借鉴海洋发展经验，进而提高生态服务价值较为落后的海洋生态系统服务能力，进一步提升沿海省份的海洋生态系统服务价值，促进海洋的可持续发展。

11.5 结论与建议

本章基于生态系统服务功能理论和能值分析理论，对2005～2014年中国沿海11省份的海洋生态系统服务价值进行估算，并对中国沿海地区海洋生态系统服务价值的时空动态变化进行刻画分析。

（1）中国海洋生态系统服务价值总体呈逐年上升趋势，但沿海11省份的海洋生态系统服务价值增长幅度不尽相同。其中，海南、广东、山东占据了我国沿海地区海洋生态系统服务价值的主要部分，在各沿海省份中排名前三。由计算结果可知，我国沿海地区海洋生态系统服务结构以供给功能服务为主，调节功能服务和文化功能服务为辅，但文化功能服务近年来发展迅猛，在我国海洋生态系统服务价值中的作用愈发明显。因此，我国可以适当加大对沿海地区海洋旅游产业的开发和海洋科学研究的投入，进一步提高海洋生态系统文化功能服务价值。同时，加强海洋环境及海洋资源的维护和管理，在保证我国海洋生态系统调节功能服务价值不会因海洋环境及生态系统的破坏而下降的同时，为我国海洋生态及海洋经济的可持续发展提供有力的支持。

（2）根据泰尔指数的理论原理，本章将中国沿海地区划分为：中国沿海地区—三大经济区（北部、中部和南部地区）—经济区内各沿海省份的三级地理结构，并对该三级结构的海洋生态系统服务价值的空间差异进行分析。结果表明，我国沿海地区海洋生态系统服务价值的总差异、区内差异和区间差异均呈逐渐减小趋势，但中国沿海地区海洋生态系统服务价值在区间和区内的发展仍不平衡，并且区内差异是造成中国沿海地区海洋生态系统服务价值差异的主要原因。各经济区内各沿海省份的自然条件相似，因此可以通过以发展较好的海洋产业带动其他地区同一海洋产业的方式来缩小区内差异，进而缩小我国沿海地区海洋生态系统服务价值的总差异。

（3）海洋生态系统服务结构的信息熵可以综合反映一定时期研究区域内，不同类型海洋生态系统服务价值的动态变化以及均衡发展的程度，并从侧面体现研究区提升海洋服务价值的空间和方向。2005～2014 年，中国沿海地区海洋生态系统服务结构的信息熵和均衡度的变化情况基本一致，均呈波动上升态势，中国沿海地区海洋生态系统服务结构日趋复杂，各项海洋生态系统服务价值的均衡性有所提高；在空间层面上则表现为，沿海 11 省份的海洋生态系统服务结构的信息熵和均衡度在研究时段内增加，且信息熵的排序基本上没有变化。中国沿海地区海洋生态系统服务结构的信息熵的空间差异，反映了其所包含的沿海 11 省份的海洋生态系统服务系统结构的复杂程度和均衡性存在一定的差距。因此，各沿海省份可以结合地域优势，多开发海洋服务产业以丰富当地的海洋生态系统服务种类，并加大海洋生态系统服务价值较低的海洋产业的投入，进一步提升我国沿海地区海洋生态系统服务的价值。

（4）中国管辖海域范围广阔，海洋资源丰富。本章发现，利用能值分析方法对不同区域的海洋生态系统服务价值进行评价和比较，是一种适用且有效的方法；虽然本章所开发的数据库并不完整，但依然可以为今后的相关研究提供一定的研究基础。此外，本章的研究也揭示了中国海洋生态系统服务开发中尚且存在的问题，如中国各沿海省份之间海洋生态系统服务价值的不平衡发展，以及中国沿海地区各项海洋生态系统服务间的不平衡发展，这些对于我国海洋未来的可持续发展来说至关重要。

▶▶ 第 12 章　环渤海地区海洋经济绿色发展测度与预警研究

2017 年 10 月 18 日，习近平总书记在中国共产党第十九次全国代表大会开幕式上，代表十八届中央委员会作了《决胜全面建成小康社会　夺取新时代中国特色社会主义伟大胜利》的报告，随着党的十九大召开，生态文明建设再次引起广泛关注，并将"建设美丽中国"提升到人类命运共同体理念的高度。在此背景下，通过对关于海洋经济和绿色经济的国内外相关文献的梳理，整合海洋经济和绿色经济的理论及实证研究，进而科学界定海洋经济绿色发展的内涵。

12.1　引言

21 世纪以来，人类所处的社会环境面临着与日俱增的生存压力，陆域经济发展的矛盾越来越突出，资源缺乏和生态环境破坏等问题更为棘手，而海洋是众多临海国家进行经济或社会活动以及发展的重要空间和资源基地，是主权国家誓死保卫的蓝色国土。海洋对于全球经济来说有着无法替代的地位，蔚蓝的大海除了能给人类提供丰富的食品、能源和生产原料以外，还能够解决一大部分就业问题，因此世界各国都将对人类社会的更高追求寄托在占地球面积近70% 的海洋上，开始进一步加强对海洋经济的深入探讨、开发和综合利用。

放眼全球海洋经济的发展，现今全球已经有超过百个国家或地区出台了细致的海洋经济发展战略，如作为海洋大国的美国，国土面积 983 万 km^2，海岸线全长 19 924km，领海面积高达 1218 万 km^2，海洋资源十分丰富。在全球范围海洋经济发展中拔得头筹，也是世界上最早对海洋资源进行开采与应用的国家

（邢文秀等，2019）。早在 1920 年，美国就开始对其沿海的油气田进行商业性开采。20 世纪 70 年代以来美国政府认识到海洋的新价值，重视发展海洋产业，相继开展了海上油气、海底采矿、海水养殖、海水淡化等产业活动，使美国逐渐发展成为实力雄厚的海洋经济强国。最初于 1966 年，美国国会审议通过了《海洋资源与工程开发法》（*Marine Resources and Engineering Development Act*），与此同时建立了由总统直接负责管理的海洋相关问题或相关事务机构。2007 年美国国家海洋政策委员会发布的《规划美国今后十年海洋科学事业：海洋研究优先计划和实施战略》显示，美国政府现有海洋经济研究与开发实验室 700 多家，聘雇的科学家和工程师占全美国的 3/5，政府每年直接投资达到了 270 亿美元；加拿大出台了《海洋法》和《国家海洋战略》；韩国颁布了《韩国海洋 21 世纪》；欧盟发表了《海洋政策绿皮书》；将海洋作为立国之本的日本，自 1960 年起就将经济的发展渐由陆域偏向对海洋的利用，颁布了"海洋立国"的指导准则，并通过出台法律和相关政策以达成此目标（王志，2015）。

中国同是海洋大国，领海面积约 38 万 km^2，拥有长达近 2 万 km 的海岸线，海洋资源丰富，开发潜力巨大。改革开放以来，我国海洋经济取得了长足发展，正如《全国海洋经济发展"十二五"规划》中所指出的海洋是潜力巨大的资源宝库，也是支撑未来发展的战略空间。经过多年发展，我国海洋经济取得了显著成就，对国民经济和社会发展发挥了积极带动作用，海洋经济的重要性得到彰显。党的十八大报告指出，提高海洋资源开发能力，发展海洋经济，保护海洋生态环境，坚决维护国家海洋权益，建设海洋强国，第一次将"海洋强国"提升为国家战略，我国海洋经济发展进入全新阶段。2015 年，国家主席习近平在出席 G20 峰会时提出了"构建开放型世界经济"，其中提到的开放型世界经济也应包括海洋经济。2015 年 12 月初，习近平在南非《星报》发表名为《让友谊、合作的彩虹更加绚丽夺目》的文章，提出"推动海洋经济"（张耀光等，2017）。当前，我国海洋经济具有市场规模大、发展势头迅猛的特点。通过查阅 2009～2019 年《中国海洋经济统计公报》可知，2009～2019 年，海洋生产总值年均增长 9.8%，11 年间翻了一番。根据预测，中国海洋生产总值 2025 年将达到 13 万亿元，2030 年将达到 20 万亿元，发展前景广阔（郭莹，2020）。海洋经济的蓬勃发展不仅可以使失业率降低，还可以给广大沿海地区带来多种多样的就业选择，带动与海洋相关的一系列产业的发展，海洋日益成为我国未来生存和可持续发展的保障（覃雄合，2016）。即便如此，中国海洋经济的发展也暴露出很多不足：随着海洋资源被无节制、不间断的开采和利用，各个海洋产业的规模不断扩张，海洋经济发展的情况不容乐观，进一步出现了由于人类的不良活动所引起的海洋灾害频发、生物多样性急剧减少、近岸海域污染越发加剧、海洋自身所具备的净化能力及其平衡能力持续减弱等环境问题。海洋环境是一种无法取代的资源，海洋经济飞快增长的同时资源环境所付出的代价发人深省。

在此背景下，为了实现我国海洋事业的可持续发展，国家在对海洋资源的开采、利用以及海洋环境保护等方面越发注重，不仅持续更新海洋经济发展的相关理念，而且出台了与海洋资源开采和环境保护方面相关配套的法律法规，细化了对海洋各个方面的管理。2016年3月18日，国家发展和改革委员会发布《中华人民共和国国民经济和社会发展第十三个五年规划纲要》，提出应拓展蓝色经济空间、壮大海洋经济，同时也明确提出了以创新、协调、绿色、开放、共享为核心的五大发展理念，并首次将"绿色"纳入"十三五"发展规划中，这说明我国未来的发展将把绿色发展作为建设美丽中国的途径，利用绿色理念来引领生态文明向可持续发展迈进。而把绿色发展的概念借鉴到海洋经济建设上来，将会大力促进海洋生态环境的蓬勃发展，对促进国民经济增长乃至实现"海洋强国"的目标都具有重要意义（王子玥和李博，2017）。

环渤海地区一般是指由围绕渤海全部以及黄海部分的沿岸地区而构成的地理范围，涵盖辽宁、河北、山东和天津，拥有海岸线近7000km，占全国总海岸线长度的近2/5。根据《2015中国国土资源公报》，2015年环渤海地区海洋生产总值为23 437亿元，占全国海洋生产总值的比例为36.2%；长三角地区海洋生产总值为18 439亿元，占全国海洋生产总值的比例为28.5%；珠三角地区海洋生产总值为13 796亿元，占全国海洋生产总值的比例为21.3%，是我国沿海区域经济增长的前三名之一，仅次于长三角和珠三角地区。环渤海地区因蕴藏着丰富的海洋资源及能源，在国家区域经济中的战略地位又上了一个新台阶。与此同时，该地区的海洋经济快速增长也给环渤海海域的生态环境造成了难以恢复的后果。环渤海地区本身海水交换性能弱，加之大量陆域污染物排放入海，使得海源污染面积扩大，湿地面积缩减严重，部分海域海洋资源产量锐减，最终使海洋生态环境遭到破坏，海洋的承受能力逐渐减弱（覃雄合，2016）。因此，要改变海洋经济的发展状况，充分提升海洋经济在全国经济增长中的中心地位，就应做到海洋经济增长与海洋环境和谐共处，实现海洋经济的绿色发展。

12.2　相关概念内涵

综合资源型城市绿色转型及海洋经济绿色发展等研究成果，本章认为：海洋经济绿色发展是以海洋经济可持续发展为最终目的，以海洋资源环境承载力和海洋生态红线为约束条件，通过政府协助、产业转化升级、技术创新和资源综合利用等一系列手段，使海洋经济由粗犷式开发利用向绿色发展转型。

海洋经济绿色发展的特征主要体现在以下几个方面：

一是多方共治。发挥政府、企业、社会组织、民众等各方面主体在海洋经济发展与环境保护中的作用。强化法治思维和法治方式，明确各方面主体在海洋经济绿色发展中的定位、义务和权力，做到全面监督、严格执法和严惩违法。

二是保护优先。海洋经济发展应在资源环境承载力可承受、生态红线没有受到威胁的前提下进行。将生态系统完整性和安全性作为重要的约束条件，做到在保护中开发，开发活动尽量避开或远离环境敏感区。

三是科学开发。海洋经济绿色发展要加强发展新型海洋产业、海洋新能源产业，提升海洋生物、海洋科技以及深海资源的利用和开发能力，从而促进带动传统海洋产业的升级转化、控制污染产生；大力推进海洋循环经济发展和海洋环保产业的发展，提升海洋生产总值的含金量。

四是源头防污。海洋经济绿色发展应节能降耗，减少能源消费。推动海洋资源的综合利用，增加利用率；推进海洋产业结构调整，大幅降低高污染、高环境风险、高耗能等产业的比重，依托海洋信息技术实现海洋产业集聚化增长。

12.3　研究方法与数据来源

12.3.1　研究方法

1. 集对分析模型

集对分析是由赵克勤（1994）构建的一种定量分析理论，用于处理系统确定性与不确定性相互作用，李博等（2016）运用集对分析的方法测度了我国海洋经济系统脆弱性的变化趋势和影响因素，苟露峰等（2017）在可持续发展协调能力的研究中运用了集对分析法。海洋经济绿色发展受经济、资源、环境、社会等综合因素的影响，因此具有非常大的不稳定特征。本研究运用集对分析法来衡量环渤海地区海洋经济绿色发展水平，探究2000～2016年环渤海地区海洋经济绿色发展的变化趋势。

集对分析的基本思路是：在一定问题背景下对所论两个集合所具有的特性作同、异、反分析并加以度量刻画，得出这两个集合在所论问题背景下的同、异、反联系度表达式（赵克勤，1994）；如将有关联集合 Q、T 看成一个集对 D，在问题 E 的背景下对 D 的某一特性构建其确定与不确定关系。其联系度 μ 用公式表示为

$$\mu = \frac{A}{N} + \frac{B}{N}i + \frac{C}{N}j = a + bx + cy \qquad (12\text{-}1)$$

对集对 D 分析，有 N 个特性数，其中 A、B 和 C 分别为集合 Q 与 T 的同一、差异和对立个数，且 $N=A+B+C$；x 和 y 是差异度和对立度系数，规定 x 取值 $[-1，1]$、y 值恒为 -1；$a=A/N$、$b=B/N$、$c=C/N$ 分别为同一度、差异度和对立度，显然 $a+b+c=1$。

依据集对分析思路，设环渤海地区海洋经济绿色发展为 $Q = \{E, G, W, D\}$，评价方案 $E = \{e_1, e_2, \cdots, e_m\}$，每个评价方案有 n 个指标 $G = \{g_1, g_2, \cdots, g_n\}$，指标权重 $W = \{w_1, w_2, \cdots, w_n\}$，评估指标值记为 $d_{kp} (k=1,2,\cdots,m; p=1,2,\cdots n)$，则问题 Q 的评价矩阵 D 为

$$D = \begin{pmatrix} d_{11} & d_{12} & \cdots & d_{1n} \\ d_{21} & d_{22} & \cdots & d_{2n} \\ \vdots & \vdots & \vdots & \vdots \\ d_{m1} & d_{m2} & \cdots & d_{mn} \end{pmatrix} \qquad (12\text{-}2)$$

确定最优方案集 $X = \{x_1, x_2, \cdots, x_n\}$（即各个指标的最大值）和最劣方案集 $Y = \{y_1, y_2, \cdots, y_n\}$（即各个指标的最小值）。集对 $B\{E_k, U\}$ 在区间 $\{X, Y\}$ 上的联系度 μ 为

$$\begin{cases} \mu_{(H_k, U)} = a_k + b_k i + c_k j \\ a_k = \sum w_p a_{kp} \\ c_k = \sum w_p c_{kp} \end{cases} \qquad (12\text{-}3)$$

式中，a_{kp}、c_{kp} 分别为评价指标 d_{kp} 与集合 $[X_p, Y_p]$ 的同一度和对立度。

当评价指标（d_{kp}）为正向时：

$$\begin{cases} a_{kp} = \dfrac{d_{kp}}{x_p + y_p} \\[3mm] c_{kp} = \dfrac{x_p y_p}{d_{kp}(x_p + y_p)} \end{cases} \tag{12-4}$$

当评价指标（d_{kp}）为负向时：

$$\begin{cases} a_{kp} = \dfrac{x_p y_p}{d_{kp}(x_p + y_p)} \\[3mm] c_{kp} = \dfrac{d_{kp}}{x_p + y_p} \end{cases} \tag{12-5}$$

方案 H_k 与最优方案的贴近度 r_k 定义式为

$$r_k = \frac{a_k}{a_k + c_k} \tag{12-6}$$

运用集对分析法，按照经济增长度、资源利用度、环境保护度、社会发展度、海洋经济绿色发展指数对环渤海地区海洋经济绿色发展展开讨论，r_k 反映被评价方案 E_k 与最优方案集合 X 的贴近度，r_k 越大代表待评价对象越接近最优评价标准。本研究用 r_k 反映海洋经济绿色发展强度，当 r_k 较大时表示海洋经济绿色发展较好（韩瑞玲等，2012）。

2. ARIMA 模型

（1）ARIMA（p，d，q）模型具有如下结构特点（Shumway and Stoffer，2006）：

$$\begin{aligned} &\varPhi(X)\Delta^d y_t = c + \varTheta(X)\varepsilon_t \\ &E(\varepsilon_t) = 0 \\ &\mathrm{Var}(\varepsilon_t) = 0 \\ &E(\varepsilon_t, \varepsilon_s) = 0(s \neq t) \\ &E(y_t, \varepsilon_s) = 0(\forall S < t) \end{aligned} \tag{12-7}$$

式中，$\varPhi(X)$ 表示延迟算子；$\Delta^d = (1-X)^d$，其中 d 为差分阶数；y_t 为时间序列；ARIMA（p，d，q）中 p 为自回归多项式阶数，q 为移动平均多项式阶数；c 为常数项；$\varepsilon_t = (t=1,2,\cdots)$ 为高斯白噪声序列；s 和 t 表示时间序列的不同时刻；$E(\varepsilon_t)$ 为 t 时刻白噪声序列的均值；$\mathrm{Var}(\varepsilon_t)$ 为 t 时刻白噪声序列的方差；$E(\varepsilon_t, \varepsilon_s)$ 为 t 与 s 时刻白噪声序列的协方差；$E(y_t, \varepsilon_s)$ 为 $\{y_t\}$ 序列 t 时刻与白噪声序列 s 时

刻的协方差；$\Phi(X)=1-\varphi_1 X-\varphi_2 X^2-\cdots-\varphi_p X^p$ 为 ARIMA（p，d，q）模型自回归系数多项式，其中 $\varphi_i(i=1,2,\cdots,p)$ 为自回归系数多项式的待估系数；$\Theta(X)=1+\theta_1 X+\theta_2 X^2+\cdots+\theta_q X^q$ 为 ARIMA（p，d，q）模型移动平均系数多项式，其中 $\theta_i(i=1,2,\cdots,q)$ 为模型移动平均系数多项式的待估系数。

式（12-7）可以简记为

$$\Delta^d y_t = \mu + \frac{\Theta(X)}{\Phi(X)}\varepsilon_t \tag{12-8}$$

式中，μ 为时间序列 y_t 的均值（彭斯俊等，2014）。

（2）ARIMA（p，d，q）模型的具体求解步骤（高铁梅，2009）如下。

步骤 1：根据时间序列的散点图或折线图对序列展开粗略的平稳性判断，再运用 ADF 单位根对序列的平稳性做进一步检验。若得到的结果表示时间序列非平稳，则进一步进行差分处理，直到其变为平稳序列，这时差分的次数即 ARIMA（p，d，q）模型中的阶数 d。

步骤 2：计算时间序列样本的自相关函数和偏自相关函数，并对模型中的 p 和 q 两个参数进行多种组合选择，直至 AIC 和 SC 函数值达到最小时的模型即相对最理想模型。

步骤 3：利用最小二乘法对 ARIMA（p，d，q）模型 $p+q+2$ 个参数展开估计，进而进行显著性检验。一般情况下，要将不显著参数所对应的自变量剔除出去并再次对模型进行新的拟合，用来构造出结构更为精炼的拟合模型。

步骤 4：对模型进行检验，看其效果是否与原时间序列拟合，即检验残差序列是否为白噪声序列。

步骤 5：依据检验和比较所得出的结果确定模型，并利用此模型展开进一步的预测。

（3）ARIMA 模型的建立。利用 Eviews 8.0 软件，对环渤海地区海洋经济绿色发展指数的时间序列数据进行平稳性的处理与检验，根据序列的自相关和偏自相关函数判断序列平稳性，在非平稳基础上对序列进行差分处理。对序列进行单位根（ADF）检验，结果显示统计量值为−5.436，一阶差分序列通过 0.05 水平下的显著性检验，说明一阶差分序列是平稳的。根据上述原理，能够相继得出环境保护度原序列是平稳序列；经济增长度和社会发展度一阶差分序列通过 0.05 水平下的显著性检验，即平稳；对资源利用度二阶差分后的序列进行单位根检验，所得 ADF 值为−5.528，在 0.05 的显著性水平下拒绝原假设。因此，资源利用度在经过二阶差分后通过 0.05 水平下的显著性检验，即为平稳序列。

环渤海地区海洋经济绿色发展指数的自相关函数在 1 次滞后呈现几何速度递减，可取 q=1。偏自相关函数在滞后阶数等于 2 时显著不为 0，之后很快趋于 0 即 2 阶截尾，故 p=2，即 ARMA（2，1，1）模型，结合赤池信息准则（AIC）最终得到 ARIMA（2，1，1）模型。通过对残差 resid 进行纯随机性检验，结果显示没有任何自相关函数和偏自相关函数是显著的，估计出来的残差是纯随机的白噪声序列，拟合模型有效。同理，经济增长度的自相关函数在 1 次滞后呈现几何速度递减，可取 q=1。偏自相关函数在滞后阶数等于 1 时显著不为 0，之后很快趋于 0 即 1 阶截尾，故 p=2，即 ARIMA（2，1，1）模型，结合 AIC 准则和贝叶斯信息准则（BIC）最终得到 ARIMA（2，1，1）模型。通过对残差 resid 进行纯随机性检验，结果显示没有任何自相关函数和偏自相关函数是显著的，估计出来的残差是纯随机的白噪声序列，拟合模型有效。资源利用度自相关函数在 3 次滞后呈现几何速度递减，可取 q=3。偏自相关函数在滞后阶数等于 1 时显著不为 0，之后很快趋于 0 即 1 阶截尾，故 p=1，即 ARMA（1，2，3）模型，结合 AIC 准则和 BIC 准则最终得到 ARIMA（1，2，3）模型。通过对残差 resid 进行纯随机性检验，结果显示没有任何自相关函数和偏自相关函数是显著的，估计出来的残差是纯随机的白噪声序列，拟合模型有效。环境保护度自相关函数在 1 次滞后呈现几何速度递减，可取 q=1。偏自相关函数在滞后阶数等于 2 时显著不为 0，之后很快趋于 0 即 1 阶截尾，故 p=2，即 ARMA（2，0，1）模型，结合 AIC 准则和 BIC 准则最终得到 ARIMA（2，0，1）模型。通过对残差 resid 进行纯随机性检验，结果显示没有任何自相关函数和偏自相关函数是显著的，估计出来的残差是纯随机的白噪声序列，拟合模型有效。社会发展度自相关函数在 3 次滞后呈现几何速度递减，可取 q=3。偏自相关函数在滞后阶数等于 1 时显著不为 0，之后很快趋于 0 即 1 阶截尾，故 p=1，即 ARIMA（1，1，3）模型，结合 AIC 准则和 BIC 准则最终得到 ARIMA（1，1，3）模型。通过对残差 resid 进行纯随机性检验，结果显示没有任何自相关函数和偏自相关函数是显著的，估计出来的残差是纯随机的白噪声序列，拟合模型有效。

最后进行模型估计。分别利用上述确定的 ARIMA 模型对数据进行拟合，所得参数估计值来表示预测序列。

12.3.2　数据来源

本章以环渤海地区天津、河北、辽宁、山东市区为研究对象，所有数据均来源于历年《中国海洋统计年鉴》、《中国城市统计年鉴》、《中国人口与就业统计年鉴》、《天津统计年鉴》、《河北经济年鉴》、《辽宁统计年鉴》、《山东统计年鉴》、中国海洋环境状况公报（2000～2016年）和《中国近岸海域环境质量公报》（2001～2016年）等，其中个别指标数据是依据年鉴数据通过计算和处理得出。

12.4 实证研究

12.4.1 海洋经济绿色发展指标体系构建

1. 评价指标体系构建原则

（1）科学性与实用性相结合。海洋经济绿色发展的评价指标体系必须遵循经济规律和生态文明建设的目标，其相关指标必须是能够通过统计、查询、计算等方式得出准确结果的定量指标，计算的范围和口径要一致，以便于进行时间和空间上的比较和分析，且指标体系不宜过于复杂或过于简单，否则不利于得出科学的测算结果。因此，必须以科学方法选取、查询和计算指标，科学把握环渤海地区海洋经济绿色发展的实质，客观、准确、真实地反映海洋经济绿色发展的现状及其变化趋势，展现环渤海地区海洋经济绿色发展的本质特征和内在规律，能够为环渤海地区乃至全国的海洋经济绿色发展及方向提供科学正确的指导。

（2）综合性与代表性相结合。海洋经济是极为复杂的综合体系，海洋经济的绿色发展着重突出经济、资源、环境和社会的协调平衡，涵盖自然、政治、经济、社会等众多因素。所建立的评价指标体系一定要从系统层面出发，将生态环境、社会与经济发展等诸多方面作为一个整体来考虑，综合各个因素，选取具有典型代表性的指标，使其体现海洋经济绿色发展的总体目标。

（3）动态性与静态性相结合。区域发展系统不是静止的，人的认识也是不断进步的，随着社会的发展，人对海洋经济绿色发展评价体系又会有新的认识。因此，区域经济发展的评价体系既要能反映目前经济的发展现状，还应充分考虑环境的动态变化，能对系统动态过程进行监控，综合反映海洋经济绿色发展的现实情况和发展走向，便于对海洋经济进行预测与管理，起到导向作用。

2. 海洋经济绿色发展的指标体系构建

环渤海地区地域辽阔，各省份的发展阶段、资源禀赋、技术水平、消费模式等都存在独特性，而这些都将阻碍或促进海洋经济绿色发展。因此，综合各省份的情况，基于生态文明建设的绿色发展目标，从经济增长度、资源利用度、环境保护度和社会发展度四个维度来选取指标，采用熵权法确定各指标权重，构建环渤海地区海洋经济绿色发展评价指标体系，如表12-1所示。

表 12-1　海洋经济绿色发展指标体系及指标权重

结构层	指标层		权重
海洋经济绿色发展测度	经济增长度（0.342）	X_1：海洋生产总值	0.048
		X_2：海洋生产总值占 GDP 比重	0.049
		X_3：海洋经济第三产业比重	0.037
		X_4：海洋产业比较劳动生产率	0.044
		X_5：科技课题数量	0.072
		X_6：海洋科研机构密度①	0.059
		X_7：潜在海洋高层次人才数	0.079
	资源利用度（0.187）	X_8：海域集约利用指数②	0.039
		X_9：海洋原油产量	0.077
		X_{10}：单位海域使用面积水产品产量③	0.081
	环境保护度（0.268）	X_{11}：工业废水排放总量	0.020
		X_{12}：工业固体废弃物综合利用量	0.047
		X_{13}：海洋类型自然保护区建成数量	0.026
		X_{14}：污染治理项目数	0.041
	社会发展度（0.203）	X_{15}：恩格尔系数	0.035
		X_{16}：人均收入水平	0.055
		X_{17}：人口总量占全国人口比重	0.090
		X_{18}：大专及以上学历人口数	0.054
		X_{19}：15～64 岁人口数	0.047

注：①海洋科研机构密度：地区海洋科研机构数与全国海洋科研机构总数之比；②海域集约利用指数：海洋产业产值与确权海域面积之比；③单位海域使用面积水产品产量：养殖产量与捕捞产量之和与渔业用海面积之比

（1）经济增长度：X_1、X_2 体现了环渤海地区海洋经济的发展水平；X_3、X_4 表示海洋经济发展活力，反映了环渤海地区海洋经济增长的强度；X_5、X_6、X_7 表示海洋经济的发展后劲，发展后劲是否充足不仅能预见经济增长的未来态势，还可直接影响海洋新兴产业的前景。

（2）资源利用度：在海洋生产、建设、消费等众多领域和海洋经济发展的各个方面，切实保护和合理利用自然资源，促进资源的合理利用，用最小化的资源消耗获取更多的经济效益和社会效益。X_8反映利用海洋经济的综合产出情况；X_9、X_{10}反映了海洋传统产业的产出情况。

（3）环境保护度：环境保护度主要包括保护自然环境和防治污染两方面的内容。环境的污染主要源于传统产业生产排放的"三废"，不仅要治理污染，还应该控制污染源，用X_{11}工业废水排放总量、X_{12}工业固体废弃物综合利用量和X_{14}污染治理项目数表示。保护自然环境主要是指对海洋生物及其生存环境的保护，用X_{13}海洋类型自然保护区建成数量表示。

（4）社会发展度：在经济发展的同时，还应重视人民生活水平的提高和人口水平。主要表现在消费结构合理化和收入水平的平衡，在解决人民的基本物质需求外，精神消费比重大幅提高，收入差距缩小，用X_{15}恩格尔系数和X_{16}人均收入水平来表示；X_{17}人口总量占全国人口比重、X_{18}大专及以上学历人口数、X_{19}15～64岁人口数反映了人口学历及年龄等情况。

12.4.2 环渤海地区海洋经济绿色发展结果分析

1. 海洋经济绿色发展总体分析

运用集对分析法，分别计算得到2000～2016年环渤海地区海洋经济绿色发展指数和经济增长度、资源利用度、环境保护度、社会发展度（图12-1）。

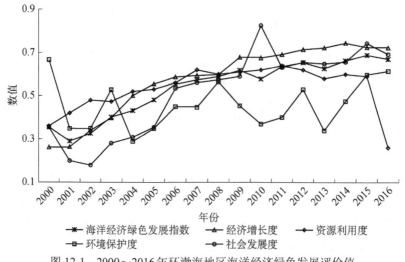

图 12-1 2000～2016年环渤海地区海洋经济绿色发展评价值

由图 12-1 可知，2000～2016 年环渤海地区海洋经济绿色发展指数总体呈上升态势，经济增长度、资源利用度和社会发展度呈波动上升趋势，环境保护度呈波动下降趋势。环渤海地区海洋经济绿色发展指数由 2000 年的 0.3552 上升到 2016 年的 0.6710，发展速度显著；同一度基本保持平稳上升，其中在 2000～2001 年、2010～2011 年、2012～2013 年、2015～2016 年出现微弱下滑，对立度由 0.5922 降至 0.3045，在 2000～2001 年、2010～2011 年、2012～2013 年略微上涨，2000～2001 年海洋经济绿色发展指数的下降主要是由于海洋生态环境没有得到良好保护，污染治理项目数大幅下降，海洋产业比较劳动生产率也有所下降进而引发了海洋产业及相关社会发展问题；2012～2013 年出现下降的主要原因是工业固体废弃物综合利用量骤减；2015～2016 年出现下降的主要原因则是海洋生产总值小幅下降以及沿海地区科技课题数量减少。

2. 海洋经济绿色发展各子系统分析

2000～2016 年环渤海地区海洋经济绿色发展各维度评价结果见表 12-2（a_k 和 c_k 分别为同一度和对立度，r_k 指发展强度），分别从各子系统对环渤海地区海洋经济的绿色发展特征进行分析。

表 12-2　2000～2016 年环渤海地区海洋经济绿色发展各维度评价结果

年份	经济增长度			资源利用度			环境保护度			社会发展度		
	a_k	c_k	r_k	a_k	c_k	r_k	a_k	c_k	r_k	a_k	c_k	r_k
2000	0.0970	0.2728	0.2623	0.0720	0.1257	0.3643	0.0702	0.0350	0.6673	0.0869	0.1586	0.3541
2001	0.0948	0.2655	0.2632	0.0746	0.1021	0.4222	0.0363	0.0678	0.3486	0.0429	0.1728	0.1990
2002	0.1122	0.2177	0.3402	0.0791	0.0848	0.4827	0.0350	0.0649	0.3503	0.0396	0.1807	0.1798
2003	0.1261	0.1907	0.3980	0.0735	0.0805	0.4774	0.0519	0.0463	0.5287	0.0510	0.1308	0.2807
2004	0.1536	0.1533	0.5006	0.0797	0.0736	0.5197	0.0249	0.0612	0.2896	0.0552	0.1236	0.3089
2005	0.1719	0.1376	0.5554	0.0797	0.0717	0.5263	0.0288	0.0535	0.3498	0.0518	0.0941	0.3550
2006	0.1867	0.1313	0.5871	0.0858	0.0673	0.5605	0.0362	0.0442	0.4503	0.1100	0.0958	0.5345
2007	0.1874	0.1281	0.5941	0.0970	0.0605	0.6159	0.0356	0.0440	0.4476	0.1145	0.0895	0.5613
2008	0.1885	0.1266	0.5983	0.0961	0.0639	0.6009	0.0488	0.0377	0.5639	0.1163	0.0861	0.5745
2009	0.2285	0.1078	0.6794	0.0995	0.0644	0.6072	0.0355	0.0427	0.4537	0.1179	0.0818	0.5903
2010	0.2267	0.1087	0.6759	0.1123	0.0693	0.6184	0.0309	0.0527	0.3701	0.2077	0.0436	0.8264
2011	0.2370	0.1055	0.6919	0.1212	0.0670	0.6440	0.0335	0.0500	0.4015	0.1252	0.0729	0.6320
2012	0.2517	0.1002	0.7153	0.1109	0.0687	0.6176	0.0595	0.0530	0.5286	0.1289	0.0675	0.6563
2013	0.2576	0.0986	0.7233	0.1003	0.0735	0.5770	0.0351	0.0683	0.3394	0.1256	0.0675	0.6504
2014	0.2752	0.0940	0.7454	0.1068	0.0703	0.6032	0.0450	0.0497	0.4754	0.1308	0.0679	0.6583
2015	0.2668	0.1010	0.7253	0.1075	0.0745	0.5907	0.0576	0.0387	0.5986	0.1873	0.0645	0.7438
2016	0.2655	0.1017	0.7231	0.0996	0.0781	0.5606	0.0614	0.0385	0.6144	0.1945	0.0861	0.6930

（1）从经济增长度来看，2000～2016年发展强度由0.2623上升到0.7231，上升幅度较大，同一度从0.0970持续上升到0.2655，对立度呈下降趋势，由0.2728下降至0.1017。总体来看，经济增长度起步较低，但上升速度最快，海洋生产总值占GDP比重逐年攀升，说明环渤海地区海洋经济的发展速度较快、强度较大，而科技课题数量和潜在海洋高层次人才数增速显著，说明环渤海地区海洋经济发展潜力较强、后劲十足。

（2）从资源利用度来看，发展强度由2000年的0.3643上升到2016年的0.5606，其中2002～2003年、2007～2008年、2011～2013年呈下降趋势；2000～2016年，同一度和对立度分别呈上升和下降趋势，分别由0.0720上升至0.0996、由0.1257下降至0.0781，而同一度在2002～2003年、2007～2008年、2011～2013年和2015～2016年出现下滑，对立度一直处于下降趋势，主要原因是海域集约利用指数的下降，根本原因则在于围填海造陆使得海域面积突然减少。总体来看，资源利用度呈现波动上升趋势，说明环渤海地区海洋经济绿色发展对资源的利用效率越来越高。

（3）从社会发展度来看，发展强度由2000年的0.3541上升到2016年的0.6930，2000～2003年、2010～2011年、2015～2016年稍有下降，但总体上升趋势明显，其中2009～2010年增速最快，2011年后增速放缓；同一度由0.0869上升至0.1945，对立度由0.1586下降至0.0861。

（4）从环境保护度来看，其是四个维度中唯一呈下降趋势的，发展强度由2000年的0.6673下降到2016年的0.6144，整体来看波动幅度较小。发展强度波动较大的时间段如：2000～2001年环境保护度的降低主要是由于工业固体废弃物综合利用量增加和污染治理项目数大幅下降造成的；2003～2004年环境保护度降低的主要原因是工业固体废弃物综合利用量增加以及工业废水排放总量增加；2008～2010年环境保护度的降低主要是由工业废水排放总量的急剧增加以及污染治理项目数和海洋类型自然保护区建成数量减少；2012～2013年环境保护度的降低则是由污染治理项目数和海洋类型自然保护区建成数量减少造成的。

3. 海洋经济绿色发展演变分析

利用式（12-7）计算得到2000年和2016年环渤海地区海洋经济绿色发展指数、经济增长度、资源利用度、环境保护度、社会发展度，结果如表12-3所示。

表 12-3　2000 年和 2016 年环渤海地区海洋经济绿色发展空间分异情况

项目	2000 年发展情况		2016 年发展情况	
	高于环渤海均值地区	低于环渤海均值地区	高于环渤海均值地区	低于环渤海均值地区
海洋经济绿色发展指数	辽宁	天津、河北、山东	天津、河北、山东	辽宁
经济增长度	辽宁、山东	天津、河北	辽宁、天津、山东	河北
资源利用度	辽宁、山东	天津、河北	天津	辽宁、河北、山东
环境保护度	辽宁、天津	河北、山东	河北、山东	辽宁、天津
社会发展度	辽宁、河北	天津、山东	天津、山东	辽宁、河北

由表 12-3 可知，研究期内天津、河北、辽宁、山东的海洋经济绿色发展指数、经济增长度、资源利用度、社会发展度总体都是上升的，而环境保护度总体上略有下降趋势且波动较大。其中，河北的海洋经济绿色发展指数在研究时段内增长最快，主要原因是在经济增长度迅猛增加的同时，环境保护度出现的变动不大，而天津、辽宁的环境保护度在研究时段内年增长率均为负值。辽宁的海洋经济绿色发展指数的年增长率最小，是由于辽宁起步较早，2000 年的海洋经济绿色发展指数已高于环渤海地区均值，位列四省份之首，在 2000～2016 年稳步发展，所以年增长率变化不显著。具体如下：

（1）海洋经济绿色发展指数。2000～2016 年，海洋经济绿色发展指数的差异在空间上出现了较大的变化：2000 年，只有辽宁的海洋经济绿色发展指数高于环渤海地区均值，在环渤海地区海洋经济绿色发展的前提中，辽宁起步较早，率先认识到了海洋的重要性，大力发展海洋经济，而此时对海洋经济进行开发并没有对环境保护产生过多影响；2016 年，四省份中只有辽宁的海洋经济绿色发展指数低于环渤海地区均值，主要是由于辽宁的环境保护度负增长明显，辽宁 2016 年的海洋工业废水排放总量相比 2000 年大幅增长，尤其是实施辽宁沿海经济带和振兴东北老工业基地战略，在发展经济提升地区经济总量的同时，工业首当其冲是经济增长的主力，在大力发展经济的同时，工业产生大量废水和废渣排放入海，在这些废弃物中，无机氮、磷酸盐超标倍数较高，对海洋生态环境造成破坏。随着时间的不断推移，在推动海洋经济的同时人们逐渐开始重视海洋经济发展过程中所带来的生态环境问题。

（2）经济增长度。2000～2016 年海洋经济增长度差异在空间上变化不大。山东的海洋经济起步较早，又率先成立了山东半岛蓝色经济区，着重开发潜力海洋产业，海洋生物工程、现代海洋化工等产业具有相当优势，因此海洋生产总值接近其他三省份之和；此外，山东汇集了多所海洋相关领域的研究所和高等学校，教育资源十分丰富，研发创新优势强，可为培育战略性海洋第三产业提供强有力的支撑。而天津近些年开始积极发展新兴海洋产业，2008年国务院批复了《天津滨海新区综合配套改革试验总体方案》，支持天津滨海新区在企业改革、科技体制改革、涉外经济体制改革、金融改革创新、改革土地管理制度、城乡规划管理体制改革、农村体制改革、社会领域改革、改革资源节约和环境保护、行政管理体制改革十个方面先行试验的重大改革开放措施。2009年国务院批复同意天津调整滨海新区行政区划（郭桂萍和阎祺，2015）。此外，近些年天津的滨海旅游业发展十分突出，海洋产业结构日趋合理，海洋产业比较劳动生产率17年内翻了近三倍，虽然海洋科研机构密度呈下降趋势且潜在海洋高层次人才数偏少，但科技课题数量较多，到2016年经济增长度已高于环渤海地区均值。河北海洋生产总值虽不高但却是增长速度最快的，海洋第三产业发展比较稳定，海洋产业比较劳动生产率增长较快，可是由于海洋科研机构密度低且科研人员整体素质较差、科技课题数量少，整体对海洋方面的创新发展有一定的阻碍作用，海洋经济发展后劲不足；辽宁经济增长度在2000年与环渤海地区均值基本持平，经过一段时间的发展，海洋经济总量大幅增长，海洋经济第三产业比重明显提高，虽然海洋科研机构密度较大，潜在海洋高层次人才数多，但海洋相关服务业发展不平衡，海洋产业比较劳动生产率较低，2016年虽稍高于环渤海地区均值，但在海洋产业结构合理化水平等方面依然有较大的进步空间。

（3）资源利用度。从2000～2016年海洋资源利用度的空间差异来看，天津海洋资源利用度变化较其他三省份有显著提高，渔业用海面积不大但养殖产量与捕捞产量高，集约化程度好，海洋产业产值优势明显，所以资源利用度由2000年低于环渤海地区均值转变为2016年高于环渤海地区均值；河北的海域集约利用指数波动幅度较大，下降趋势较为明显，可能是围填海等活动所致，海洋原油产量等海洋传统产业的产出虽略有提高，但单位海域使用面积水产品产量在持续下降，因此整体资源利用度虽有提升但不显著；山东虽渔业用海面积和海域面积都相对较大，但海洋传统产业的产出十分有限，加之海洋原油产量增幅不明显且海域集约利用指数波动变化较大，因此资源利用度整体水平不高；辽宁虽海洋渔业资源具有较大优势，但海洋传统产业的产出总体呈下降趋势，因此整体水平不高。

（4）环境保护度。环境保护度是四个维度中存在较大波动幅度的子系统，总体呈波动递减趋势，主要是由于在海洋经济不断发展的过程中必然会对生态环境产生一定的破坏，因此总体呈下降趋势。但随着可持续发展理念的大力推广，近年来生态环境问题越来越受到国家和政府的关注，因此海洋经济活动中的环境破坏和污染问题也有所改善，导致环境保护度存在波动式下降。

2000～2016 年，环渤海地区海洋环境保护度空间差异变化较大。山东环境保护度 2000 年低于环渤海地区均值，这是由于山东对海洋经济的开发与利用起步较早，早期对环境保护等问题关注甚少。但 17 年间，山东在海洋环境保护建设方面的改变最显著，污染治理项目数和海洋类型自然保护区建成数量均最多，并且为改善海洋生态环境，在海域海岸带进行了综合整治修复等工作，海洋环境保护得到明显改善，已初步形成覆盖全省沿海的良好海洋环境，故 2016 年山东环境保护度超过环渤海地区均值。在此期间，2012 年山东环境保护度出现一次较大波动，这是由于当年的风暴潮灾害给海洋生态环境带来了破坏。天津环境保护度 2000 年略高于环渤海地区均值，而河北略低于环渤海地区均值，河北 2000 年污染治理项目数虽多，但工业废水排放总量也较多，因此低于环渤海地区均值。在之后的发展中虽然污染治理项目数直线下降，但工业废水排放总量呈波动下降趋势，海洋类型自然保护区建成数量有所增加，工业固体废弃物综合利用量明显提高，使得河北的环境保护度处于较高水平；天津对海洋环境建设不够重视，海洋类型自然保护区建成数量只有 1～2 个，虽然在工业固体废弃物综合利用量方面略微减少，但污染治理项目数锐减和工业废水排放总量的攀升，导致整体低于环渤海地区均值。通过查阅《辽宁统计年鉴》（2001 年、2017 年）可知，辽宁 2000 年建立了 11 个海洋类型自然保护区，污染治理项目数达 311 个，因此环境保护度处于较高水平。虽然截至 2016 年辽宁的海洋类型自然保护区数量增加到 12 个，但工业废水排放总量却是 2000 年的 40 多倍，污染治理项目数只有 31 个，工业固体废弃物综合利用量递减趋势明显，因此环境保护度低于环渤海地区均值。

（5）社会发展度。2000～2016 年社会发展度差异在空间上变化明显：山东和天津在社会发展度上增势都比较明显，在 2016 年均高于环渤海地区均值；山东人均收入水平提高更为明显，增加了 5 倍多，恩格尔系数不断减小，说明生活水平不断提高，消费结构更加合理。辽宁的社会发展度由 2000 年的高于环渤海地区均值到 2016 年低于环渤海地区均值，究其原因是劳动人口的大幅减少，辽宁人均收入水平虽增速显著且消费结构趋于合理化，然而 15～64 岁人口数呈现波动下降趋势，说明地区劳动力资源供应不足，进而影响了辽宁社会发展与进步。河北社会发展度虽然平稳发展，但却在 2016 年低于环渤海地区均值，其中恩格尔系数呈现波动趋势，虽有所上升，但也说明消费结构和生活水平有待调整，人口数量变化较平稳，大专及以上学历人口数增加显著有利于社会整体水平向较高趋势发展。

12.4.3　环渤海地区海洋经济绿色发展预警研究

在得出环渤海地区海洋经济绿色发展指数的基础上，对环渤海地区的海洋经济绿色发展指数进行了预测和预警研究，为以后一段时间内环渤海地区海洋经济绿色发展情况作参照。估算的 ARIMA 模型通过异方差检验，模拟效果较为理想，结果如表 12-4 所示。

表 12-4　2017～2021 年环渤海地区海洋经济绿色发展指数及各维度预测结果

年份	海洋经济绿色发展指数	经济增长度	资源利用度	环境保护度	社会发展度
2017	0.6756	0.7291	0.5468	0.4678	0.7463
2018	0.6774	0.7251	0.5209	0.4749	0.7723
2019	0.6730	0.7118	0.4942	0.5505	0.7933
2020	0.6642	0.6936	0.4630	0.5138	0.8110
2021	0.6525	0.6720	0.4294	0.5126	0.8262

1. 预警系统及灯显机制

通常划分精度的方法包括系统化方法（多数原则、均数原则、参数原则等）、模糊判断法、专家确定法和控制图方法（即 3δ 法）等（文俊，2006）。参考 3δ 准则，比较预警期望值（平均值 $\overline{X}$）与标准差（δ）的偏离程度，选择 2δ 为阶段划分的参考值来判断是否异常，将海洋经济绿色发展指数警度划分为 5 个标准。根据现行中国经济景气监测中心在宏观经济预警中的方法，结合海洋经济绿色发展实际情况，将区间分为超警、重警、中警、轻警和无警五类，且分别对应红灯、黄灯、紫灯、蓝灯、绿灯，如表 12-5 所示。

表 12-5　海洋经济绿色发展预警等级划分标准

预警状态	警界	警情	灯显
超警	$< \overline{X} - 2\delta$	海洋经济绿色发展处于极度不合理状态	红灯
重警	$\overline{X} - 2\delta \sim \overline{X} - \delta$	海洋经济绿色发展处于不合理状态	黄灯
中警	$\overline{X} - \delta \sim \overline{X} + \delta$	海洋经济绿色发展进入稳定状态	紫灯
轻警	$\overline{X} + \delta \sim \overline{X} + 2\delta$	海洋经济绿色发展进入较理想状态	蓝灯
无警	$> \overline{X} + 2\delta$	海洋经济绿色发展达到理想状态	绿灯

2. 环渤海地区海洋经济绿色发展指数及各维度预警分析

如图 12-2 所示，环渤海地区海洋经济绿色发展指数在 2000～2016 年呈现波动上升变化，警度由超警进入中警，指示灯由红灯变为紫灯。预计在 2017～2021 年，环渤海地区海洋经济绿色发展指数会有小幅下降趋势。

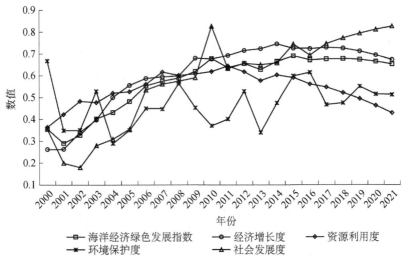

图 12-2　2000～2021 年环渤海地区海洋经济绿色发展指数及各维度灯显机制

由图 12-2 可知：①2000～2016 年，经济增长度呈稳定上升趋势，2000 年和 2001 年警度为超警，2002～2016 年逐渐由重警变为中警，指示灯的变化为红灯—黄灯—紫灯。预计在 2017～2021 年，经济增长度变化不明显，虽略有下降趋势，但警度始终保持在中警状态，指示灯为紫灯。②资源利用度主要呈先上升后下降的趋势，2000～2012 年波动较为明显，警度由超警变为轻警，指示灯由红灯变为蓝灯；2012 年以后，资源利用度呈下降趋势，警度为中警，指示灯为紫灯。预计在 2017～2021 年，资源利用度呈波动下降趋势，由中警退回到重警，指示灯将由紫灯变为黄灯。③环境保护度出现较大幅度的波动，总体呈递减趋势。2000 年时，警度为轻警，指示灯为蓝灯，2001～2016 年波动较为明显，但警度基本在重警和轻警之间波动，指示灯在黄灯和蓝灯间变化。预计在 2017～2021 年，环境保护度呈较小幅度的波动下降趋势，警度会由 2016 年的轻警退回到中警，指示灯将由蓝灯变为紫灯。④社会发展度呈波动上升趋势，2000～2005 年，警度为重警，指示灯为黄灯，2006～2016 年有小幅度波动，除 2010 年外其余年份警度均为中警，指示灯为紫灯，2010 年警度为轻警，指示灯为蓝灯。预计在2017~2021年，社会发展度呈波动上升趋势，2017~2018年，警度为中警，指示灯为紫灯，2018年后，将进入轻警阶段，指示灯为蓝灯。

12.5 结论与不足

12.5.1 结论

本研究提出了海洋经济绿色发展观点，以环渤海地区为例，构建了海洋经济绿色发展评价指标体系，采用熵权法对各个指标进行权重的确定，再用客观赋权法确定结构层权重，运用集对分析模型对环渤海地区的海洋经济绿色发展进行综合测度，得出环渤海地区海洋经济绿色发展指数并进行时空维度差异分析和影响因素分析。在此基础上，运用ARIMA模型对环渤海地区海洋经济绿色发展情况进行预测，利用均值和标准差对海洋经济绿色发展指数进行分类和阶段划分，运用灯显机制进一步进行预警。结果表明：

（1）从整体来看，2000~2016年环渤海地区海洋经济绿色发展指数由0.3552增长到0.6710，自2008年以后增长较为稳定。经济增长度、资源利用度、社会发展度同一度上升，对立度下降，海洋经济绿色发展指数呈上升趋势；其中，经济增长度起步较低，但上升速度最快，说明环渤海地区海洋经济发展潜力较强、后劲十足；资源利用度在2000~2016年由0.3643上升到0.5606，其中2002~2003年、2007~2008年和2011~2013年呈下降趋势；社会发展度呈稳步上升态势，发展强度由2000年的0.3541上升到2016年的0.6930，2000~2003年、2010~2011年、2015~2016年稍有下降，但总体上升趋势明显，其中2009~2010年增速最快，2011年后增速趋于平缓；而环境保护度同一度呈波动下降，对立度略有上升，发展强度由2000年的0.6673下降到2016年的0.6144，总体呈小幅波动下降趋势，主要是由于不同时间段，对海洋生态环境所产生的保护力度不同。

（2）从分维度层面看，环渤海地区海洋经济绿色发展最好的是天津，其次分别是山东、辽宁、河北。其中，河北的海洋经济绿色发展指数在17年间增长最快；辽宁的海洋经济绿色发展指数的年增长率最小。经济增长度呈现出辽宁>河北>山东>天津的空间特征，在空间格局上的变化不大；资源利用度在空间上由高到低依次为天津、河北、辽宁、山东，天津的资源利用度发展最为显著，海洋产业结构趋于合理；环境保护度中山东最高、辽宁最低，山东对海洋环境保护建设的投入最为突出，天津和辽宁整体低于环渤海地区均值；社会发展度中空间变化明显，呈现天津>山东>河北>辽宁的分布。随着时间的推移，各区域的海洋经济绿色发展指数有赶超的趋势。

（3）从预警方面来看，2000～2016 年环渤海地区海洋经济绿色发展指数呈平稳上升趋势，总体集中在紫灯，即中警状态，表示环渤海地区海洋经济绿色发展已进入稳定状态；经济增长度和社会发展度两个分维度呈波动上升趋势，资源利用度分维度呈先上升后下降趋势，环境保护度分维度出现较大幅度的波动，总体呈递减趋势。预计至 2021 年，环渤海地区海洋经济绿色发展将持续保持中警状态，即环渤海地区的海洋经济绿色发展将维持稳定；从各分维度的预测值中可以看出，除社会发展度会由中警进入轻警状态外，其余各分维度均会出现不同程度的下降，其中经济增长度和环境保护度会继续保持在中警状态，而资源利用度到 2021 年则可能会退回重警状态，因此在进行海洋经济绿色发展的同时，还要确保资源利用效率的提高和环境的合理保护。

12.5.2　不足

经过总结探讨，受到研究方法、数据、个人能力等方面的限制，本章在以下方面可能存在不足，有望在未来的研究过程中日臻完善。

（1）海洋经济绿色发展中的"绿色"概念存在多种说法，本章从四个维度定义了海洋经济绿色转型，鉴于数据的可获取性和真实性，本章所构建的评价指标体系受到限制，因此可能存在不够完善和健全等问题，未能从各个方面来反映海洋经济绿色发展的现实情况，还需深入探讨。

（2）由于数据获取的途径有限，本研究的时间范围截止到 2016 年，与现今海洋经济绿色发展情况可能存在些许差异，导致之后海洋经济绿色发展指数的预测和预警研究或与现实有所出入。

（3）本章以环渤海地区作为研究对象，空间尺度较大，在保证数据可获取性和真实性的前提下，更细化到具体的市县，将使研究更具有政策上的指导意义。

（4）本章对海洋经济绿色发展指数的影响因素进行了定性分析，并未具体到各影响因素的权重或影响系数，在今后的研究中，随着数据统计的不断进步，将采取科学的量化手段，对海洋经济绿色发展影响因素的影响系数进行定量的深入研究。

参 考 文 献

安虎森. 1997. 增长极理论评述[J]. 南开经济研究, (1): 31-37.

安康, 韩兆洲, 舒晓惠. 2012. 中国省域经济协调发展动态分布分析: 基于核密度函数的分解[J]. 经济问题探索, (1): 20-25.

安伟伟. 2011. 大兴沟林业局天然林保护工程生态环境影响动态经济评价[D]. 哈尔滨: 东北林业大学.

巴红臣. 2012. 统一价值理论的思考: 对劳动价值论、均衡价值论和边际效用价值论的综合考量[J]. 经济研究导刊, (35): 8-11.

白建银, 张晓春. 2013. 侗乡山地丛林文化中的生态安全观初探[J]. 湖南科技学院学报, 34 (1): 92-95.

鲍超. 2014. 中国城镇化与经济增长及用水变化的时空耦合关系[J]. 地理学报, 69 (12): 1799-1809.

比利安娜, 罗伯特. 2010. 美国海洋政策的未来: 新世纪的选择[M]. 张耀光, 韩增林, 译. 北京: 海洋出版社.

波特. 2000. 簇群与新竞争经济学[J]. 经济社会体制比较, (2): 21-31.

波特. 2002. 国家竞争优势[M]. 李明轩, 邱如美, 译. 北京: 华夏出版社.

蔡宁, 葛朝阳. 1997. 关于环境资源稀缺与经济发展约束理论的评述[J]. 浙江大学学报 (社会科学版), 11 (2): 70-74.

蔡之兵. 2017. 更平衡、更充分、更中国特色社会主义: 十九大的区域协调发展战略内涵与时代意义[J]. 先锋, (12): 7-9.

曹可, 张志峰, 马红伟, 等. 2017. 基于海洋功能区划的海域开发利用承载力评价: 以津冀海域为例[J]. 地理科学进展, 36 (3): 320-326.

曹兴国, 初北平. 2016. 我国涉海法律的体系化完善路径[J]. 太平洋学报, 24 (9): 9-16.

曹英志. 2014. 海洋经济学理论对海域资源配置的指导价值研究分析：以资源与环境经济学基础理论为视角[J]. 环境与可持续发展，39（5）：45-47.

曹忠祥，高国力. 2015. 我国陆海统筹发展的战略内涵、思路与对策[J]. 中国软科学，（2）：1-12.

曹忠祥，任东明，王文瑞，等. 2005. 区域海洋经济发展的结构性演进特征分析[J]. 人文地理，20（6）：29-33.

晁晖，刘欣. 2013. 海洋生态系统服务价值化研究[J]. 海洋预报，30（3）：86-91.

车铭哲. 2013. 基于系统论视角下的城市公园系统构建研究：以重庆市渝中区为例[D]. 重庆：重庆大学.

陈春，高峰，鲁景亮，等. 2016. 日本海洋科技战略计划与重点研究布局及其对我国的启示[J]. 地球科学进展，31（12）：1247-1254.

陈春阳，陶泽兴，王焕炯，等. 2012. 三江源地区草地生态系统服务价值评估[J]. 地理科学进展，31（7）：978-984.

陈高潮，马友华，赵艳萍，等. 2005. 农业生态系统安全性预警与预警系统的建立[J]. 中国农学通报，21（10）：330-333.

陈国亮. 2015. 海洋产业协同集聚形成机制与空间外溢效应[J]. 经济地理，35（7）：113-119.

陈凯. 2011. 辽宁沿海经济带发展研究[D]. 大连：东北财经大学.

陈可文. 2003. 中国海洋经济学[M]. 北京：海洋出版社.

陈平，李静，吴迎新，等. 2012. 中国海洋经济发展的财税政策作用机制研究[J]. 海洋经济，2（1）：1-9.

陈琦，李京梅. 2015. 我国海洋经济增长与海洋环境压力的脱钩关系研究[J]. 海洋环境科学，34（6）：827-833.

陈尚，张朝晖，马艳，等. 2006. 我国海洋生态系统服务功能及其价值评估研究计划[J]. 地球科学进展，21（11）：1127-1133.

陈斯婷. 2008. 海洋环境影响评价的技术范式研究[D]. 厦门：厦门大学.

陈万灵，郭守前. 2002. 海洋资源特性及其管理方式[J]. 湛江海洋大学学报，22（2）：7-12.

陈翔云. 2005. 快速轨道交通与城镇群发展相互关系研究[D]. 西安：长安大学.

陈耀邦. 1996. 可持续发展战略读本[M]. 北京：中国计划出版社.

陈耀辉. 2014. 福建省海洋循环经济发展模式研究[D]. 福州：福州大学.

陈志，翟文侠，宋成舜. 2010. 开封市城区土地利用动态变化及其驱动因子分析[J]. 水土保持通报，30（2）：103-107，113.

陈仲新，张新时. 2000. 中国生态系统效益的价值[J]. 科学通报，45（1）：17-22.

程娜. 2008. 海洋生态系统的服务功能及其价值评估研究[D]. 大连：辽宁师范大学.

程娜. 2012. 基于DEA方法的我国海洋第二产业效率研究[J]. 财经问题研究，（6）：28-34.

程娜. 2013. 可持续发展视阈下中国海洋经济发展研究[D]. 长春：吉林大学.

崔风暴，钟玉锋，徐鹏. 2009. 论能值分析理论研究新进程及展望[J]. 生产力研究，（24）：248-250.

崔丽娟，赵欣胜. 2004. 鄱阳湖湿地生态能值分析研究[J]. 生态学报，24（7）：1480-1485.

崔瑞华，卢函，王泽宇，等. 2018. 我国滨海体育旅游支撑条件评价[J]. 地域研究与开发，37（1）：98-102，119.

戴彬，金刚，韩明芳. 2015. 中国沿海地区海洋科技全要素生产率时空格局演变及影响因素[J]. 地理研究，34（2）：328-340.

邓波，洪绂曾，高洪文. 2004. 基于能值分析理论的草业生态经济系统可持续发展评价体系[J]. 草地学报，12（3）：251-255.

狄乾斌. 2007. 海洋经济可持续发展的理论、方法与实证研究：以辽宁省为例[D]. 大连：辽宁师范大学.

狄乾斌，韩增林，孙迎. 2009. 海洋经济可持续发展能力评价及其在辽宁省的应用[J]. 资源科学，31（2）：288-294.

狄乾斌，刘欣欣，曹可. 2013a. 中国海洋经济发展的时空差异及其动态变化研究[J]. 地理科学，33（12）：1413-1420.

狄乾斌，孙阳. 2014. 沿海地区海洋经济与社会变迁关联度评价：以辽宁省为例[J]. 地理科学进展，33（5）：713-720.

狄乾斌，吴佳璐，张洁. 2013b. 基于生物免疫学理论的海域生态承载力综合测度研究：以辽宁省为例[J]. 资源科学，35（1）：21-29.

狄乾斌，吴桐. 2018. 中国海洋资源承载力的时空演变特征及影响因素[J]. 地理与地理信息科学，34（1）：121-126.

狄乾斌，张洁，吴佳璐. 2014. 基于生态系统健康的辽宁省海洋生态承载力评价[J]. 自然资源学报，29（2）：256-264.

丁小飞. 2009. 代际公平与可持续发展[J]. 理论观察，（6）：62-64.

杜军，王许兵. 2015. 基于产业生命周期理论的海洋产业集群式创新发展研究[J]. 科技进步与对策，32（24）：56-61.

段志霞. 2008. 海洋资源性资产的保值增值问题研究[D]. 青岛：中国海洋大学.

范斐. 2011. 海陆统筹下的辽宁沿海经济带海洋经济与陆域经济协同发展研究[D]. 大连：辽宁师范大学.

范航清. 1995. 广西沿海红树林养护海堤的生态模式及其效益评估[J]. 广西科学，2（4）：48-53.

方金燕. 2016. 世界主要海洋国家海洋经济发展比较研究[D]. 海口：海南大学.

方巍. 2004. 环境价值论[D]. 上海：复旦大学.

冯宝军，杨希雅，迟国泰. 2015. 基于脉冲响应的区域经济政策实施效果评价[J]. 系统工程理论与实践，35（5）：1089-1102.

冯长春，曾赞荣，崔娜娜. 2015. 2000年以来中国区域经济差异的时空演变[J]. 地理研究，34（2）：234-246.

冯俊，孙东川. 2009. 资源环境价值研究探析[J]. 生产力研究，（18）：88-90.

冯年华. 2003. 区域可持续发展理论与实证研究：基于创新与能力建设角度[D]. 南京：南京农业大学.

付韬，张永安. 2010. 产业集群生命周期理论探析[J]. 华东经济管理，24（6）：57-61.

盖美，赵丽玲. 2012. 辽宁沿海经济带经济与海洋环境协调发展研究[J]. 资源科学，34（9）：1712-1725.

干春晖，郑若谷，余典范. 2011. 中国产业结构变迁对经济增长和波动的影响[J]. 经济研究，46（5）：4-16，31.

高吉喜. 2002. 可持续发展理论探索：生态承载力理论、方法与应用[M]. 北京：中国环境科学出版社.

高乐华，高强. 2012. 海洋生态经济系统交互胁迫关系验证及其协调度测算[J]. 资源科学，34（1）：173-184.

高铁梅. 2009. 计量经济分析方法与建模——Eviews应用及实例[M]. 北京：清华大学出版社.

高扬. 2013. 基于能力结构关系模型的环渤海地区海陆一体化研究[D]. 大连：辽宁师范大学.

龚家富. 2009. 琅岐岛农业生态经济系统能值研究[D]. 福州：福建师范大学.

龚远星. 2005. 海域使用权的准物权性质分析[J]. 海洋环境科学，24（2）：59-62.

巩固. 2006. 海域使用权法律性质辨析[J]. 中国海洋大学学报（社会科学版），（5）：7-10.

苟露峰，杨思维，高强. 2017. 基于集对分析的中国海洋经济协调发展评价[J]. 中国国土资源经济，30（2）：69-73.

顾玲巧，余晓，卢宏宇. 2020. 基于政策协同的政府整体性治理水平测度框架分析[J]. 领导科学，（20）：20-23.

关伟，刘勇凤. 2012. 辽宁沿海经济带经济与环境协调发展度的时空演变[J]. 地理研究，31（11）：2044-2054.

关伟，许淑婷. 2014. 辽宁省能源效率与产业结构的空间特征及耦合关系[J]. 地理学报，

69（4）：520-530.

郭宝东. 2011. 湿地生态系统服务价值构成及价值估算方法[J]. 环境保护与循环经济，31（1）：
　　67-70.

郭桂萍，阎祺. 2015. 加快推进天津海洋经济发展路径选择[J]. 经济研究导刊，（7）：36-37.

郭宏，李皓芯，惠秀娟，等. 2019. 环境经济学的研究现状及热点分析：基于CNKI（1980—
　　2016）的文献计量分析[J]. 环境保护与循环经济，39（3）：5-10.

郭丽芳. 2014. 沿海省市海洋经济政策效益比较研究[J]. 福建论坛（人文社会科学版），（1）：
　　159-162.

郭明，冯朝阳，赵善伦. 2003. 生态环境价值评估方法综述[J]. 山东师范大学学报（自然科学
　　版），18（1）：71-74.

郭倩，汪嘉杨，张碧. 2017. 基于DPSIRM框架的区域水资源承载力综合评价[J]. 自然资源学
　　报，32（3）：484-493.

郭显光. 1994. 熵值法及其在综合评价中的应用[J]. 财贸研究，（6）：56-60.

郭莹. 2020. 海洋强国战略背景下海洋经济发展方向及策略[J]. 中国统计，（9）：36-38.

国家海洋局. 1996. 中国海洋21世纪议程[M]. 北京：海洋出版社.

海域管理培训教材编委会. 2014. 海域管理概论[M]. 北京：海洋出版社.

韩凤芹，付阳，武靖州. 2016. 我国海洋经济发展的财税政策效果评估及优化建议[J]. 财政科
　　学，（10）：52-65.

韩秋影，黄小平，施平. 2007. 生态补偿在海洋生态资源管理中的应用[J]. 生态学杂志，
　　26（1）：126-130.

韩瑞玲，佟连军，佟伟铭，等. 2012. 基于集对分析的鞍山市人地系统脆弱性评估[J]. 地理科
　　学进展，31（3）：344-352.

韩维栋，高秀梅，卢昌义，等. 2000. 中国红树林生态系统生态价值评估[J]. 生态科学，
　　19（1）：40-46.

韩增林，狄乾斌，刘锴. 2006. 海域承载力的理论与评价方法[J]. 地域研究与开发，25（1）：
　　1-5.

韩增林，狄乾斌，单良. 2011. 面向"十二五"时期的海洋经济地理研究[J]. 经济地理，
　　31（4）：536-540.

韩增林，刘桂春. 2003. 海洋经济可持续发展的定量分析[J]. 地域研究与开发，22（3）：1-4.

韩增林，刘桂春. 2007. 人海关系地域系统探讨[J]. 地理科学，27（6）：761-767.

韩增林，王茂军，张学霞. 2003. 中国海洋产业发展的地区差距变动及空间集聚分析[J]. 地理
　　研究，22（3）：289-296.

韩增林，许旭. 2008. 中国海洋经济地域差异及演化过程分析[J]. 地理研究，27（3）：613-622.

郝雪，韩增林，李明昱. 2011. 基于点—轴系统理论的北黄海经济带空间结构研究[J]. 资源开发与市场，27（6）：514-517.

何啸. 2014. 改革进程：中国共产党政策与法律关系结构的历史转型[D]. 北京：中共中央党校.

贺佳贝. 2018. 环境库兹涅茨曲线研究：基于主体功能区的分析[D]. 广州：中共广东省委党校.

赫希曼. 1991. 经济发展战略[M]. 曹征海，潘照东，译. 北京：经济科学出版社.

洪刚，洪晓楠. 2018. 马克思主义综合创新观视阈下的中国海洋文化主体自觉[J]. 马克思主义研究，（7）：70-75.

胡念祖. 1997. 海洋政策：理论与实务研究[M]. 台北：五南图书出版有限公司.

胡求光，余璇. 2018. 中国海洋生态效率评估及时空差异：基于数据包络法的分析[J]. 社会科学，（1）：18-28.

胡小颖，雷宁，赵晓龙，等. 2013. 胶州湾围填海的海洋生态系统服务功能价值损失的估算[J]. 海洋开发与管理，30（6）：84-87.

胡新锁. 2015. 邯郸市生态水网河渠湖泊水面生态效益分析[J]. 水利科技与经济，21（3）：19-21，28.

胡兆量. 1996. 人地关系发展规律[J]. 四川师范大学学报（自然科学版），（1）：25-30.

黄崇福. 2012. 自然灾害风险分析与管理[M]. 北京：海洋出版社.

黄志刚，陈晓楠，李健瑜. 2018. 生态移民政策对农户收入影响机理研究：基于形成型指标的结构方程模型分析[J]. 资源科学，40（2）：439-451.

纪建悦，王奇. 2018. 基于随机前沿分析模型的我国海洋经济效率测度及其影响因素研究[J]. 中国海洋大学学报（社会科学版），（1）：43-49.

纪学朋，白永平，杜海波，等. 2017. 甘肃省生态承载力空间定量评价及耦合协调性[J]. 生态学报，37（17）：5861-5870.

纪玉俊. 2014. 资源环境约束、制度创新与海洋产业可持续发展：基于海洋经济管理体制和海洋生态补偿机制的分析[J]. 中国渔业经济，32（4）：20-27.

贾宝林. 2011. 国内海洋政策的几个研究视角[J]. 海洋开发与管理，28（9）：12-15.

姜敏. 2015. 自组织理论视野下当代村落公共空间导控研究[D]. 长沙：湖南大学.

姜旭朝. 2008. 中华人民共和国海洋经济史[M]. 北京：经济科学出版社.

姜旭朝，王静. 2009. 美日欧最新海洋经济政策动向及其对中国的启示[J]. 中国渔业经济，27（2）：22-28.

姜旭朝，张继华. 2012. 中国海洋经济演化研究（1949~2009）[M]. 北京：经济科学出版社.

姜学民. 1987. 论生态经济系统的动力机制[J]. 生态经济，（5）：1-6.

蒋高明. 2018. 海洋生态系统[J]. 绿色中国，(1)：62-65.

蒋铁民，王志远. 2000. 环渤海区域海洋经济可持续发展研究[M]. 北京：海洋出版社.

焦宝玉. 2011. 人与环境相互作用理论：人地关系理论及其调控[J]. 环境保护与循环经济，31 (3)：14-16.

焦扬. 2016. 空间视角下环境资源非使用价值评价方法与实证研究[D]. 哈尔滨：东北农业大学.

金寄石. 1979. 西蒙•史密斯•库兹涅茨[J]. 世界经济，(8)：76-77.

金永明. 2011. 中国制定海洋基本法的若干思考[J]. 探索与争鸣，(10)：21-22.

金悦，陆兆华，檀菲菲，等. 2015. 典型资源型城市生态承载力评价：以唐山市为例[J]. 生态学报，35 (14)：4852-4859.

金卓，王晶，孔卫英. 2011. 生态价值研究综述[J]. 理论月刊，(9)：68-71.

景普秋. 2010. 资源诅咒：研究进展及其前瞻[J]. 当代财经，(11)：120-128.

康晓娟，杨冬民. 2010. 基于泰尔指数法的中国能源消费区域差异分析[J]. 资源科学，32 (3)：485-490.

康旭，张华. 2010. 近海海洋生态系统服务功能及其价值评价研究进展[J]. 海洋开发与管理，27 (5)：60-64.

柯昶，刘琨，张继承. 2013. 关于我国海洋开发的生态环境安全战略构想[J]. 中国软科学，(8)：16-25.

柯丽娜，王权明，李永化，等. 2013. 基于可变模糊集理论的海岛可持续发展评价模型：以辽宁省长海县为例[J]. 自然资源学报，28 (5)：832-843.

克里斯塔勒. 1998. 德国南部中心地原理[M]. 常正文，王兴中，等译. 北京：商务印书馆.

赖俊翔，姜发军，许铭本，等. 2013. 广西近海海洋生态系统服务功能价值评估[J]. 广西科学院学报，29 (4)：252-258.

蓝盛芳，钦佩，陆宏芳. 2002. 生态经济系统能值分析[M]. 北京：化学工业出版社.

雷磊，高秋香，杨晨. 2017. 中国海域使用演变特征及发展趋势分析[J]. 资源科学，39 (11)：2030-2039.

黎鹤仙，谭春兰. 2013. 浙江省海洋生态系统服务功能及价值评估[J]. 江苏农业科学，41 (4)：307-310.

李博. 2014. 辽宁沿海地区人海经济系统脆弱性评价[J]. 地理科学，34 (6)：711-716.

李博，史钊源，韩增林，等. 2018. 环渤海地区人海经济系统环境适应性时空差异及影响因素[J]. 地理学报，73 (6)：1121-1132.

李博，杨智，苏飞. 2015. 基于集对分析的大连市人海经济系统脆弱性测度[J]. 地理研究，34 (5)：967-976.

李博，杨智，苏飞，等. 2016. 基于集对分析的中国海洋经济系统脆弱性研究. 地理科学，36（1）：47-54.

李凤图. 2015. 当代中国马克思主义海洋法治观探析[J]. 经济研究导刊，(3)：314-317.

李华，高强. 2017. 科技进步、海洋经济发展与生态环境变化[J]. 华东经济管理，31（12）：100-107.

李积轩. 2016. 2030年海洋经济将翻番，达到3.2万亿美元[J]. 中外船舶科技，(2)：40.

李加林，刘永超，马仁锋. 2017. 海洋生态经济学：内容、属性及学科构架[J]. 应用海洋学学报，36（3）：446-454.

李嘉图. 2005. 政治经济学及赋税原理[M]. 北京：华夏出版社.

李建武. 2005. 企业绿色营销战略及其实施研究[J]. 企业家天地，(7)：44-45.

李金平，陈飞鹏，王志石. 2006. 城市环境经济能值综合和可持续性分析[J]. 生态学报，26（2）：439-448.

李京梅，苏红岩. 2016. 基于DEA-Malmquist方法我国海洋陆源污染治理效率评价[J]. 海洋环境科学，35（4）：512-519，539.

李京梅，许玲. 2013. 青岛市蓝色经济区建设的海洋资源承载力评价[J]. 中国海洋大学学报（社会科学版），(6)：8-13.

李晶，陈伟琪. 2006. 近海环境资源价值及评估方法探讨[J]. 海洋环境科学，25（S1）：79-82.

李军. 2011. 海陆资源开发模式研究：以山东半岛蓝色经济区为[D]. 青岛：中国海洋大学.

李孟刚，蒋志敏. 2012. 产业经济学[M]. 北京：高等教育出版社.

李娜. 2004. 海域有偿使用价格确定的理论和方法[D]. 大连：辽宁师范大学.

李秋香. 2013. 基于有序度测度模型的河南省区域产业结构合理化研究[J]. 河南农业大学学报，47（4）：504-508.

李若澜. 2014. 我国征收遗产税的正义价值论——以代际公平理论为视角[J]. 天津商业大学学报，34（3）：69-73.

李双成，傅小锋，郑度. 2001. 中国经济持续发展水平的能值分析[J]. 自然资源学报，16（4）：297-304.

李铁军. 2007. 海洋生态系统服务功能价值评估研究[D]. 青岛：中国海洋大学.

李文华，张彪，谢高地. 2009. 中国生态系统服务研究的回顾与展望[J]. 自然资源学报，24（1）：1-10.

李小建. 1999. 经济地理学[M]. 北京：高等教育出版社.

李晓，张锦玲，林忠. 2010. 罗源湾生态系统服务功能价值评估研究[J]. 海洋环境科学，29（3）：401-405.

李晓月. 2019. 产业经济学的理论地位与应用性质[J]. 商讯，（7）：173.

李欣. 2015. 环渤海地区海洋经济发展中的资源、环境阻尼效应及空间差异分析[D]. 大连：辽宁师范大学.

李欣，孙才志. 2017. 中国海洋经济区域与结构均衡性研究[J]. 资源开发与市场，33（3）：257-263.

李远芳. 2017-12-22. 以"一带一路"建设为重点形成全面开放新格局[N]. 经济日报，第14版.

李悦. 1998. 产业经济学[M]. 北京：中国人民大学出版社.

李志勇，徐颂军，徐红宇，等. 2011. 广东近海海洋生态系统服务功能价值评估[J]. 广东农业科学，38（3）：136-140.

林娅. 2006. 代际公平与可持续发展[J]. 江西社会科学，000（011）：12-14.

刘炳胜，王雪青，李冰. 2011. 中国建筑产业竞争力形成机理分析：基于PLS结构方程模型的实证研究[J]. 数理统计与管理，30（1）：12-22.

刘大海，李晓璇. 2018. 海洋全要素生产率测算研究：2001—2015年[J]. 海洋开发与管理，35（1）：3-6.

刘大海，马雪健，姜伟，等. 2017. 海洋生态系统完整性与功能维持的内涵剖析及应用探索[J]. 海洋开发与管理，34（4）：26-31.

刘东民，何帆，张春宇，等. 2015. 海洋金融发展与中国的海洋经济战略[J]. 国际经济评论，（5）：43-56.

刘凤朝，孙玉涛. 2007. 我国科技政策向创新政策演变的过程、趋势与建议：基于我国289项创新政策的实证分析[J]. 中国软科学，（5）：34-42.

刘海英，亓霄，陈宇. 2014. 海洋财政政策与海洋经济发展关系的协整分析[J]. 中国海洋大学学报（社会科学版），（1）：24-30.

刘和旺. 2006. 诺思制度变迁的路径依赖理论新发展[J]. 经济评论，（2）：64-68.

刘惠娟. 2007. 不同耕作方式下小麦和豌豆生产的能值分析[D]. 兰州：甘肃农业大学.

刘佳. 2014. 山东半岛蓝色经济区海洋资源可持续供给保障研究[D]. 青岛：中国海洋大学.

刘靖，张车伟，毛学峰. 2009. 中国1991～2006年收入分布的动态变化：基于核密度函数的分解分析[J]. 世界经济，（10）：3-13.

刘军，富萍萍. 2007. 结构方程模型应用陷阱分析[J]. 数理统计与管理，26（2）：268-272.

刘俊肖. 2006. 环境与自然资源保护法学[M]. 北京：中国水利水电出版社.

刘丽艳. 2012. 计量经济学涵义及其性质研究[D]. 大连：东北财经大学.

刘盼. 2015. 中国流通业CO_2排放的因素分解和脱钩分析[D]. 长沙：湖南大学.

刘曙光，纪瑞雪. 2014. 海域环境恶化对中国海洋捕捞业发展的阻滞效应研究[J]. 资源科学，

36（8）：1695-1701.

刘伟. 2011. 1988年中国"物价闯关"研究[D]. 北京：中共中央党校.

刘文剑. 2005. 环境压力下海洋经济可持续发展研究[D]. 青岛：中国海洋大学.

刘小明. 2013-08-07. 扎实推进海洋强国建设[N]. 人民日报，第7版.

刘晓君，闫俐臻，白好. 2014. 基于模糊数学模型的居民生活用水资源水价的定价方法研究——以西安市为例[J]. 西安建筑科技大学学报（自然科学版），46（3）：318-322.

刘旭，赵桂慎，蔡文博，等. 2015. 基于海洋生态系统服务功能的评估方法与海洋管理应用[J]. 生态经济，31（12）：146-149，154.

刘岩，曹忠祥. 2005. 21世纪海洋开发面临的形势和任务[J]. 中国海洋报，2：12-18.

刘扬. 2012. 广西海洋产业结构优化研究[D]. 南宁：广西大学.

刘弈. 2015. 山东半岛蓝色经济区海洋产业集聚与生态环境耦合研究[D]. 济南：山东师范大学.

刘颖宇. 2007. 我国环境保护经济手段的应用绩效研究[D]. 青岛：中国海洋大学.

刘雨，刘玉振. 2011. 城市土地利用结构变化及其驱动力研究：以河南省开封市为例[J]. 国土资源科技管理，28（1）：67-73.

刘云. 2017. 关于科技人才政策的若干思考[J]. 科学与社会，7（3）：43-49.

刘云，叶选挺，杨芳娟，等. 2014. 中国国家创新体系国际化政策概念、分类及演进特征：基于政策文本的量化分析[J]. 管理世界，（12）：62-69，78.

楼东，谷树忠，钟赛香. 2005. 中国海洋资源现状及海洋产业发展趋势分析[J]. 资源科学，27（5）：20-26.

卢函. 2018. 中国海洋资源开发与海洋经济增长关系研究[D]. 大连：辽宁师范大学.

陆大道. 1988. 区位论及区域研究方法[M]. 北京：科学出版社.

陆大道. 2001. 论区域的最佳结构与最佳发展：提出"点-轴系统"和"T"型结构以来的回顾与再分析[J]. 地理学报，56（2）：127-135.

栾维新，李佩瑾. 2007. 我国海域评估的理论体系及海域分等的实证研究[J]. 地理科学进展，26（2）：25-34.

马传栋. 1986. 生态经济学[M]. 济南：山东人民出版社.

马传栋. 1995. 论资源生态经济系统的功能[J]. 济宁师专学报，（4）：20-24.

马赫，张天海，罗宏森，等. 2018. 沿海快速城市化地区能值生态足迹变化分析[J]. 生态学报，38（18）：6465-6472.

马丽娜. 2012. 山东省海洋产业结构研究及发展对策建议[D]. 西安：西安外国语大学.

马仁锋，候勃，张文忠，等. 2018. 海洋产业影响省域经济增长估计及其分异动因判识[J]. 地理科学，38（2）：177-185.

马仁锋，李加林，赵建吉，等. 2013. 中国海洋产业的结构与布局研究展望[J]. 地理研究，32（5）：902-914.

马世骏. 1990. 现代生态学透视[M]. 北京：科学出版社.

毛传新. 2005. 基于集聚经济的区域战略性产业结构布局：理论构想[J]. 当代财经，（6）：85-90.

米都斯，梅多斯，兰德斯. 1997. 增长的极限：罗马俱乐部关于人类困境的研究报告[M]. 李宝恒，译. 长春：吉林人民出版社.

苗丽娟，王玉广，张永华，等. 2006. 海洋生态环境承载力评价指标体系研究[J]. 海洋环境科学，25（3）：75-77.

闵庆文，刘寿东，杨霞. 2004. 内蒙古典型草原生态系统服务功能价值评估研究[J]. 草地学报，12（3）：165-169，175.

穆丽娟. 2015. 我国海洋生态经济可持续发展评估及风险预警研究[D]. 青岛：中国海洋大学.

倪国江. 2010. 基于海洋可持续发展的中国海洋科技创新战略研究[D]. 青岛：中国海洋大学.

聂嘉玉，王玉田. 1998. 中国海运政策的调整及其对航运业发展的影响分析[J]. 水运管理，（8）：2-5，20.

牛晟云. 2016. 基于GIS南昌市文化创意地产空间布局评价研究[D]. 南昌：江西师范大学.

牛文元. 2012. 可持续发展理论的内涵认知：纪念联合国里约环发大会20周年[J]. 中国人口·资源与环境，22（5）：9-14.

诺思. 2008. 制度、制度变迁与经济绩效[M]. 杭行，译. 上海：格致出版社.

潘丹，应瑞瑶. 2012. 中国水资源与农业经济增长关系研究：基于面板VAR模型[J]. 中国人口·资源与环境，22（1）：161-166.

潘庆广. 2010. 山东省海洋渔业结构分析与可持续发展研究[D]. 大连：辽宁师范大学.

配第. 1978. 政治算术[M]. 陈冬野，译. 北京：商务印书馆.

彭飞，韩增林，杨俊，等. 2015. 基于BP神经网络的中国沿海地区海洋经济系统脆弱性时空分异研究[J]. 资源科学，37（12）：2441-2450.

彭飞，孙才志，刘天宝，等. 2018. 中国沿海地区海洋生态经济系统脆弱性与协调性时空演变[J]. 经济地理，38（3）：165-174.

彭纪生，仲为国，孙文祥. 2008. 政策测量、政策协同演变与经济绩效：基于创新政策的实证研究[J]. 管理世界，（9）：25-36.

彭斯俊，沈加超，朱雪. 2014. 基于ARIMA模型的PM2.5预测[J]. 安全与环境工程，21（6）：125-128.

祁帆，李晴新，朱琳. 2007. 海洋生态系统健康评价研究进展[J]. 海洋通报，26（3）：97-104.

钱颖一，许成钢，董彦彬. 1993. 中国的经济改革为什么与众不同：M型的层级制和非国有部门的进入与扩张[J]. 经济社会体制比较，（1）：29-40.

秦曼，刘阳，程传周. 2018. 中国海洋产业生态化水平综合评价[J]. 中国人口·资源与环境，28（9）：102-111.

覃雄合. 2016. 代谢循环视角下环渤海地区海洋经济可持续发展研究[D]. 大连：辽宁师范大学.

覃雄合，孙才志，王泽宇. 2014. 代谢循环视角下的环渤海地区海洋经济可持续发展测度[J]. 资源科学，36（12）：2647-2656.

邱静. 2015. 天津市经济增长与资源环境的关系研究[D]. 天津：天津理工大学.

屈晗. 2012. 基于自组织理论的校园网络文化建设研究[D]. 青岛：青岛理工大学.

瞿洋. 2019. 海洋环境数据管理与军事应用[J]. 电子技术与软件工程，（14）：171-172.

全国人民代表大会常务委员会法制工作委员会. 2010. 中华人民共和国海岛保护法释义[M]. 北京：法律出版社.

全世文，黄波. 2016. 环境政策效益评估中的嵌入效应：以北京市雾霾和沙尘治理政策为例[J]. 中国工业经济，（8）：23-39.

全永波. 2011. 制度视阈下我国海洋循环经济的立法模式构建[J]. 海洋开发与管理，28（1）：18-22.

萨缪尔森. 2014. 微观经济学（第19版）[M]. 萧琛，译. 北京：人民邮电出版社.

商清汝. 2014. 基于DEA-Malmquist指数和CGE模型的天津市能源回弹效应研究[D]. 天津：天津理工大学.

沈党云，泮俊，钟厚冰. 2012. 基于TOPSIS的公路施工企业履约信用评价[J]. 公路交通科技（应用技术版），（8）：392-395.

石洪华，高猛，丁德文，等. 2007. 系统动力学复杂性及其在海洋生态学中的研究进展[J]. 海洋环境科学，（6）：594-600.

石洪华，郑伟，陈尚等. 2007. 海洋生态系统服务功能及其价值评估研究[J]. 生态经济，3：139-142.

舒基元，姜学民. 1996. 代际财富均衡模型研究[J]. 中国人口·资源与环境，6（3）：45-48.

司玉琢，朱曾杰. 1992. 《中华人民共和国海商法》的特点评述[J]. 中国海商法年刊，3（001）：234-240.

斯密. 1974. 国民财富的性质和原因的研究[M]. 郭大力，王亚南，译. 北京：商务印书馆.

宋伟，陈百明，陈曦炜. 2009. 常熟市耕地占用与经济增长的脱钩（decoupling）评价[J]. 自然资源学报，24（9）：1532-1540.

宋旭光，席玮. 2011. 基于全要素生产率的资源回弹效应研究[J]. 财经问题研究，（10）：20-24.

苏东水. 2005. 产业经济学[M]. 北京：高等教育出版社.

苏明，杨良初，韩凤芹，等. 2013. 促进我国海洋经济发展的财政政策研究[J]. 经济研究参考，（57）：3-20.

苏盼盼，叶属峰，过仲阳，等. 2014. 基于AD-AS模型的海岸带生态系统综合承载力评估：以舟山海岸带为例[J]. 生态学报，34（3）：718-726.

孙斌，徐质斌. 2004. 海洋经济学[M]. 济南：山东教育出版社.

孙斌栋. 2007. 制度变迁与区域经济增长[M]. 北京：科学出版社.

孙斌栋，王颖. 2008. 区域经济增长中制度绩效的理论分析：生产要素的视角[J]. 上海经济研究，（4）：3-11.

孙才志，曹威威. 2019. 基于人地关系的海岛可持续发展研究：以长山群岛为例[M]. 北京：科学出版社.

孙才志，郭可蒙，邹玮. 2017. 中国区域海洋经济与海洋科技之间的协同与响应关系研究[J]. 资源科学，39（11）：2017-2029.

孙才志，李欣. 2013. 环渤海地区海洋资源、环境阻尼效应测度及空间差异[J]. 经济地理，33（12）：169-176.

孙才志，李欣. 2015. 基于核密度估计的中国海洋经济发展动态演变[J]. 经济地理，35（1）：96-103.

孙才志，覃雄合，李博，等. 2016. 基于WSBM模型的环渤海地区海洋经济脆弱性研究[J]. 地理科学，36（5）：705-714.

孙才志，于广华，王泽宇，等. 2014. 环渤海地区海域承载力测度与时空分异分析[J]. 地理科学，34（5）：513-521.

孙才志，张坤领，邹玮，等. 2015. 中国沿海地区人海关系地域系统评价及协同演化研究[J]. 地理研究，34（10）：1824-1838.

孙东琪，刘卫东，陈明星. 2016. 点—轴系统理论的提出与在我国实践中的应用[J]. 经济地理，36（3）：1-8.

孙东琪，张京祥，张明斗，等. 2013. 长江三角洲城市化效率与经济发展水平的耦合关系[J]. 地理科学进展，32（7）：1060-1071.

孙吉亭，赵玉杰. 2011. 我国海洋经济发展中的海陆统筹机制[J]. 广东社会科学，（5）：41-47.

孙倩倩. 2014. 天津市经济增长与环境污染关系的实证分析与对策研究[D]. 天津：天津财经大学.

孙彦泉. 2002. 生态经济与生态经济农业[J]. 山东农业大学学报（社会科学版），4（1）：13-16，24.

孙曰璐，宋宪华. 1995. 区域生态经济系统研究[M]. 济南：山东大学出版社.

孙悦琦. 2018. 韩国海洋经济发展现状、政策措施及其启示[J]. 亚太经济, (1): 83-90.

索安宁, 于永海, 苗丽娟. 2011. 渤海海域生态系统功能服务价值评估[J]. 海洋经济, 1 (4): 42-47.

谭遂, 杨开忠, 谭成文. 2002. 基于自组织理论的两种城市空间结构动态模型比较[J]. 经济地理, 22 (3): 322-326.

谭映宇. 2010. 海洋资源、生态和环境承载力研究及其在渤海湾的应用[D]. 青岛: 中国海洋大学.

汤萃文, 杨莎莎, 刘丽娟, 等. 2012. 基于能值理论的东祁连山森林生态系统服务功能价值评价[J]. 生态学杂志, 31 (2): 433-439.

唐德祥. 2008. 科技创新与区域经济的非均衡增长[D]. 北京: 中国物资出版社.

唐先博, 黄明健. 2017. 我国海洋生态文明的法律体系: 结构、问题及对策[J]. 湖南省社会主义学院学报, 18 (5): 94-96.

陶学荣, 陶叡. 2016. 公共政策学 (第4版) [M]. 大连: 东北财经大学出版社.

陶阳. 2010. 区域生态工业系统运行机制与生态效率评价研究[D]. 哈尔滨: 哈尔滨工业大学.

同春芬, 安招. 2013. 我国海洋渔业政策价值取向的几点思考[J]. 中国渔业经济, 31 (4): 12-16.

汪品先. 2013. 海洋强国 "强" 在科技[J]. 科学中国人, (1): 84.

王波, 韩立民. 2017. 中国海洋产业结构变动对海洋经济增长的影响: 基于沿海11省市的面板门槛效应回归分析[J]. 资源科学, 39 (6): 1182-1193.

王昌海. 2011. 秦岭自然保护区生物多样性保护的成本效益研究[D]. 北京: 北京林业大学.

王昌海, 温亚利, 李强, 等. 2011. 秦岭自然保护区群生态效益计量研究[J]. 中国人口·资源与环境, 21 (6): 125-134.

王恩才. 2013. 产业集群的生命周期: 基于创新优势和外部性利用的视角[J]. 现代产业经济, (4): 34-40.

王芳, 栾维新. 2001. 我国海洋资源开发活动中存在的问题与建议[J]. 中国人口·资源与环境, 11 (S2): 33-35.

王凤娇. 2015. 基于混频数据模型的中国海洋经济增长测度研究[D]. 青岛: 中国海洋大学.

王鹤鸣, 岳强, 陆钟武. 2011. 中国1998年-2008年资源消耗与经济增长的脱钩分析[J]. 资源科学, 33 (9): 1757-1767.

王江涛. 2016. 我国海洋空间资源供给侧结构性改革的对策[J]. 经济纵横, (4): 39-44.

王金平, 张志强, 高峰, 等. 2014. 英国海洋科技计划重点布局及对我国的启示[J]. 地球科学进展, 29 (7): 865-873.

王开运. 2007. 生态承载力符合模型系统与应用[M]. 北京：科学出版社.

王奎旗, 韩立民. 2006. 试论我国海岸带经济开发的问题与前景[J]. 中国渔业经济, （2）：40-43.

王磊. 2010. 基于经济增长与生态环境保护双赢的减物质化研究[D]. 天津：南开大学.

王丽. 2008. 基于能值分析的大连市生态经济系统可持续性评价[D]. 大连：辽宁师范大学.

王茂军, 栾维新, 宋薇, 等. 2001. 近岸海域污染海陆一体化调控初探[J]. 海洋通报, 20（5）：65-71.

王淼, 毕建国, 段志霞. 2008. 基于生态系统的海洋管理模式初探[J]. 海洋环境科学, 27（4）：378-382.

王敏, 陈尚, 夏涛, 等. 2011. 山东近海生态资本价值评估：供给服务价值[J]. 生态学报, 31（19）：5561-5570.

王敏. 2017. 海陆一体化格局下我国海洋经济与环境协调发展研究[J]. 生态经济, 33（10）：48-52.

王敏旋. 2012. 世界海洋经济发达国家发展战略趋势和启示[J]. 新远见, （3）：40-45.

王其和, 夏晶, 王婉娟. 2010. 产业集群生命周期与政府行为关系研究[J]. 当代经济, （20）：164-166.

王琪. 2004. 关于海洋价值的理性思考[J]. 中国海洋大学学报（社会科学版）, （5）：6-10.

王琦妍. 2011. 社会-生态系统概念性框架研究综述[J]. 中国人口·资源与环境, 21（S1）：440-443.

王诗成. 2001. 关于实施海洋可持续发展战略的思考[J]. 海洋信息, （3）：23-25.

王述英, 杨风禄. 2002. 产业经济学的理论地位与应用性质[J]. 南通师范学院学报（哲学社会科学版）, 18（1）：58-61.

王双, 陈柳钦. 2012. 内生经济增长理论的演进和最新发展[J]. 经济与管理评论, （4）：20-24.

王双, 刘鸣. 2011. 韩国海洋产业的发展及其对中国的启示[J]. 东北亚论坛, 20（6）：10-17.

王松霈, 迟维韵. 1992. 自然资源利用与生态经济系统[M]. 北京：中国环境科学出版社.

王嵩, 孙才志, 范斐. 2018. 基于共生理论的中国沿海省市海洋经济生态协调模式研究[J]. 地理科学, 38（3）：342-350.

王伟平. 2010. 基于能值分析的榆林市生态经济系统可持续发展研究[D]. 西安：陕西师范大学.

王伟伟, 周立华, 孙燕, 等. 2019. 禁牧政策对宁夏盐池县农业生态系统服务影响的能值分析[J]. 生态学报, 39（1）：146-157.

王文翰, 杨坤, 王冬. 2001. 辽宁海洋环境保护与海洋经济可持续发展[J]. 中国人口·资源与环境, （S1）：57-59.

王学庆. 2013. 中国"价格改革"轨迹及其下一步[J]. 改革, （12）：5-16.

王雪莹. 2019. 新时代中国产业结构优化研究[J]. 经济师, (3): 27-29.

王亚菲. 2011. 中国资源消耗与经济增长动态关系的检验与分析[J]. 资源科学, 33 (1): 25-30.

王颖心, 叶文, 唐晓峰. 2018. 代际公平理论发展探讨[J]. 西南林业大学学报 (社会科学), 2 (3): 40-42.

王永生. 2010. 《海岛保护法》: 呵护我国海岛的 "防护栏" [J]. 南方国土资源, (3): 23-26.

王育宝, 李国平. 2006. 狭义梯度推移理论的局限及其创新[J]. 西安交通大学学报 (社会科学版), 26 (5): 25-30.

王媛, 程曦, 殷培红, 等. 2013. 影响中国碳排放绩效的区域特征研究: 基于熵值法的聚类分析[J]. 自然资源学报, 28 (7): 1106-1116.

王泽宇, 郭萌雨, 孙才志, 等. 2015a. 基于可变模糊识别模型的现代海洋产业发展水平评价[J]. 资源科学, 37 (3): 534-545.

王泽宇, 崔正丹, 孙才志, 等. 2015b. 中国海洋经济转型成效时空格局演变研究[J]. 地理研究, 34 (12): 2295-2308.

王泽宇, 刘凤朝. 2011. 我国海洋科技创新能力与海洋经济发展的协调性分析[J]. 科学学与科学技术管理, 32 (5): 42-47.

王泽宇, 卢雪凤, 韩增林, 等. 2017a. 中国海洋经济增长与资源消耗的脱钩分析及回弹效应研究[J]. 资源科学, 39 (9): 1658-1669.

王泽宇, 卢函, 孙才志. 2017b. 中国海洋资源开发与海洋经济增长关系[J]. 经济地理, 37 (11): 117-126.

王泽宇, 张震, 韩增林, 等. 2016. 区域海洋经济对国家海洋战略的响应测度[J]. 资源科学, 38 (10): 1832-1845.

王长征, 刘毅. 2003. 论中国海洋经济的可持续发展[J]. 资源科学, 25 (4): 73-78.

王珍珍, 陈功玉. 2011. 制造业与物流业联动发展的模式及关系研究: 基于VAR模型的脉冲响应函数及方差分解的分析[J]. 珞珈管理评论, (2): 79-93.

王志. 2015. 国外海洋经济发展成功经验启示与借鉴[J]. 合作经济与科技, (7): 32-34.

王子玥, 李博. 2017. 环渤海地区海洋经济与海洋环境污染关系研究[J]. 资源开发与市场, 33 (9): 1051-1057.

魏宏森. 2007. 复杂性系统的理论与方法研究探索[M]. 呼和浩特: 内蒙古人民出版社.

魏敏, 冯永军, 李芬, 等. 2012. 泰安市旅游生态能值分析[J]. 地理学报, 67 (9): 1181-1189.

魏明辉. 2008. 从实施《联合国海洋法公约》谈《海上交通安全法》的修订[J]. 中国海事, (3): 31-33.

魏伊丝. 2000. 公平地对待未来人类: 国际法、共同遗产与世代间衡平[M]. 汪劲, 于方, 王鑫海，译. 北京：法律出版社.

文俊. 2006. 区域水资源可持续利用预警系统研究[D]. 南京：河海大学.

吴传钧. 1991. 论地理学的研究核心：人地关系地域系统[J]. 经济地理，11（3）：1-6.

吴大进，曹力，陈立华，等. 1990. 协同学原理和应用[M]. 武汉：华中理工大学出版社.

吴丹. 2014. 中国经济发展与水资源利用脱钩态势评价与展望[J]. 自然资源学报，29（1）：46-54.

吴金波. 2007. 企业绿色财务管理内容体系设计及推进机制研究[D]. 泰安：山东农业大学.

吴康，韦玉春. 2008. 20世纪90年代以来江苏区域发展均衡性的测度分析[J]. 地理科学进展，27（1）：64-74.

吴磊. 2011. 湖南农业生态经济系统能值分析[D]. 长沙：湖南农业大学.

吴霜，延晓冬，张丽娟. 2014. 中国森林生态系统能值与服务功能价值的关系[J]. 地理学报，69（3）：334-342.

吴易风，朱勇. 2000. 内生增长理论的新发展[J]. 中国人民大学学报，14（5）：25-32.

伍业锋. 2014. 中国海洋经济区域竞争力测度指标体系研究[J]. 统计研究，31（11）：29-34.

夏维力，钟培. 2010. 基于能值：聚类分析的山东省生态经济系统可持续发展评价研究[J]. 软科学，24（10）：55-61.

夏勇，钟茂初. 2016. 经济发展与环境污染脱钩理论及EKC假说的关系：兼论中国地级城市的脱钩划分[J]. 中国人口·资源与环境，26（10）：8-16.

向书坚，朱新玲. 2007. 环境资源估价方法述评[J]. 统计教育，（7）：4-7.

肖国圣. 2006. 我国海洋生态产业发展的对策研究[D]. 青岛：中国石油大学（华东）.

肖金成，黄征学. 2017. 未来20年中国区域发展新战略[J]. 财经智库，2（5）：41-67, 142-143.

谢花林，刘桂英. 2015. 1998～2012年中国耕地复种指数时空差异及动因[J]. 地理学报，70（4）：604-614.

谢子远. 2014. 中国海洋科技与海洋经济的协同发展[M]. 杭州：浙江大学出版社.

邢文秀，刘大海，朱玉雯，等. 2019. 美国海洋经济发展现状、产业分布与趋势判断[J]. 中国国土资源经济，32（8）：23-32, 38.

熊伟. 2004. 外商投资国际海运业的最新政策评析[J]. 中国远洋航务公告，（7）：14-15.

徐丛春，韩增林. 2003. 海洋生态系统服务价值的估算框架构筑[J]. 生态经济，（10）：199-202.

徐丛春，朱凌. 2015. 全国海洋经济发展"十二五"规划评估[J]. 海洋经济，（4）：3-10.

徐虹霓，盛华夏，张珞平. 2014. 海洋生态系统内在价值评估方法初探：以厦门湾为例[J]. 应用海洋学学报，33（4）：585-593.

徐敬俊，韩立民. 2007. "海洋经济"基本概念解析[J]. 太平洋学报，（11）：79-85.

徐敬俊，罗青霞. 2010. 海洋产业布局理论综述[J]. 中国渔业经济，28（1）：161-168.

徐俏，何孟常，杨志峰，等. 2003. 广州市生态系统服务功能价值评估[J]. 北京师范大学学报：自然科学版，39（2）：268-272.

徐胜. 2012. 资源环境约束下环渤海海洋产业发展对策研究[M].北京：经济科学出版社.

徐质斌. 1995. 海洋经济与海洋经济科学[J]. 海洋科学，（2）：21-23.

许涤新. 1987. 生态经济学[M]. 杭州：浙江人民出版社.

许明军，杨子生. 2016. 西南山区资源环境承载力评价及协调发展分析：以云南省德宏州为例[J]. 自然资源学报，31（10）：1726-1738.

许庆斌，荣朝和，马云，等. 1995. 运输经济学导论[M]. 北京：中国铁道出版社.

薛达元. 1999. 自然保护区生物多样性经济价值类型及其评估方法[J]. 农村生态环境，15（2）：54-59.

薛一梅. 2011. 西安生态城市建设的环境经济学分析[D]. 西安：西安工业大学.

寻舸. 2013. 基于自组织理论的武陵山片区的扶贫开发机制[J]. 经济地理，33（2）：146-150，167.

杨蕙铭，李辉，亢霞，等. 2019. "一带一路"背景下云南粮食产业走出去的现状、制约与对策研究[J]. 粮油食品科技，27（3）：97-100.

杨坚. 2013. 山东海洋产业转型升级研究[D]. 兰州：兰州大学.

杨青，刘耕源. 2018. 森林生态系统服务价值非货币量核算：以京津冀城市群为例[J]. 应用生态学报，29（11）：3747-3759.

杨士弘. 2003. 城市生态环境学[M]. 北京：科学出版社.

杨吾扬，梁进社. 1997. 高等经济地理学[M]. 北京：北京大学出版社.

杨小刚，宋进喜，程丹东，等. 2014. 渭河陕西段河道生态服务价值评估[J]. 干旱区地理，37（5）：958-965.

杨小凯. 2003. 发展经济学——超边际与边际分析[M]. 北京：社会科学出版社.

叶红军. 2003. 我国水路运输法律体系中的一部"龙头法"：解读《港口法》[J]. 水路运输文摘，（7）：9-10.

叶依广. 1991. 区域经济学[M]. 北京：中国广播电视出版社.

殷克东，李兴东. 2010. 中国沿海地区海洋经济发展水平测度研究[J]. 经济管理，32（12）：1-6.

于谨凯，于海楠，刘曙光，等. 2009. 基于"点—轴"理论的我国海洋产业布局研究[J]. 产业经济研究，（2）：55-62.

于谨凯，张婕. 2007. 海洋产业政策类型分析[J]. 海洋信息，（4）：17-20.

于希. 2012. 我国现行排污收费制度的存在问题及对策研究[D]. 西安：西北大学.

于洋. 2014. 中国二氧化碳净排放和驱动因素研究：空间格局与脱钩关系[D]. 长春：东北师范大学.

袁红英. 2014. 海洋生态文明建设研究[M]. 济南：山东人民出版社.

苑清敏，邱静，秦聪聪. 2014. 天津市经济增长与资源和环境的脱钩关系及反弹效应研究[J]. 资源科学，36（5）：954-962.

岳冬冬，王鲁民，耿瑞，等. 2014. 中国近海藻类养殖生态价值评估初探[J]. 中国农业科技导报，16（3）：126-133.

岳文泽，王田雨. 2019. 资源环境承载力评价与国土空间规划的逻辑问题[J]. 中国土地科学，33（3）：1-8.

查志强. 2014. 创新财税政策促进海洋经济发展的若干思考：基于舟山群岛新区的分析[J]. 地方财政研究，（4）：62-66，71.

张爱婷. 2002. 中国区域经济差异与经济发展关系及实证分析[J]. 统计与信息论坛，17（6）：77-79.

张邦花，李刚. 2004. 区域发展理论与区域可持续发展[J]. 临沂师范学院学报，26（4）：59-61.

张朝晖，王宗灵，朱明远. 2007a. 海洋生态系统服务的研究进展[J]. 生态学杂志，26（6）：925-932.

张朝晖，吕吉斌，丁德文. 2007b. 海洋生态系统服务的分类与计量[J]. 海岸工程，26（1）：57-63.

张春兰，胥留德. 2006. 我国发展循环经济的制约因素[J]. 经济论坛，（13）：35-37.

张德贤，陈中惠. 2000. 海洋经济可持续发展理论研究[M]. 青岛：青岛海洋大学出版社.

张国兴，高秀林，汪应洛，等. 2014. 中国节能减排政策的测量、协同与演变：基于1978～2013年政策数据的研究[J].中国人口·资源与环境，24（12）：62-73.

张宏声. 2004. 海域使用管理指南[M]. 北京：海洋出版社.

张华，康旭，王利，等. 2010. 辽宁近海海洋生态系统服务及其价值测评[J]. 资源科学，32（1）：177-183.

张辉. 2012. 论我国海洋立法的现状、问题及完善途径[J]. 桂海论丛，28（4）：104-107.

张建勇，赵艳玲，付亚洁，等. 2017. 基于能值—成本的资源型省域绿色GDP核算及可持续发展评价[J]. 中国矿业，26（9）：104-110.

张杰. 2007. 基于自组织理论的区域系统演化发展研究[D]. 哈尔滨：哈尔滨工程大学.

张敬. 2011. 山东省R&D投入强度研究[J]. 科技信息，（27）：642-64.

张军，吴桂英，张吉鹏. 2004. 中国省际物质资本存量估算：1952～2000[J]. 经济研究，

39（10）：35-44.

张兰. 2011. 江苏省经济增长中的土地利用碳排放及其脱钩效应研究[D]. 南京：南京农业大学.

张丽娟，李文亮，张冬有. 2009. 基于信息扩散理论的气象灾害风险评估方法[J]. 地理科学，29（2）：250-254.

张林波，李文华，刘孝富，等. 2009. 承载力理论的起源、发展与展望[J]. 生态学报，29（2）：878-888.

张琳，许晶，王亚辉，等. 2014. 中国城镇化进程中土地资源尾效的空间分异研究[J]. 中国土地科学，28（6）：30-36.

张偲，王淼. 2018. 中国海域有偿使用的实证考察：2002~2017[J]. 中国软科学，（8）：148-164.

张童朝，颜廷武，何可. 2017. 资本禀赋对农户绿色生产投资意愿的影响：以秸秆还田为例[J]. 中国人口·资源与环境，27（8）：78-89.

张伟，张杰，张玉洁，等. 2015. 我国税收政策对海洋产业结构优化的影响研究[J]. 海洋开发与管理，32（3）：106-111.

张燕，徐建华，曾刚，等. 2009. 中国区域发展潜力与资源环境承载力的空间关系分析[J]. 资源科学，31（8）：1328-1334.

张耀光. 2006. 中国海洋经济与可持续发展[J]. 科学，58（1）：50-52.

张耀光. 2008. 从人地关系地域系统到人海关系地域系统：吴传均院士对中国海洋地理学的贡献[J]. 地理科学，28（1）：6-9.

张耀光. 2015. 中国海洋经济地理学[D]. 南京：东南大学出版社.

张耀光，韩增林，刘锴，等. 2010. 海洋资源开发利用的研究——以辽宁省为例[J]. 自然资源学报，25（5）：785-794.

张耀光，刘锴，刘桂春，等. 2011. 基于定量分析的辽宁区域海洋经济地域系统的时空差异[J]. 资源科学，33（5）：863-870.

张耀光，刘锴，王圣云，等. 2017. 中国与世界多国海洋经济与产业综合实力对比分析[J]. 经济地理，37（12）：103-111.

张耀光，刘岩，李春平，等. 2003. 中国海洋油气资源开发与国家石油安全战略对策[J]. 地理研究，22（3）：297-304.

张耀光，魏东岚，王国力，等. 2005. 中国海洋经济省际空间差异与海洋经济强省建设[J]. 地理研究，24（1）：46-56.

张颖. 2008. 基于能值理论的福建省森林资源系统能值及价值评估[D]. 福州：福建师范大学.

张永战，王颖. 2006. 海岸海洋科学研究新进展[J]. 地理学报，61（4）：446.

张宇燕，冯维江. 2017. 中国的和平发展道路[M]. 北京：中国社会科学出版社.

张远，李芬，郑丙辉，等. 2005. 海岸带城市环境—经济系统的协调发展评价及应用——以天津市为例[J]. 中国人口·资源与环境，15（2）：53-56.

张云，张建丽，李雪铭，等. 2015. 1990年以来中国大陆海岸线稳定性研究[J]. 地理科学，35（10）：1288-1293.

张韵君. 2012. 政策工具视角的中小企业技术创新政策分析[J]. 中国行政管理，（4）：43-47.

张震. 2017. 中国15个副省级城市经济转型成效与影响因素研究[D]. 大连：辽宁师范大学.

张智光. 2017. 面向生态文明的超循环经济：理论、模型与实例[J]. 生态学报，37（13）：4549-4561.

张卓元. 2008. 中国价格改革三十年：成效、历程与展望[J]. 经济纵横，（12）：3-10.

赵海月. 1999. 论生态价值的特性形态与实现[J]. 电子科技大学学报（社科版），（3）：68-71.

赵虎敬. 2014. 中美海洋经济政策比较[J]. 人民论坛，（14）：230-232.

赵晶，徐建华，梅安新，等. 2004. 上海市土地利用结构和形态演变的信息熵与分维分析[J]. 地理研究，23（2）：137-146.

赵克勤. 1994. 集对分析及其初步应用[J]. 大自然探索，13（47）：67-72.

赵良仕，孙才志，郑德凤. 2014. 中国省际水资源利用效率与空间溢出效应测度[J]. 地理学报，69（1）：121-133.

赵林，张宇硕，焦新颖，等. 2016. 基于SBM和Malmquist生产率指数的中国海洋经济效率评价研究[J]. 资源科学，38（3）：461-475.

赵领娣，郝亚如，李荣杰. 2013. 技术溢出视角下新能源开发的就业效应分析：以中国海洋能为例[J]. 资源科学，35（2）：412-421.

赵琪. 2014. 海域空间层叠利用的用海兼容性研究[D]. 青岛：中国海洋大学.

赵晟，洪华生，张珞平，等. 2007. 中国红树林生态系统服务的能值价值[J]. 资源科学，29（1）：147-154.

赵昕，井枭婧. 2012. 支持中国海洋经济发展的货币政策路径探索[J]. 海洋经济，2（4）：1-5.

赵永宏. 2008. 河北省海洋经济产业特征分析与持续发展对策[D]. 大连：辽宁师范大学.

赵志君，陈增敬. 2009. 大国模型与人民币对美元汇率的评估[J]. 经济研究，44（3）：68-77.

郑德凤，臧正，苏琳. 2014. 大连市海洋生态压力及海洋经济可持续发展分析[J]. 海洋开发与管理，31（1）：94-98.

郑贵斌. 2012. 建设蓝色经济区与编制陆海统筹规划[J]. 海洋经济，2（6）：31-34.

郑伟，石洪华. 2009. 海洋生态系统服务的形成及其对人类福利的贡献[J]. 生态经济，（8）：178-180.

中国海洋可持续发展的生态环境问题与政策研究课题组. 2013. 中国海洋可持续发展的生态环

境问题与政策研究[M]. 北京：中国环境出版社.

钟太洋，黄贤金，韩立，等. 2010. 资源环境领域脱钩分析研究进展[J]. 自然资源学报，25（8）：1400-1412.

仲为国，彭纪生，孙文祥. 2009. 政策测量、政策协同与技术绩效：基于中国创新政策的实证研究（1978～2006）[J]. 科学学与科学技术管理，30（3）：54-60，95.

周达军，崔旺来. 2009. 我国政府海洋产业政策的实施机制研究[J]. 渔业经济研究，（6）：3-9.

周晖. 2010. 金融风险的负外部性与中美金融机构风险处置比较[J]. 管理世界，（4）：174-176.

周江，曹瑛. 2001. 区域经济理论在海洋区域经济中的应用[J]. 理论与改革，（6）：106-109.

周起业，刘再兴，祝诚，等. 1989. 区域经济学[M]. 北京：中国人民大学出版社.

周素红，刘玉兰. 2010. 转型期广州城市居民居住与就业地区位选择的空间关系及其变迁[J]. 地理学报，65（2）：191-201.

周文华，王如松. 2005. 基于熵权的北京城市生态系统健康模糊综合评价[J]. 生态学报，25（12）：3244-3251.

朱道才，赵双琳. 2008. 产业协同、县域经济协调发展与政策选择：以农村改革发祥地"安徽省凤阳县"为例[J]. 兰州商学院学报，24（5）：93-100.

朱勇，吴易风. 1999. 技术进步与经济的内生增长：新增长理论发展述评[J]. 中国社会科学，（1）：21-39.

邹积慧. 2007. 构建垦区区域农业可持续发展生态安全指标体系初探[J]. 农场经济管理，（4）：9-12.

邹积慧. 2011. 构建垦区区域农业可持续发展生态安全指标体系初探[J]. 中国农垦，（6）：55-59.

Abernatthy W，Utterback J. 1978. Patterns of industrial innovation[J]. Technology Review，80：3-22.

Adriaanse A，Bringezu S，Hamond A，et al. 1997. Resource Flows：the Material base of Industrial Economies[M]. Washington D C：World Resource Institute.

Alexandre S，Jacques M，Cleverson Z S，et al. 2013. Marine protected Areas in Brazil：an ecological approach regarding the large marine ecosystems[J]. Ocean & Coastal Management，（76）：96-104.

Amacher R C. 1986. Principles of economics[J]. Professor Taussig & Asst Professor Day，67（1085）：362-364.

Armstrong C W. 2007. A note on the ecological-economic modelling of marine reserves in fisheries[J]. Ecological Economics，62（2）：242-250.

Ayres R U. 1994. Industrial Metabolism：Theory and Policy[A]//Ayres R U，Simonis U. Industrial

Metabolism: Restructuring for Sustainable Development. Tokyo: United Nations University Press.

Baird A J. 1997. Extending the lifecycle of container mainports in upstream urban locations[J]. Maritime Policy & Management, 24 (3): 299-301.

Barange M, Cheung W W L, Merino G, et al. 2010. Modelling the potential impacts of climate change and human activities on the sustainability of marine resources[J]. Current Opinion in Environmental Sustainability, 2 (5/6): 326-333.

Bell M, Albu M. 1999. Knowledge systems and technological dynamism in industrial clusters in developing countries[J]. World Development, 27 (9): 1715-1734.

Bess R, Harte M. 2000. The role of property rights in the development of New Zealand's seafood industry[J]. Marine Policy, 24 (4): 331-339.

Böhnke-Henrichs A, Baulcomb C, Koss R, et al. 2013. Typology and indicators of ecosystem services for marine spatial planning and management[J]. Journal of Environmental Management, 130: 135-145.

Browman H I, Stergiou K I. 2004. Perspectives on ecosystem-based approaches to the management of marine resources[J]. Marine Ecology Progress Series, 274: 269-303.

Brown M T, Ulgiati S. 1997. Emergy-based indices and ratios to evaluate sustainability: monitoring economies and technology toward environmentally sound innovation[J]. Ecological Engineering, 9 (1/2): 51-69.

Brown M T, Ulgiati S. 2002. Emergy evaluations and environmental loading of electricity production systems[J]. Journal of Cleaner Production, 10 (4): 321-334.

Burkhauser R V, Rovba L. 2005. Income inequality in the 1990s: comparing the United States, Great Britain and Germany[J]. The Japanese Journal of Social Security Policy, 4 (1): 1-16.

Chen C, López-Carr D, Walker B L E. 2014. A framework to assess the vulnerability of California commercial sea urchin fishermen to the impact of MPAs under climate change[J]. GeoJournal, 79 (6): 755-773.

Chen M X, Huang Y B, Tang Z P, et al. 2014. The provincial pattern of the relationship between urbanization and economic development in China[J]. Journal of Geographical Sciences, 24 (1): 33-45.

Cherian A, Chandrasekar N, Rajamanickam G V. 2006. Marine mineral policy considerations for India's exclusive economic zone[J]. Journal of Resources, Energy and Development, 3 (2): 63-72.

Cheung W W L, Pitcher T J, Pauly D. 2005. A fuzzy logic expert system to estimate intrinsic extinction vulnerabilities of marine fishes to fishing[J]. Biological Conservation, 124 (1): 97-111.

Chin W W. 1998. The Partial Least Squares Approach to Structural Equation Modeling[A]// Marcoulides G A. Modern Methods for Business Research. Mahwah: Lawrence Erlbaum Associates.

Christaller W. 1966. Central Places in Southern Germany[M]. Englewood Cliffs, New Jersey: Prentice Hall.

Clark C. 1953. The conditions of economic progress[J]. Revue Économique, 4 (6): 940-941.

Clark J R. 1996. Coastal Zone Management Handbook[M]. Boca Raton: CRC Press.

Colgan C S. 2013. The ocean economy of the United States: measurement, distribution, & trends[J]. Ocean & Coastal Management, 71: 334-343.

Costanza R, d'Arge R, de Groot R, et al. 1997. The value of the world's ecosystem services and natural capital[J]. Nature, 387 (15): 253-260.

Cowell F A, Jenkins S P, Litchfield J A. 1996. The Changing Shape of the UK Income Distribution: Kernel Density Estimates[M]. Cambridge: Cambridge University Press.

Crowder L, Norse E. 2008. Essential ecological insights for marine ecosystem-based management and marine spatial planning[J]. Marine Policy, 32 (5): 772-778.

Cruz I, McLaughlin R J. 2008. Contrasting marine policies in the United States, Mexico, Cuba and the European Union: searching for an integrated strategy for the Gulf of Mexico region[J]. Ocean & Coastal Management, 51 (12): 826-838.

Daily G C. 1997. Nature's Services: Societal Dependence on Natural Ecosystems[M]. Washington D C: Island Press.

Davis B C. 2004. Regional planning in the US coastal zone: a comparative analysis of 15 special area plans[J]. Ocean & Coastal Management, 47 (1/2): 79-94.

Davis D, Gartside D F. 2001. Challenges for economic policy in sustainable management of marine natural resources[J]. Ecological Economics, 36 (2): 223-236.

Day V, Paxinos R, Emmett J, et al. 2008. The marine planning framework for South Australia: a new ecosystem-based zoning policy for marine management[J]. Marine Policy, 32 (4): 535-543.

de Groot R S, Wilson M A, Boumans R M J. 2002. A typology for the classification, description and valuation of ecosystem functions, goods and services[J]. Ecological Economics, 41 (3): 393-408.

Di Q B, Han Z L, Liu G C, et al. 2007. Carrying capacity of marine region in Liaoning Province[J]. Chinese Geographical Science, 17 (3): 229-235.

Ehler C, Douvere F. 2009. Marine Spatial Planning: A Step-by-Step Approach toward Ecosystem-based Management[M]. Paris: UNESCO.

Ehrlich P R, Ehrlich A H. 1981. Extinction: The Causes and Consequences of the Disappearance of Species[M]. New York: Random House.

Eurostat. 2001. Economy Wide Material Flow Accounts and Derived Indicators: A Methodological Guide[M]. Luxembourg: Statistical Office of the European Union.

Fernández-Macho J, González P, Virto J. 2016. An index to assess maritime importance in the European Atlantic economy[J]. Marine Policy, 64: 72-81.

Field J G. 2003. The gulf of Guinea large marine ecosystem: environmental forcing and sustainable development of marine resources[J]. Journal of Experimental Marine Biology and Ecology, 296 (1): 128-130.

Foley N S, Corless R, Escapa M, et al. 2014. Developing a comparative marine socio-economic framework for the European Atlantic area[J]. Journal of Ocean and Coastal Economics, (1): 1-25.

Friedman J R. 1966. Regional Development Policy: A Case Study of Venezuela[M]. Cambridge: MIT Press.

Garson G D. 2016. Partial Least Squares: Regression & Structural Equation Models[M]. Asheboro: Statistical Publishing Associates.

Ge Y, Cao F, Du Y, et al. 2011. Application of rough set-based analysis to extract spatial relationship indicator rules: an example of land use in Pearl River Delta[J]. Journal of Geographical Sciences, 21 (1): 101-117.

Gini C. 1912. Variabilità e Mutabilità[M]. Bologna: Tipografia di Paolo Cuppini.

Gort M, Klepper S. 1982. Time paths in the diffusion of product innovations[J]. The Economic Journal, 92 (367): 630-653.

Grealis E, Hynes S, O'Donoghue C, et al. 2017. The economic impact of aquaculture expansion: an input-output approach[J]. Marine Policy, 81: 29-36.

Greening L A, Greene D L, Difiglio C. 2000. Energy efficiency and consumption: the rebound effect—a survey[J]. Energy Policy, 28 (6/7): 389-401.

Halpern B S, Longo C, Hardy D, et al. 2012. An index to assess the health and benefits of the global ocean[J]. Nature, 488 (7413): 615-620.

Henry M S, Barkley D L, Evatt M G, et al. 2002. The Contribution of the Coast to the South Carolina Economy [R]. Clemson: Clemson University.

Huang S L, Odum H T. 1991. Ecology and economy: emergy synthesis and public policy in Taiwan [J]. Journal of Environmental Management, 32 (4): 313-333.

Huang Y F, Cui S H, Ouyang Z Y. 2008. Integrated ecological assessment as the basis for management of a coastal urban protected area: a case study of Xiamen, China [J]. International Journal of Sustainable Development & World Ecology, 15 (4): 389-394.

Jenkins S P, Kerm P V. 2005. Accounting for income distribution trends: a density function decomposition approach [J]. The Journal of Economic Inequality, 3 (1): 43-61.

Jiang X Z, Liu T Y, Su C W. 2014. China's marine economy and regional development [J]. Marine Policy, 50: 227-237.

Kantamaneni K, Phillips M, Thomas T, et al. 2018. Assessing coastal vulnerability: development of a combined physical and economic index [J]. Ocean & Coastal Management, 158: 164-175.

Khazzoom B. 1987. Energy savings from more the adoption of more efficient appliance [J]. Energy Journal, 3 (1): 117-124.

Kildow J T, McIlgorm A. 2010. The importance of estimating the contribution of the oceans to national economies [J]. Marine Policy, 34 (3): 367-374.

Kumar S, Russell R R. 2002. Technological change, technological catch-up, and capital deepening: relative contributions to growth and convergence [J]. American Economic Review, 92 (3): 527-548.

Kuznets S. 1995. Economic growth and income inequality [J]. America Economic Review, (45): 1-28.

Kwak S J, Yoo S H, Chang J I. 2005. The role of the maritime industry in the Korean national economy: an input-output analysis [J]. Marine Policy, 29 (4): 371-383.

Lhomme J, Clark C. 1953. The conditions of economic progress [J]. Revue Économique, 4 (6): 940.

Lillebø A I, Pita C, Garcia Rodrigues J G, et al. 2017. How can marine ecosystem services support the Blue Growth agenda? [J]. Marine Policy, 81: 132-142.

Lorenz M O. 1905. Methods of measuring the concentration of wealth [J]. Publications of the American Statistical Association, 9 (70): 209-219.

Lu W H, Liu J, Xiang X Q, et al. 2015. A comparison of marine spatial planning approaches in China: marine functional zoning and the marine ecological red line [J]. Marine Policy, 62:

94-101.

Luan W X. 2004. "Bottleneck" and countermeasure of high-technologization of marine industry in China[J]. Chinese Geographical Science, 14 (1): 15-20.

Malthus T R. 1798. An Essay on the Principle of Population[M]. London: Pickering.

Managi S, Opaluch J J, Jin D, et al. 2005. Technological change and petroleum exploration in the Gulf of Mexico[J]. Energy Policy, 33 (5): 619-632.

Massaro F, D'Abrusco R, Paggi A, et al. 2013. Unveiling the nature of the unidentified gamma-ray sources. V: analysis of the radio candidates with the kernel density estimation[J]. The Astrophysical Journal Supplement Series, 209 (1): 10.

McConnell M. 2002. Capacity building for a sustainable shipping industry: a key ingredient in improving coastal and ocean and management[J]. Ocean & Coastal Management, 45 (9/10): 617-632.

Meillaud F, Gay J B, Brown M T. 2005. Evaluation of a building using the emergy method[J]. Solar Energy, 79 (2): 204-212.

Mertz O, Ravnborg H M, Lövei G L, et al. 2007. Ecosystem services and biodiversity in developing countries[J]. Biodiversity and Conservation, 16 (10): 2729-2737.

Miles E L. 1989. Concepts, approaches and applications in sea use planning and management[J]. Ocean Development and International Law, 20 (3): 213-238.

Millennium Ecosystem Assessment. 2005. Ecosystems and Human Well-being: Synthesis[M]. Washington D C: Island Press.

Morrissey K, O'Donoghue C, Hynes S. 2011. Quantifying the value of multi-sectoral marine commercial activity in Ireland[J]. Marine Policy, 35 (5): 721-727.

Myrdal G. 1957. Economic Theory and Under-development Regions[M]. London: Duckworth.

Newton K, Côté I M, Pilling G M, et al. 2007. Current and future sustainability of island coral reef fisheries[J]. Current Biology, 17 (7): 655-658.

Ngoile M A K, Linden O. 1998. Lessons learned from Eastern Africa: the development of ICZM at national and regional levels[J]. Ocean and Coastal Management, 37 (3): 295-318.

Odum H T. 1996. Environmental accounting: emergy and environmental decision making[J]. Forest Science, 43 (2): 305-306.

Odum H T, Odum E C. 1987. Ecology and Economy: Emergy Analysis and Public Policy in Texas[M]. Austin: University of Texas.

Park K S, Kildow J T. 2014. The Estimation of the Ocean Economy and Coastal Economy in South

Korea[R]. Middlebury Institute of International Studies at Monterey: Center for the Blue Economy.

Parzen E. 1962. On estimation of a probability density function and mode[J]. The Annals of Mathematical Statistics, 33 (3): 1065-1076.

Piecyk W. 2007. Towards a Future Maritime Policy for the Union: A European Vision for the Oceans and Seas (2006/2299 (INI)) [R]. European Parliament Session Document, Strasbourg: European Commission.

Poluektov A. 2015. Kernel density estimation of a multidimensional efficiency profile[J]. Journal of Instrumentation, 10 (2): 1-15.

Porter M E. 2000. Location, competition, and economic development: local clusters in a global economy[J]. Economic Development Quarterly, 14 (1): 15-34.

Pryor R J. 1967. Problems of rural land development, Flinders Island, Tasmania[J]. Australian Geographer, 10 (3): 188-196.

Qin X H, Sun C Z, Zou W. 2015. Quantitative models for assessing the human-ocean system's sustainable development in coastal cities: the perspective of metabolic-recycling in the Bohai Sea Ring Area, China[J]. Ocean & Coastal Management, 107: 46-58.

Ren W H, Wang Q, Ji J Y. 2018. Research on China's marine economic growth pattern: an empirical analysis of China's eleven coastal regions[J]. Marine Policy, 87: 158-166.

Robertson I M L. 1973. Population trends of great Cumbrae Island[J]. Scottish Geographical Magazine, 89 (1): 53-62.

Rosenblatt M. 1956. Remarks on some nonparametric estimates of a density function[J]. The Annals of Mathematical Statistics, 27 (3): 832-837.

Sabine D B. 1971. Man's impact on the global environment: assessment and recommendations for action[J]. Microchemical Journal, 16 (1): 174.

Samonte-Tan G P B, White A T, Tercero M A, et al. 2007. Economic valuation of coastal and marine resources: Bohol marine triangle, Philippines[J]. Coastal Management, 35 (2/3): 319-338.

Sarker S, Bhuyan M A H, Rahman M M, et al. 2018. From science to action: exploring the potentials of blue economy for enhancing economic sustainability in Bangladesh[J]. Ocean & Coastal Management, 157: 180-192.

Saunders H D. 2008. Fuel conserving (and using) production functions[J]. Energy Economics, 30 (5): 2184-2235.

Schaefer N, Barale V. 2011. Maritime spatial planning: opportunities & challenges in the

framework of the EU integrated maritime policy[J]. Journal of Coastal Conservation, 15 (2):
237-245.

Schiavetti A, Manz J, Zapelini dos Santos C, et al. 2013. Marine protected areas in brazil: an
ecological approach regarding the large marine ecosystems[J]. Ocean & Coastal Management,
76: 96-104.

Schweinfurth R B U. 1965. Man's place in the island ecosystem by F. R. Fosberg[J]. Erdkunde,
19 (2): 174-175.

Shumway R H, Stoffer D S. 2006. Time Series Analysis and It's Applications[M]. New York:
Springer Science Business Media.

Slocombe D S. 1993. Implementing ecosystem-based management: development of theory,
practice, and research for planning and managing a region[J]. BioScience, 43 (9): 612-622.

Song W L, He G S, McIlgorm A. 2013. From behind the Great Wall: the development of statistics
on the marine economy in China[J]. Marine Policy, 39: 120-127.

Spalding A K, Suman D O, Mellado M E. 2015. Navigating the evolution of marine policy in
Panama: current policies and community responses in the Pearl Islands and Bocas del Toro
Archipelagos of Panama[J]. Marine Policy, 62: 161-168.

Stark O, Taylor J E, Yitzhaki S. 1986. Remittances and inequality[J]. The Economic Journal,
96 (383): 722-740.

Stojanovic T A, Farmer C J Q. 2013. The development of world oceans & coasts and concepts of
sustainability[J]. Marine Policy, 42: 157-165.

Suárez de Vivero J L, Rodríguez Mateos J C. 2012. The Spanish approach to marine spatial
planning. Marine Strategy Framework Directive vs. EU Integrated Maritime Policy[J]. Marine
Policy, 36 (1): 18-27.

Sun J W. 1998. Changes in energy consumption and energy intensity: a complete decomposition
model[J]. Energy Economics, 20 (1): 85-100.

Surís-Regueiro J C, Garza-Gil M D, Varela-Lafuente M M. 2013. Marine economy: a proposal
for its definition in the European Union[J]. Marine Policy, 42: 111-124.

Tapio P. 2005. Towards a theory of decoupling: degrees of decoupling in the EU and the case of
road traffic in Finland between 1970 and 2001[J]. Transport Policy, 12 (2): 137-151.

Trop T. 2017. An overview of the management policy for marine sand mining in Israeli
Mediterranean shallow waters[J]. Ocean & Coastal Management, 146: 77-88.

Turner R K, Bower B T. 1999. Principles and Benefits of Integrated Coastal Zone Management
(ICZM) [M]. Berlin, Heidelberg: Springer Berlin Heidelberg.

Verdesca D, Federici M, Torsello L, et al. 2006. Exergy-economic accounting for sea-coastal systems: a novel approach[J]. Ecological Modelling, 193 (1/2): 132-139.

Verhulst P F. 1838. Notice sur la loi que la population suit dans son accroissement[J]. Correspondance Mathematique et Physique, (10): 113-121.

Wallenstein S, Zucker C L, Fleiss J L. 1980. Some statistical methods useful in circulation research[J]. Circulation Research, 47 (1): 1-9.

Wang Z Y, Han L, Han Z L. 2018. An analysis of the spatial and temporal differentiation and driving factors of the marine resource curse in China[J]. Ocean & Coastal Management, 155: 60-67.

Weber A. 1929. Alfred Weber's Theory of the Location of Industries[M]. Chicago: The University of Chicago Press.

Weber A. 1960. Theory of the location of industries[J]. Nature, 15 (1): 1.

Westman W E. 1977. How much are nature's services worth?[J]. Science, 197 (4307): 960-964.

Williamson J G. 1965. Regional inequality and the process of national development: a description of the patterns[J]. Economic Development and Cultural Change, 13 (4, Part 2): 1-84.

Ye G Q, Chou L M, Hu W J. 2014. The role of an integrated coastal management framework in the long-term restoration of Yundang Lagoon, Xiamen, China[J]. Journal of Environmental Planning and Management, 57 (11): 1704-1723.

Yeo G T, Thai V V, Roh S Y. 2015. An analysis of port service quality and customer satisfaction: the case of Korean container ports[J]. The Asian Journal of Shipping and Logistics, 31 (4): 437-447.

Zhang H Z. 2018. Fisheries cooperation in the South China sea: evaluating the options[J]. Marine Policy, 89: 67-76.

Zhang Y G. 2000. A preliminary approach to the regionalization of the marine comprehensive economic region in Liaoning Province[J]. Chinese Geographical Science, 10 (4): 356-365.

Zhao R, Hynes S, He G S. 2014. Defining and quantifying China's ocean economy[J]. Marine Policy, 43: 164-173.

Zheng Y. 2015. The static and dynamic evaluation on ocean environment performance for Chinese coastal cities[J]. Journal of Coastal Research, 73: 660-664.